安徽省职业教育“十四五”规划教材
国家在线精品课程配套教材
“十四五”职业教育土木工程类新形态系列教材

建筑与桥梁 BIM 建模技术

吴 迪 唐 娟◎主 编
刘西锋 张鸿杰 张 毅 王步云◎副主编
吴 旭◎主 审

中国铁道出版社有限公司
CHINA RAILWAY PUBLISHING HOUSE CO., LTD.

内容简介

本书以行业需求为出发点,以 BIM 职业能力为核心,覆盖“1 + X”建筑信息模型(BIM)职业技能等级证书考核大纲,包含建筑信息模型(BIM)建模职业技能大赛标准。全书以 BIM 技术创建单体项目模型为任务载体,从 BIM 标准及建模策划、结构 BIM 建模、建筑 BIM 建模、桥梁建模、BIM 成果输出、岗课赛证一体化实践路径等六方面系统地介绍了 BIM 建模技术在建设工程项目中的应用。

本书适合作为中等职业学校土建类教材及工程行业从业人员建筑信息模型(BIM)职业技能等级证书考试培训教材,也可作为 BIM 技术爱好者的自学参考书。

图书在版编目(CIP)数据

建筑与桥梁 BIM 建模技术 / 吴迪, 唐娟主编. 北京 : 中国铁道出版社有限公司, 2025. 1. -- (安徽省职业教育“十四五”规划教材)(国家在线精品课程配套教材)(“十四五”职业教育土木工程类新形态系列教材). -- ISBN 978-7-113-31716-4

Ⅰ. TU201.4

中国国家版本馆 CIP 数据核字第 2024GL9937 号

书　　名: **建筑与桥梁 BIM 建模技术**

作　　者: 吴　迪　唐　娟

策　　划: 曾露平　　　**编辑部电话**: (010)63551926

责任编辑: 曾露平　许　璐

封面设计: 刘　颖

责任校对: 刘　畅

责任印制: 赵星辰

出版发行: 中国铁道出版社有限公司(100054,北京市西城区右安门西街 8 号)

网　　址: https://www.tdpress.com/51eds

印　　刷: 北京联兴盛业印刷股份有限公司

版　　次: 2025 年 1 月第 1 版　2025 年 1 月第 1 次印刷

开　　本: 787 mm × 1 092 mm　1/16　**印张**: 15　**字数**: 373 千

书　　号: ISBN 978-7-113-31716-4

定　　价: 49.80 元

前言

为了贯彻落实《国家职业教育改革实施方案》，深化职业教育“三教”改革，落实“科技是第一生产力、人才是第一资源、创新是第一动力”，深入实施科教兴国战略，守正创新，以培养出一大批结构合理、素质优良的工程建设复合型创新人才为目标，结合职业学校的教学要求和办学特色进行本书的编写。本书具备如下特点：

(1)以学生为中心，以方便学生学习为第一原则。活页装订方便学生增添新知识、新技能以及学习心得，页面留白方便学生记录，线上线下同步目录索引，方便学生查阅。

(2)适应“1+X”证书制度，内容选择参考职业技能等级标准。在“1”的基础上，针对职业要求进行拓展和补充，将BIM建模职业技能等级标准及要求有机融入教材，实现课证融通。

(3)体现“专业+思政+创新”要求，甄选以铁路精神、基建强国为主题的德技领航内容，突出“人的底色”与创新素质的培养目标。

(4)校企双元合作开发，充分融入职业要素。本书项目均由校企双方共同建设完成。以近两年新建的企业案例作为学习载体，拓展现阶段我国建筑与桥梁行业发展中的BIM建模新技术，新增新工艺、新规范，增强教材时效性。

(5)对接国家在线精品课程，开展线上线下混合教学。本书内容与国家在线精品课程“BIM建模技术”(请在学银在线开放学习平台查看本课程)无缝对接，知识相扣、技能相符、实操相通。学生可以通过教材提供的在线资源或扫描二维码自主学习，实现线上与线下混合学习。

本书在编写过程中，整合了职业学校及工程企业的力量，由安徽职业技术学院吴迪、唐娟任主编；安徽职业技术学院刘西锋、中冶交通建设集团有限公司张鸿杰、中铁建工集团第二建设有限公司张毅、安徽数智建造研究院有限公司王步云任副主编，安徽职业技术学院储小芳、安徽水利水电职业技术学院孙希、安徽建工技师学院夏扬、中建八局轨道交通建设有限公司郭二军、中铁大桥局集团第一工程有限公司付小鸽参与编写。全书由吴旭主审。具体编写分工如下：项目一、项目二由刘西锋、张鸿杰、夏扬共同编写；项目三、项目四由吴迪、张毅、储小芳、孙希共同编写；项目五由王步云、郭二军、唐娟共同编写；项目六由吴迪、刘西锋、付小鸽共同编写。

书中相关附件请扫描附录中的二维码下载。

在本书编写过程中，许多同行提出了中肯的意见和建议，同时还参考了书后参考文献中的部分内容，谨在此对其作者表示深深的谢意。

由于时间仓促，加之编者水平有限，书中难免有不足之处，恳请读者批评指正。

编　者

2024 年 11 月

目　录

BIM标准及建模策划

项目概述

一、项目描述

本项目介绍我国BIM标准体系和组成，明确BIM建模工作流程，讲解BIM建模规则。

二、学习目标

知识目标：

- 掌握BIM国家标准体系和框架；
- 掌握BIM建模工作流程、BIM模型命名规则；
- 熟知模型精细度等级划分、模型拆分和模型协同方法；
- 熟知BIM行业标准体系、BIM建模项目样板文件；
- 了解BIM国家标准的作用；
- 了解BIM建模族库。

技能目标：

- 能在工作岗位中贯彻执行BIM标准；
- 能够按照BIM建模流程进行模型创建；
- 能够正确地对BIM模型命名、拆分和协同。

素质目标：

- 培养学生认真学习政策性文件，提高学生的阅读与领悟能力；
- 提高学生的职业素质。

三、德技领航

李万君同志是中车长客股份公司高级技师。他凭着一股不服输的钻劲儿、韧劲儿，取得了一批重要的核心试制数据，实现了国外对我国高铁“技术封锁”的突围，先后进行技术攻关100余项，曾获“大国工匠2018年度人物”、“感动中国2016年度人物”、全国五一劳动奖章、“全国优秀共产党员”荣誉称号。他是平凡岗位上的普通员工，却创造了如此辉煌的成绩。

他的事迹是共产党员榜样的力量，是个人正心入行的品质，是爱岗敬业的践行。爱岗，需熟知岗位的工作流程；敬业，则要遵守流程的规则。本项目将介绍BIM的相关标准、工作流程与规则，为学生爱岗敬业、正心入行引领方向。

视频

项目一
德技领航

视频

任务一 认识BIM标准（任务速递）

任务一　认识BIM标准

任务工单

列举我国BIM标准体系以及标准的名称。

知识链接

一、BIM的定义及作用

BIM的三个英文字母中，"B"和"I"分别代表了building和information；而"M"所代表的意义有两种：一种是"modeling"；另一种是"management"。所以BIM的含义有两个：一种是建筑模拟层面上的建筑信息模型；另一种是建筑管理层面上的定义，即建筑信息管理。BIM的作用是：使建筑的信息在建筑的整个生命周期的过程中得到完整的分享和使用，使得设计人员和施工人员可以对建筑的设计和施工获得更加充分的理解，为建筑的使用者在不同的建筑周期提供最佳的建筑运营方案。

二、BIM的现状及前景

国内BIM正在被更多的人得知并了解，建筑行业也即将经历由传统CAD绘图到BIM绘图及综合建筑后续管理模式的变革。很多一级施工及设计单位、大学的建筑学院等都已经设立了BIM研究中心。我国已经开始有很多已经建成或者正在设计阶段的建筑在其具体实施的各个阶段使用了建筑信息模拟的技术。BIM在项目中的全程应用为以后建筑信息模型技术的广泛应用奠定了坚实的基础，推动了BIM技术在中国的后续发展。

三、BIM岗位分类

按照应用领域可将BIM岗位分类如下：

（1）BIM标准管理人员：主要负责BIM标准研究管理的相关工作人员，分为BIM基础理论研究人员及BIM标准研究人员。

（2）BIM工具研发人员：指BIM产品设计人员和软件开发人员。

（3）BIM工程应用技术人员：即在项目工程中应用BIM完成工程全生命周期中各专业任务的专业技术人员，包括BIM建模人员、BIM专业分析人员、BIM信息应用人员、BIM系统管理员、BIM数据维护员。在BIM人才结构中，此类人员数量最大、覆盖面最广，实现BIM价值的贡献最大。

任务实施

该任务是讲述我国的BIM标准体系以及内容概述。

一、国家标准

目前，在国家BIM标准体系计划中，有六项标准陆续出台，不断规范工程建设全生命周期内BIM的创建、使用和管理。这六项标准包括：《建筑信息模型应用统一标准》《建筑信息模型分类和编码标准》《建筑信息模型存储标准》《建筑信息模型设计交付标准》《制造工业工程设计信息模型应用标准》《建筑信息模型施工应用标准》，如图1-1-1所示。

学习笔记

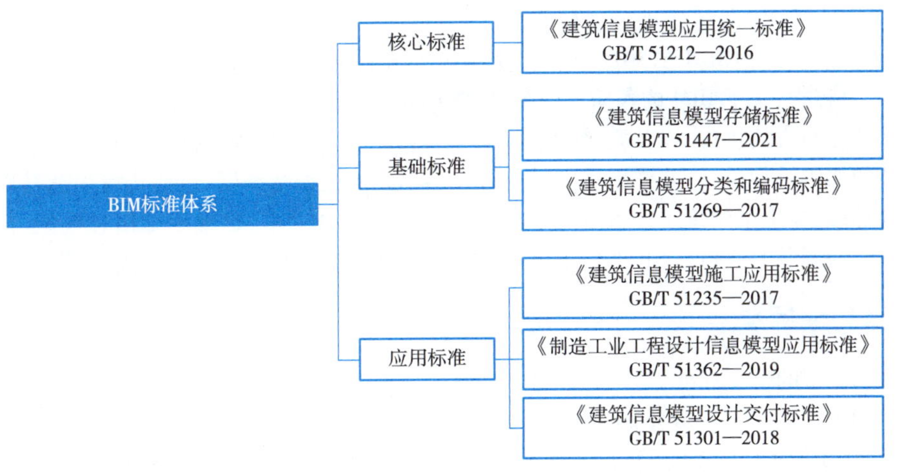

图　1-1-1

(一)《建筑信息模型应用统一标准》

该标准编号为 GB/T 51212—2016,自 2017 年 7 月 1 日起实施,该标准对 BIM 在工程项目全生命周期的各个阶段都作出了统一规定,包括模型结构与扩展要求、数据交换及共享要求、模型应用要求、项目或企业具体应用要求等,在整个体系内起到大纲总则的作用。该标准只规定核心的原则,不规定具体细节。

《建筑信息模型应用统一标准》是 BIM 应用的基本核心准则,作为我国 BIM 应用及相关标准研究和编制的依据,其他标准都需要遵循统一标准的要求和原则。

(二)《建筑信息模型存储标准》

该标准编号为 GB/T 51447—2021,自 2022 年 2 月 1 日起实施。该标准为数据模型标准,主要参考 IFC 标准而制定。它规定了模型信息应该采用什么格式进行组织和存储。

(三)《建筑信息模型分类和编码标准》

该标准编号为 GB/T 51269—2017,自 2018 年 5 月 1 日起实施。作为基础数据标准,对 BIM 信息的分类和编码进行标准化,以满足数据互用的要求。该标准对建筑全生命周期进行编码,除模型和信息编码,还有项目所涉及人和事编码。

(四)《建筑信息模型施工应用标准》

该标准编号为 GB/T 51235—2017,自 2018 年 1 月 1 日起实施。面向施工和监理,规定其在施工过程中该如何使用 BIM 模型中的信息,以及如何向他人交付施工模型信息,包括深化设计、施工模拟、预加工、进度管理、成本管理等方面内容。

(五)《制造工业工程设计信息模型应用标准》

该标准编号为 GB/T 51362—2019,自 2019 年 10 月 1 日起实施。该标准参照国际 IDM 标准,面向制造业工厂和设施,规定了在设计、施工运维等各阶段 BIM 具体的应用,内容包括这一领域的 BIM 设计标准、模型命名规则,数据该怎么交换、各阶段单元模型的拆分规则、模型的简化方法、项目该怎么交付及模型精细度要求等。该标准适用于制造业工厂,不包括一般的工业建筑。

本标准适用于各类民用建、构筑物,包括住宅建筑、公共建筑、地下空间等。普通工业类和基础设施建构筑物,包括仓储建筑、地下交通设施中的民用建筑物。该项标准的出台,意味着国内各设计企业或团队将能够在同一个数据体系下工作,从而进行广泛的数据交换和共享。针对产业链上其他节点,也能够提供统一的数据端口,在建造和运维等过程中无缝对接,使 BIM 发挥出最大的社会效益。

学习笔记

(六)《建筑信息模型设计交付标准》

该标准编号为 GB/T 51301—2018，自 2019 年 6 月 1 日起实施。它规定了在建筑工程规划、设计过程中，基于 BIM 的各阶段数据的建立、传递和读取，特别是各专业之间的协同，工程设计各参与方的协作，以及质量管理体系中的管控、交付等过程。提出了建筑信息模型工程设计的四级模型单元，并详细规定了各级模型单元的模型精细度，包括几何表达精度和信息深度等级；提出了建筑工程各参与方协同和应用的具体要求，也规定了信息模型、信息交换模板、工程制图、执行计划、工程量、碰撞检查等交付物的模式。

二、行业标准

BIM 模型的行业标准，是针对各专业领域内，以完成 BIM 专项任务为目的而制定的实施细则。如中国勘察设计协会 2015 年 8 月发布的《中国市政行业 BIM 实施指南》；中国建筑装饰协会 2016 年 9 月发布的《建筑装饰装修工程 BIM 实施标准》；中国铁路设计集团有限公司 2020 年 3 月 10 日发布的《铁路工程信息模型统一标准》等。

三、地方标准

BIM 模型的地方标准，是各地为推广本地 BIM 应用而制定的 BIM 相关标准，是对应国家标准而本地化的标准，例如：2020 年 11 月，湖南省住建厅发布《湖南省装配式建筑信息模型交付标准》；2020 年 11 月，浙江省住建厅发布《建设工程管理信息编码标准》；2020 年 12 月，贵州省住建厅发布《贵州省建筑信息模型技术应用标准》；2021 年 2 月，深圳市住建局发布《市政道路工程信息模型设计交付标准》；2021 年 4 月，北京市住建委发布《建筑电气工程施工过程模型细度标准》；2021 年 9 月，山西省住建厅发布《公路工程建设领域建筑信息模型（BIM）设计交付标准》；2022 年 4 月，苏州市政府印发《苏州市相城区 BIM 技术应用指南》。

四、企业标准

企业标准是对企业范围内需要协调、统一的技术要求、管理要求和工作要求所制定的标准。企业标准由企业制定，由企业法人代表或法人代表授权的主管领导批准、发布，在企业内部适用。例如，2016 年 1 月中国中铁股份有限公司发布的《中国中铁 BIM 应用实施指南》、2021 年 12 月中国雄安集团有限公司发布的《中国雄安集团建设项日 BIM 技术标准》等。

这些标准的实施，保证了 BIM 模型数据在交换中，统一数据格式、规范信息内容、提高信息应用效率，实现信息共享和协同工作。

巩固练习

1.（多选题）我国 BIM 体系的组成包括（　　）。

A. 国家标准　B. 行业标准　C. 地方标准　D. 企业标准　E. 协会标准

2.（单选题）我国 BIM 标准的基本核心准则，其他标准都需要遵循的要求和原则的标准是（　　）。

A.《建筑信息模型应用统一标准》　B.《建筑信息模型分类和编码标准》

C.《建筑信息模型设计交付标准》　D.《建筑信息模型施工应用标准》

3.（多选题）BIM 标准的作用是（　　）。

A. 保证数据统一格式　B. 保证信息内容规范

C. 提高信息利用效率　D. 实现信息共享和协同工作

E. 保障工程项目经济效益

任务测评

学习笔记

“任务一 认识 BIM 标准”测评记录表

<table>
<tr><td>学生姓名</td><td colspan="2"></td><td>班级</td><td></td><td>任务评分</td><td></td></tr>
<tr><td>实训地点</td><td colspan="2"></td><td>学号</td><td></td><td>完成日期</td><td></td></tr>
<tr><td colspan="5">考 核 内 容</td><td>标准分</td><td>评 分</td></tr>
<tr><td colspan="2" rowspan="3">知识(40 分)</td><td colspan="3">BIM 标准体系组成</td><td>15</td><td></td></tr>
<tr><td colspan="3">BIM 国家标准名称</td><td>15</td><td></td></tr>
<tr><td colspan="3">BIM 行业标准简述</td><td>10</td><td></td></tr>
<tr><td colspan="2" rowspan="2">技能(40 分)</td><td colspan="3">BIM 国家标准内容概述</td><td>20</td><td></td></tr>
<tr><td colspan="3">BIM 标准作用</td><td>20</td><td></td></tr>
<tr><td colspan="2" rowspan="2">素质(20 分)</td><td colspan="3">团队精神:沟通、协作、互助、自主、积极等</td><td>10</td><td></td></tr>
<tr><td colspan="3">学习反思:技能点表述、反思内容等</td><td>10</td><td></td></tr>
<tr><td colspan="2">教师评语</td><td colspan="5"></td></tr>
</table>

导图互动

结合国家在线精品课程“BIM建模技术”模块一项目一任务1拓展案例的内容,在学习有关企业BIM指南解读等相关知识后,完成以下导图内容。

认识BIM标准

《建筑信息模型应用统一标准》
GB/T 51212—2016

- 基础标准
- 应用标准

学习笔记

任务二　认识 BIM 建模工作流程

学习笔记

视频

任务二 认识BIM建模工作流程（任务速递）

任务工单

绘制 BIM 建模流程图。

知识链接

目前 BIM 建模工作，通常是以设计好的图纸为依据，在专业的 BIM 建模软件中建立项目的 BIM 模型。

一、图纸分类

建筑项目图纸按照专业一般分为建筑专业图纸、结构专业图纸和建筑设备专业图纸，其中建筑设备专业图纸又包括给排水专业图纸、暖通专业图纸和电气专业图纸。

二、REVIT 样板文件与族库

Revit 系列软件是目前较为主流的 BIM 软件，由 Autodesk 公司所开发，样板文件与族库在 Revit 应用中起着重要作用，是 Revit 模型搭建的基础。

（一）样板文件

样板文件在实际项目操作过程中有非常重要的作用，可以满足不同业务需求，并且通过建立样板文件可节省重复设置的时间以提高建模效率。Revit 软件的所有项目的搭建均根据项目样板文件展开，项目样板文件提供了项目的视图样板、项目模型搭建所需要的族以及其他基本项目设置（如视图比例、可见性设置、项目单位等）。用户可根据项目特点自定义样板文件并导入其中。

（二）Revit 族库

Revit 模型的搭建均通过各类族组合而成，Revit 除提供默认族库之外，用户还可根据需要进行参数化建族，并加载到族库中便于其他项目的使用。族通过改变参数可生成多个类型的族，实现族外观和属性的多样化，即族库的丰富度可决定项目模型的精细度。族的分类有三种：系统族、内建族和标准构建族。

任务实施

视频

任务二 认识BIM建模工作流程（任务实施）

了解 BIM 建模流程。建模策划的核心内容就是明确 BIM 建模流程，了解 BIM 建模规则，明确 BIM 建模的成果及格式要求。一般 BIM 项目实施的工作流程主要有：图纸准备、明确建模规则、创建项目样板、分专业建模、成果输出以及后续的交付后续环节使用，如图 1-2-1 所示。

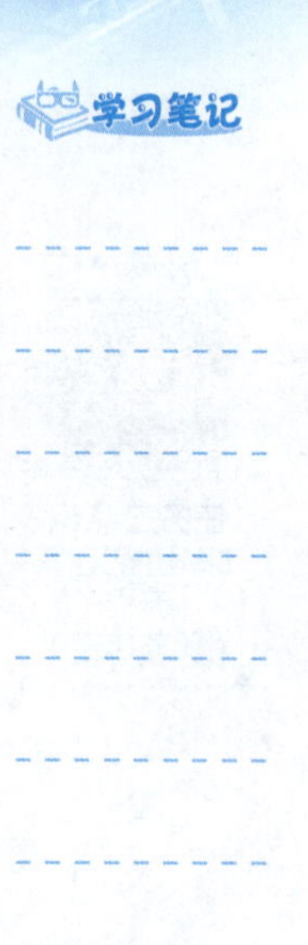

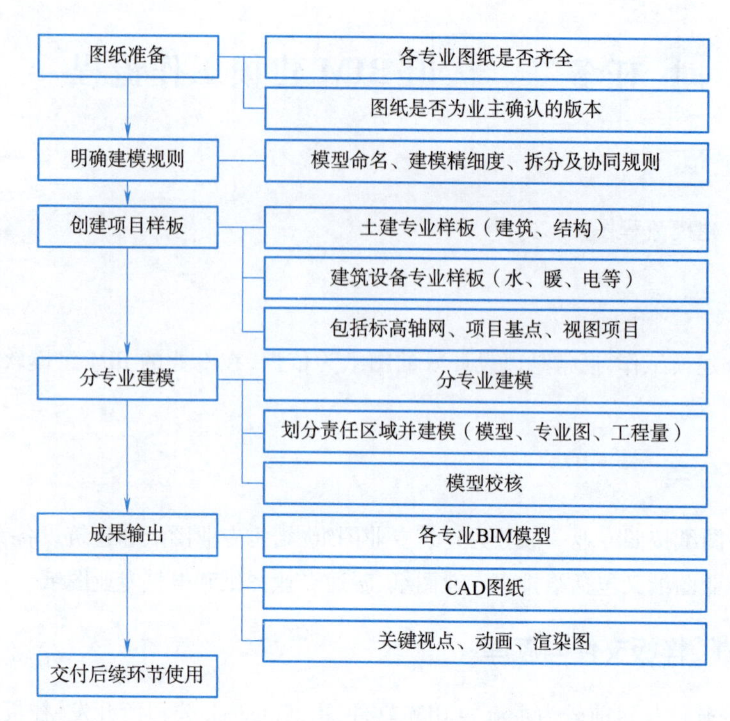

图 1-2-1

巩固练习

1.（多选题）BIM 创建的项目样板一般包括（　　）。

A. 土建专业样板　　B. 设备专业样板

C. 标高轴网样板　　D. 项目基点样板

E. 视图项目样板

2.（多选题）BIM 建模流程一般有（　　）。

A. 图纸准备　　B. 明确建模规则

C. 创建项目样板　　D. 分专业建模

E. 成果输出以及后续的交付使用

任务测评

学习笔记

"任务二　认识 BIM 建模工作流程"测评记录表

学生姓名		班级		任务评分	
实训地点		学号		完成日期	
考核内容				标准分	评　分
知识(40 分)	建模流程表述			20	
	项目样板表述			20	
技能(40 分)	能按照流程进行 BIM 建模			40	
素质(20 分)	团队精神:沟通、协作、互助、自主、积极等			10	
	学习反思:技能点表述、反思内容等			10	
教师评语					

导图互动

结合国家在线精品课程“BIM 建模技术”模块一项目一任务 2 的基础准备，在学习有关 BIM 建模工作流程等相关知识后，完成以下导图内容。

认识BIM建模工作流程

学习笔记

任务三　认识 BIM 建模规则

学习笔记

视频

项目一任务三 认识BIM建模规则（任务速递）

任务工单

对小别墅模型进行拆分；对部分构建命名以及精细度进行确定。

知识链接

BIM 模型的建立对 BIM 技术的应用起着关键性作用，是 BIM 应用的核心。BIM 建模规范化、标准化，对 BIM 技术在设计施工等后续阶段的使用，有重要的影响。下面，一起来看一下 BIM 建模标准化有什么用，以及如何实现 BIM 建模标准化。

一、BIM 建模标准化的优势

（1）能够大大提高项目模型的创建效率，提高模型的精度。

（2）有利于项目模型的管理，比如统一模型构件的命名、配色、材质等，统一模型存储交付的数据格式，便于多个建模人员之间的认读和协同配合，减少模型传递和交互过程中的障碍。

（3）有利于统一模型实体的结构拆分和分类编码规则，根据模型的后期应用，确定各构件关联信息的内容，实现模型编码和信息的快速批量挂接。

（4）对于设计院，利用 BIM 的可出图性，建立自己的出图样板，形成企业的标准图库。对于施工图审查和监管单位，在统一行业的 BIM 建模标准后，便可自然而然地研发 BIM 三维审查系统。

二、BIM 建模标准化的三大统一要求

（1）统一建立标准。我国 BIM 技术发展时间较短，和国外建筑市场相比，缺乏完善的 BIM 标准和成熟的市场发展模式。使得我国 BIM 技术的应用容易陷入各种协同困难，专业间的、非专业间的、参与方间的。

（2）统一构件命名编码规则。BIM 技术要实现建筑全生命周期的应用，就要制定建筑构件的分类和编码标准。在 BIM 技术应用过程中，保持编码的全面性、完整性和有序性，有利于形成统一的建筑语言，确保信息沟通和传递的效率和质量。

（3）统一软件版本。统一软件版本不仅指统一软件供应商的软件产品，也指统一的软件版本。目前，市面的软件供应商，主要以 Autodesk、Bentley 和 Dassault 为主。

任务实施

视频

任务三 认识BIM建模规则（任务实施）

一般情况下，BIM 建模标准为 BIM 模型创建的通用原则和基础标准，由于企业类型及其所涉及的建筑类型不同，如公共建筑、居住建筑、基础设施和工业建筑等，因此建模所涉及的构件及原则也不尽相同。BIM 建模规则一般会涉及模型命名、模型精细度、模型拆分及模型协同四个方面。

一、模型命名

建筑信息模型及其交付物的命名应简明且易于辨识，主要有模型构件命名和模型文件命名。

（一）BIM 模型构件命名

BIM 模型构件命名宜由模型单元简述、拆分单元、构件编号、尺寸等组成，具体需要根据

模型拆分方式、阶段及构件特殊性等因素共同决定命名的原则和字段。例如，某项目中某结构梁构件命名为“7#-F2-KL3-200＊400”，各项以“-”连接，“7#楼”代表模型单元区域；“F2”代表楼层；“KL3”代表构件编号；“200＊400”代表梁尺寸。

（二）BIM 模型文件命名

BIM 模型文件命名与建模规则和最终交付成果等密切相关。

BIM 模型文件命名宜由项目简称、模型单元简述、阶段划分、专业代码、拆分单元、版本、描述依次组成，不同字段之间由连字符“-”隔开。例如，某项目名称为“ZHL-2#-A-F2-V1.0-20190221”，其中，项目名称为“ZHL”（综合楼拼音缩写），模型单元区域为“2#楼”，结构专业为“A”，楼层为“F2”，模型版本为“V1.0”，日期描述为“20190221”。

视频

任务三 样板创建1

视频

任务三 样板创建2

二、模型精细度

依据《建筑信息模型设计交付标准》（GB/T 51301—2018）可知，建筑信息模型应由模型单元组成，模型单元分为四个级别，见表 1-3-1。

表 1-3-1

模型单位分级	模型单元用途
项目级模型单元	承载项目、子项目或局部建筑信息
功能级模型单元	承载完整功能的模块或空间信息
构件级模型单元	承载单一的构配件或产品信息
零件级模型单元	承载从属于构配件或产品的组成零件或安装零件信息

建筑信息模型包含的最小模型单元应由模型精细度等级衡量。模型精细度基本等级划分见表 1-3-2。

表 1-3-2

等　级	代　号	包含的最小模型单位
1.0 级模型精细度	LOD1.0	项目级模型单元
2.0 级模型精细度	LOD2.0	功能级模型单元
3.0 级模型精细度	LOD3.0	构件级模型单元
4.0 级模型精细度	LOD4.0	零件级模型单元

在施工图阶段进行 BIM 建模，一般设计模型构件需要具备精确数量、尺寸、形状、位置、方向等信息，非几何属性信息亦可建置于模型组件中。一般建筑专业的建模精细度见表 1-3-3。

表 1-3-3

构建类型	精细度	
	几何信息	非几何信息
墙	厚度、长度、高度、形状	材质
门窗	高度、宽度、低高度	材质
屋面	厚度、坡度、悬挑	材质
楼板	厚度、形状	材质
幕墙	长度、高度、嵌板、横竖梃	材质

续表

构建类型	精细度	
	几何信息	非几何信息
楼梯	形状、位置	材质
室外构建	形状、位置	材质

三、模型拆分

建筑模型应用项目体量和数据庞大，很难用一个模型文件包含所有专业模型，因此，BIM项目模型宜拆分建模，一般分为建筑专业建模、结构专业建模、建筑设备专业建模，也会有钢结构专业建模、幕墙专业建模、精装修专业建模等，实际应用中根据项目的难易程度或专业划分进行选择性建模，体量比较小的项目常把建筑和结构两个专业合并为一个土建专业建模。

（一）模型拆分的目的

（1）实现不同专业间的协作。

（2）提高大型项目的操作效率。

（3）方便多用户同时开展工作。

（二）模型拆分的原则

（1）按专业分类划分：项目模型应按照专业进行划分。

（2）按单项或者单位工程拆分：项目划分为多个单项工程，或者单项工程划分为多个单位工程。

（3）按水平或垂直方向划分：专业内垂直划分应以结构完成面为界，按照自然层、标准层进行划分（景观、幕墙、小市政等专业，不宜按楼层划分的专业除外）；建筑专业的楼梯系统可按照竖向划分；机电专业的管井可按竖向划分，模型体量大时考虑单独创建。

（4）按结构沉降缝拆分：根据结构沉降缝拆分为不同区域模型。

（5）按功能要求划分：可根据特定工作需要划分模型，如考虑机电管线综合的情况，将DN50 以下的喷淋及末端点位单独建立模型文件，与主要管道分开；制冷机房模型单独创建。

（6）按模型文件大小：单一模型文件最大不宜超过 200 MB，以避免后续多个模型文件操作时硬件设备运行缓慢（特殊情况时，以满足建模要求为准）。

（7）模型拆分时采用的方法，应尽量考虑所有相关 BIM 应用的需求。

（三）常见专业模型拆分原则

BIM 建模常见专业为建筑专业、结构专业、建筑设备专业，其模型拆分原则如图 1-3-1 所示。

四、模型协同

对于目前应用最广泛的 BIM 建模软件 Revit 来说，同一模型内部协同方式宜采用工作集；不同模型间的协同方式宜采用模型链接。

（一）链接模式

这种方式也称为外部参照，可以依据需要随时加载模型文件，各专业之间的调整相对独立，尤其是对于大型模型在协同工作时，性能表现较好，特别是在软件的操作响应上。但由于被链接的模型不能直接进行修改，因此需要回到原始模型进行编辑。例如，某项目按“建筑主体”和“建筑核心筒”分别组成完整项目模型，“建筑主体”模型链接了“建筑核心筒”模型，现在发现需要修改“建筑核心筒”模型，就需要另外打开“建筑核心筒”模型进行编辑修改，所以协作的时效性不如“工作集”模式方便。

学习笔记

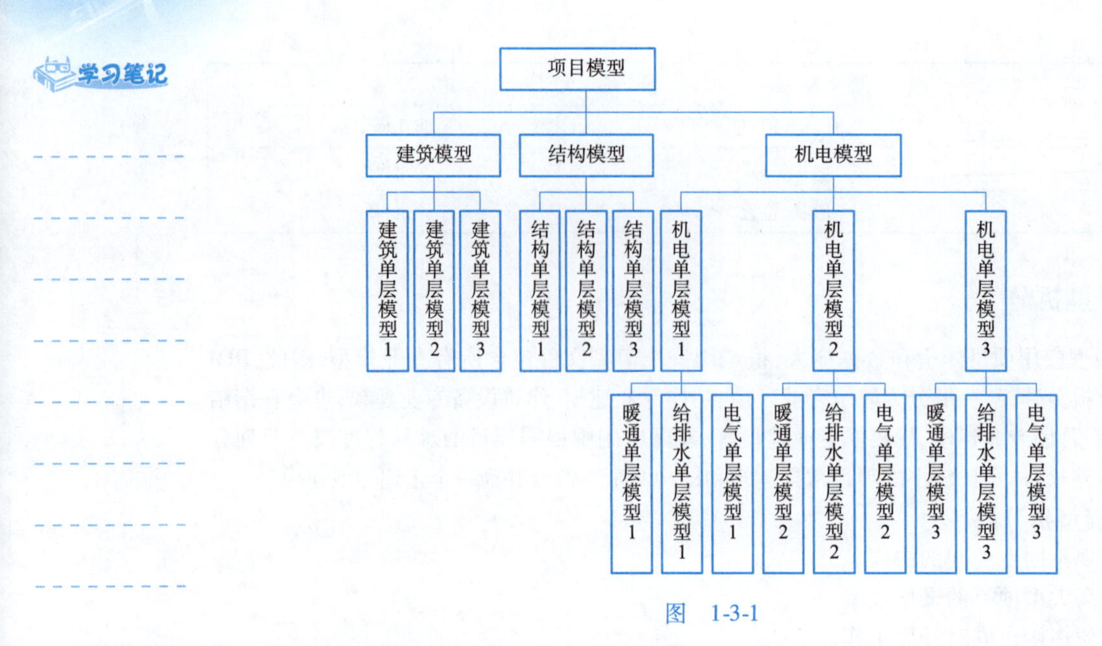

图 1-3-1

(二)工作集模式

工作集模式也称为中心文件方式,根据各专业的参与人员及专业性质确定权限,划分工作范围,各自工作,将成果汇总至中心文件(中心文件通常存放在共享文件服务器上),同时在各成员处有一个中心文件的实时镜像,可查看同伴的工作进度。这种多专业共用模型的方式对模型进行集中存储,数据交换的及时性强,但对服务器配置要求较高。例如,某项目按“建筑主体”和“建筑核心筒”分别组成完整项目模型,但是以工作集方式进行,“建筑主体”和“建筑核心筒”分别由两位项目成员分工负责,如果负责“建筑主体”的成员发现“建筑核心筒”需要修改,这位成员只要具备相应权限就可直接修改“建筑核心筒”模型,及时性比“链接模式”强。

视频

任务三 认识 BIM建模规则(巩固练习)

巩固练习

1. (多选题)BIM 建模规则需要考虑(　　)。

A. 模型命名　B. 模型精细度　C. 模型拆分　D. 模型协同

E. 模型共享

2. (多选题)BIM 模型构件宜由(　　)命名。

A. 模型单元简述　B. 拆分单元　C. 构件编号　D. 尺寸

E. 材质

3. (多选题)在施工图阶段进行 BIM 建模时,墙所包含的建模精细度包括(　　)

A. 厚度　B. 长度　C. 高度　D. 形状

E. 材质

4. (单选题)模型拆分的原则说法错误的是(　　)。

A. 项目模型应按照专业进行划分　B. 项目划分为多个单项工程

C. 根据结构沉降缝拆分为不同区域模型　D. 单一模型文件最大不宜超过 300 MB

5. (单选题)同一模型内部协同方式宜采用(　　),不同模型的协同方式宜采用(　　)。

A. 工作集　B. 模型链接

任务测评

学习笔记

"任务三　认识 BIM 建模规则"测评记录表

学生姓名		班级		任务评分	
实训地点		学号		完成日期	
考核内容				标准分	评　分
知识(40 分)	BIM 模型文件命名			10	
	BIM 模型构件命名			15	
	建筑信息模型精细度			15	
技能(40 分)	模型拆分的完成数目			20	
	模型协同的完成			20	
素质(20 分)	实训管理:纪律、清洁、安全、整理、节约等			5	
	工艺规范:国标样式、完整、准确、规范等			5	
	团队精神:沟通、协作、互助、自主、积极等			5	
	学习反思:技能点表述、反思内容等			5	
教师评语					

导图互动

结合国家在线精品课程"BIM 建模技术"模块一项目一中任务2的基础准备，在学习BIM建模规则中模型命名、模型精细度以及模型拆分等相关知识后，完成以下导图内容。

认识BIM建模规则
- （ ）
- 模型精细度
- （ ）
- 模型协同

学习笔记

拓展案例——BIM应用指南解读

学习笔记

视频

项目一 拓展案例 BIM应用指南解读

一、企业 BIM 应用指南简介

BIM 的应用对项目设计、施工和运维过程有着明确的指导意义，其中包含了项目所有的几何、物理、功能和性能信息。企业紧跟国内 BIM 的发展步伐，针对 BIM 技术的应用开展了一系列工作，成立 BIM 技术应用中心和推广应用小组，以 BIM 技术应用中心为共同平台，建立 BIM 设计和施工互动机制，后根据工作开展的进程，建立了企业自己的 BIM 技术应用指南文件。

二、企业 BIM 应用指南解读

(一) BIM 应用目标

企业 BIM 应用依据国家和行业的 BIM 技术标准，以企业项目为依托，对建设项目的全生命周期进行 BIM 技术应用，促进企业资源整合、知识共享、流程再造、经营模式创新、价值链重组。

施工阶段 BIM 实施目标主要是利用 BIM 技术加强施工管理，通过建立 BIM 施工模型，将构筑物及其施工现场 3D 模型与施工进度链接，并与施工资源、安全质量、场地布置、成本变化等信息集成一体，实现基于 BIM 的施工进度、人力、材料、设备、成本、安全、质量、场地布置等的动态集成管理及施工过程可视化模拟。施工单位根据实际工程需要选择单项或多项综合应用，改善传统施工工艺，以提高施工质量和效率，保障施工安全，节约工程投资。施工阶段 BIM 应用须交付附带相关施工信息的竣工模型。

(二) BIM 应用实施方法与流程

BIM 实施方法是规划、组织、控制和管理企业 BIM 实施工作的具体措施，是企业信息化的重要手段与行为方式。企业 BIM 应用实施方法有两种形式：其一是从企业级规划到项目全面实施的方式（自顶向下）；其二是从项目型实践到企业级整体实施的方式（自底向上）。以这两种方式为基础实现并行，企业通过对项目的 BIM 应用的实际了解，选取应用效果好的各项应用普及至企业的其他项目。

BIM 应用流程是对建设工程项目施工过程中一系列结构化、可度量活动的集合及其关系说明。项目 BIM 应用流程基于 BIM 的协作化实施模式，以便提高施工过程中应用的流畅性，从而提高施工效率和施工质量，加强项目 BIM 应用水平。BIM 应用流程主要包括组织策划、施工模型创建及变更深化、施工过程模拟优化及展示、碰撞检测及冲突分析、现场施工应用、施工管理、控制决策及业务管理、信息附加、成果交付、总结等步骤，如图 1-4-1 所示。

(三) 企业 BIM 主要应用点

在工程项目施工阶段，施工企业肩负着保障工程质量、工期、成本、安全文明施工等全方位的施工管理责任，面对错综复杂、千头万绪的工作，如何做好施工过程管理，成为施工企业必须面对的问题。

BIM 技术是工程项目在设计、分析、建造和运维过程中的数字化表达。通过在空间几何模型基础上叠加时间、数量和成本、建造与管理等信息，实现从 3D 到 4D、5D 等多维表达，以 BIM 技术为驱动的项目全生命期高效管理和潜在效益正在不断被认识。BIM 技术具有可视化、参数化、标准化的特点，具有信息共享、协同工作的核心价值，在施工总承包管理中，应用

学习笔记

BIM 技术可以提高管理效率和工作质量。施工企业 BIM 应用点大致可归为以下几类,可根据实际情况借鉴执行:

(1)图纸会审。

(2)深化设计。

(3)施工组织与方案优化。

(4)设计变更。

(5)进度管理。

(6)质量安全管理。

(7)竣工验收。

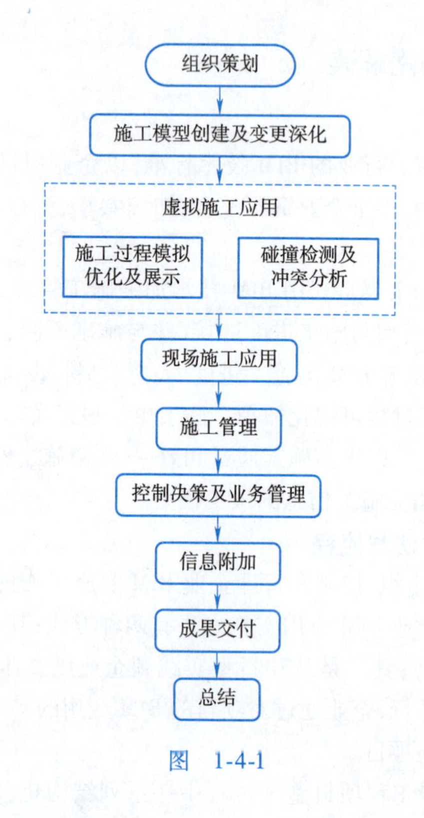

图 1-4-1

三、BIM 实施技术要点总结

(一)图纸会审

图纸会审是施工准备阶段技术管理主要内容之一,认真做好图纸会审,检查图纸是否符合相关条文规定,是否满足施工要求,施工工艺与设计要求是否矛盾,以及各专业之间是否冲突,对于减少施工图中的差错,完善设计,提高工程质量和保证施工顺利进行都有重要意义。图纸会审在一定程度上影响着工程的进度、质量、成本等,做好图纸会审这项工作,图纸中的一些问题就能及时解决,可以提高施工质量,缩短施工工期,进而节约施工成本。

传统的图纸会审主要是通过各专业人员通过熟悉图纸,发现图纸中的问题,业主汇总相关图纸问题,并召集监理、设计单位以及项目经理部项目经理、生产经理、商务经理、技术员、施工员、预算员、质检员等相关人员一起对图纸进行审查,针对图纸中出现的问题进行商讨修改,最后形成会审纪要。应用 BIM 的三维可视化辅助图纸会审,更加形象直观。

基于 BIM 的图纸会审与传统的图纸会审相比,应注意以下几个方面:

(1)在发现图纸问题阶段,各专业人员首先熟悉图纸,在熟悉图纸的过程中,发现部分图纸问题。熟悉图纸后,相关专业人员开始依据施工图纸创建施工图设计模型,在此过程中,发现图纸中隐藏的问题,并将问题进行汇总。在完成模型创建之后通过软件的碰撞检查功能,进行专业内以及各专业间的碰撞检查,发现图纸中的设计问题,这项工作与深化设计工作可以合并进行。

(2)在多方会审过程中,将三维模型作为多方会审的沟通媒介,在多方会审前将图纸中出现的问题在三维模型中进行标记,会审时,对问题进行逐一评审并提出修改意见,可以大大地提高沟通效率。

(3)在进行会审交底过程中,通过三维模型就会审的相关结果进行交底,向各参与方展示图纸中某些问题的修改结果。

(二)深化设计

深化设计是深化设计人员在原设计图纸的基础上,结合现场实际情况,对图纸进行完善、补充,绘制成具有可实施性的施工图纸,深化设计后的图纸应满足原设计技术要求,符合相关地域设计规范和施工规范,并通过审查,能直接指导施工。主要包括各专业的深化设计以及专业间的协调深化设计。基于 BIM 的深化设计是应用 BIM 软件进行深化设计工作,极大地提高了深化设计质量和效率。

传统深化设计是先由各专业深化设计人员熟悉图纸,建设单位组织设计单位对各施工单位进行设计交底,向施工单位介绍设计意图,以及解决施工单位对图纸的相关疑问,完成交底之后,各专业深化设计人员在明确深化设计方向之后制定深化设计的相关原则文件,保证深化设计的质量,而后编写深化设计说明,绘制构件布置图、构件详图以及节点详图,对布置不合理的相关构件以及节点进行重新布置或者优化设计,最终完成深化设计。

基于 BIM 的各专业深化设计与传统的深化设计相比,应注意以下几个方面:

(1)各专业深化设计人员在完成接收设计单位的图纸交底之后,通过制定相应的深化设计原则之后,各专业通过安排专业的建模人员严格按照设计施工图纸进行各专业施工图设计模型的创建。

(2)完成专业模型的创建之后,各专业深化设计人员可以在各自专业施工图设计模型基础上进行深化设计工作,如:检查调整房屋的管线标高,在保证管线功能需求的条件下,优化管线走向,节省材料,降低施工难度;校核型钢与钢筋穿插是否合理;通过软件的碰撞检查功能对各专业间的碰撞进行检查。

(3)基于 BIM 的深化设计,可以直接导出施工图,在对模型完成相应的优化之后,在 BIM 软件中,对图纸、图层、尺寸标注等进行相关设置之后便可直接导出施工图纸,在出图过程中如果构件过于密集还可通过过滤器功能进行分系统出图,或单独导出某构件的详图。

(4)在进行多专业协调深化设计时,各专业深化设计后的模型按照统一的坐标原点和高程整合到一起,形成项目的整体模型;在三维模型中通过碰撞检查发现各专业之间的碰撞点,还可通过三维漫游,以第三人的视角对三维模型进行巡视,发现问题,最后各方协调解决相关问题。

(三)施工组织与方案优化

施工组织文件是项目管理中技术策划的纲领性文件,是用来指导项目施工全过程各项活动的技术、经济和组织的综合性文件,是施工技术与施工项目管理有机结合的产物,它能保证工程开工后施工活动有序、高效、科学合理地进行。

传统的施工组织设计及方案优化流程首先由项目人员熟悉设计施工图纸、进度要求以及可提供的资源，然后编制工程概况、施工部署以及施工平面布置，并根据工程需要编制工程投入的主要施工机械设备和劳动力安排等内容，在完成相关工作之后提交给监理单位对施工组织设计以及相关施工方案进行审核；监理审核不通过，则根据相关意见进行修改；监理审核通过之后提交给业主审核，审核通过后，相关工作按照施工组织设计执行。

基于 BIM 的施工组织设计优化了施工组织设计的流程，提高了施工组织设计的表现力，需要注意以下几个方面：

(1)基于 BIM 的施工组织设计结合三维模型对施工进度相关控制节点进行施工模拟，展示在不同的进度控制节点及工程各专业的施工进度。

(2)在对相关施工方案进行比选时，通过创建相应的三维模型对不同的施工方案进行三维模拟，并自动统计相应的工程量，为施工方案选择提供参考。

(3)基于 BIM 的施工组织设计为劳动力计算、材料、机械、加工预制品等统计提供了新的解决方法，在进行施工模拟的过程中，将资金以及相关材料资源数据录入模型中，在进行施工模拟的同时也可查看在不同的进度节点相关资源的投入情况。

(四)设计变更

在施工过程中，遇到一些原设计未预料到的具体情况时，需要进行处理，如：增减工程内容、修改结构功能、设计错误与遗漏、施工过程中的合理化建议以及使用材料的改变，这些都会引起设计变更。设计变更可以由建设单位、设计单位、施工单位或监理单位中的某一个单位提出，有些则是上述几个单位都会提出。例如，工程的管道安装过程中遇到原设计未考虑到的设备和管道、在原设计标高处无安装位置等，需改变原设计管道的走向或标高，经设计单位和建设单位同意，办理设计变更或设计变更联络单。这类设计变更应注明工程项目、位置、变更的原因、做法、规格和数量，以及变更后的施工图，经各方签字确认后即为设计变更。基于 BIM 的设计变更实现模型的参数化修改，可以轻松对比变更前后工程部位的具体变化，并具有可追溯性。

传统的设计变更主要是由变更方提出设计变更报告，提交监理方审核，监理方提交建设方审核，建设方审核通过再由设计院开具变更单，完成设计变更工作。

基于 BIM 的设计变更与传统的设计变更相比，应注意以下几个方面：

(1)基于 BIM 的设计变更，在审核设计变更时，依据变更内容，在模型上进行变更形成相应的变更模型，为监理和业主方对变更进行审核时提供变更前后直观的模型对比。

(2)基于 BIM 的设计变更，在进行设计变更完成之后，利用变更后 BIM 模型可自动生成并导出施工图纸，用于指导下一步施工。

(3)基于 BIM 的设计变更，利用软件的工程量自动统计功能，可自动统计变更前和变更后以及不同的变更方案所产生的相关工程量的变化，为设计变更的审核提供参考。

(4)设计变更对施工深化设计模型产生影响，进而对相应的施工过程模型也产生影响。由于在目前的政策环境下和 BIM 应用成熟程度条件下，BIM 模型尚没有正式用于项目管理。但是，在实际工作中，应用 BIM 模型辅助设计变更已经取得了不错的效果，例如，通过在设计变更报告中插入 BIM 模型截图来表达变更意图以及变更前后设计方案的对比，其直观性对于提高沟通效率有很大的帮助。

（五）进度管理

项目进度管理是指项目管理者按照目标工期要求编制计划，实施和检查计划的实际执行情况，并在分析进度偏差原因的基础上，不断调整、修改计划直至工程竣工交付使用。通过对进度影响因素实施控制及各种关系协调，综合运用各种可行方法、措施，将项目的计划工期控制在事先确定的目标工期范围之内，在兼顾成本、质量控制目标的同时，努力缩短建设工期。基于 BIM 技术的虚拟施工，可以根据可视化效果看到并了解施工的过程和结果，更容易观察施工进度的发展，且其模拟过程不消耗施工资源，可以很大程度地降低返工成本和管理成本，降低风险，增强管理者对施工过程的控制能力。

与传统进度控制相比，基于 BIM 的进度控制应注意以下几个方面：

（1）执行进度计划跟踪。进度计划的跟踪需要在进度计划软件中输入进度信息与成本信息，数据录入后同步至施工进度模拟中，对进度计划的完成情况形成动画展示。相比传统工作来说并未增加工作量。

（2）进度计划数据分析。同样适用赢得值法进行分析，但是数据主要通过自动估算以及批量导入，相比传统估算方式，会更加准确，而且修改起来更加快捷。由于 BIM 在信息集成上的优势，在工作滞后分析上可利用施工模拟查看工作面的分配情况，分析是否有互相干扰的情况。在组织赶工时利用施工进度模拟进行分析，分析因赶工增加资源对成本、进度的影响，分析赶工计划是否可行。

（3）形象进度展示。在输入进度信息的基础上，利用施工模拟展示进度执行情况，用于会议沟通、协调。对进度计划的实际情况展示方面，施工模拟具有直观的优势，能直观了解全局的工作情况。对于滞后工作及对后续工作的影响也能很好地展示出来，能让各方快速了解问题的严重性。

（4）总包例会协调。在会议上通过施工模拟与项目实际进展照片的对比，分析上周计划执行情况，布置下周生产计划，协调有关事项。

（5）进度协调会的协调。在交叉作业频繁、工期紧迫等特殊阶段时，或在专业工程进度严重滞后或对其他专业工程进度造成较大影响时，应组织相关单位召开协调会并形成纪要。会议应使用 4D、5D 施工模拟展示项目阶段进度情况，分析总进度情况，分析穿插作业的滞后对工作面交接的影响。辅以进度分析的数据报表，增强沟通、协调能力。

（6）进度计划变更的处理。若进度计划变更不影响模型的划分，即修改进度计划并同步至软件中。若进度计划变更影响模型的划分，先记录变更部位，划定变更范围，逐项修改模型划分与匹配信息。模型修改完成后，将进度计划与模型重新同步至软件中进行匹配，完成变更的处理。处理完成后，留下记录，记录应包括变更部位、变更范围、时间、版本。

（7）模型变更的处理。模型变更时，先记录变更部位，划定变更范围。为修改后的部位划分范围，输入进度信息、专业信息等数据。将模型同步至软件中，重新进行匹配，完成变更处理。处理完成后，留下记录，记录应包括变更部位、变更范围、时间、版本。

（六）质量安全管理

BIM 技术在工程项目质量/安全管理中的应用目标是：通过信息化的技术手段全面提升工程项目的建设水平，实现工程项目的精细化管理。在提高工程项目施工质量的同时，更好地实现工程项目的质量管理目标和安全管理目标。

基于 BIM 技术，对施工现场重要生产要素的状态进行绘制和控制，有助于实现危险源的辨识和动态管理，有助于加强安全策划工作。使施工过程中的不安全行为/不安全状态得到减少和消除。做到不发生事故，尤其是避免人身伤亡事故，确保工程项目的效益目标得以实现。

1. 基于BIM的质量管理实施要点

传统的质量管理主要依靠制度的建设、管理人员对施工图纸的熟悉及依靠经验判断施工手段合理性来实现，这对于质量管控要点的传递、现场实体检查等方面都具有一定的局限性。采用BIM可以在技术交底、现场实体检查、现场资料填写、样板引路方面进行应用，帮助提高质量管理方面的效率和有效性。在实施过程中应注意以下几个方面：

(1)模型与动画辅助技术交底。针对比较复杂的工程构件或难以二维表达的施工部位建立BIM模型，将模型图片加入技术交底书面资料中，便于分包方及施工班组的理解；同时利用技术交底协调会，将重要工序、质量检查重要部位在计算机上进行模型交底和动画模拟，直观地讨论和确定质量保证的相关措施，实现交底内容的无缝传递。

(2)现场模型对比与资料填写。通过BIM软件，将BIM模型导入移动终端设备，让现场管理人员利用模型进行现场工作的布置和实体的对比，直观快速地发现现场质量问题，并在移动设备上拍摄、记录整改问题，将照片与问题汇总后生成整改通知单下发，保证问题处理的及时性，从而加强对施工过程的质量控制。

(3)动态样板引路。将BIM融入样板引路中，打破传统的在现场占用大片空间进行工序展示的单一做法，在现场布置若干个触摸式显示屏，将施工重要样板做法、质量管控要点、施工模拟动画、现场平面布置等进行动态展示，为现场质量管控提供服务。

2. 基于BIM的安全管理实施要点

传统的安全管理、危险源的判断和防护设施的布置都需要依靠管理人员的经验来进行，特别是各分包方对于各自施工区域的危险源辨识比较模糊。安全管理实施过程中应注意以下两个方面：

(1)通过建立的三维模型让各分包管理人员提前对施工面的危险源进行判断，并通过建立防护设施模型内容库，在危险源附近快速地进行防护设施模型的布置，比较直观地将安全死角进行提前排查。

(2)对项目管理人员进行模型和仿真模拟交底，确保现场按照防护设施模型执行。

(七)竣工验收

传统工程竣工验收工作由建设单位负责组织实施，在完成工程设计和合同约定的各项内容后，先由施工单位对工程质量进行检查，确认工程质量符合有关法律、法规和工程建设强制性标准，符合设计文件及合同要求，然后提出竣工验收报告。建设单位收到工程竣工验收报告后，对符合竣工验收要求的工程，组织设计、监理等单位和其他有关方面的专家验收组，制定验收方案。在各项资料齐全并通过检验后，方可完成竣工验收。

基于BIM的竣工验收与传统的竣工验收不同。基于BIM的工程管理注重工程信息的实时性，项目的各参与方均需根据施工现场的实际情况将工程信息实时录入BIM模型中，并且信息录入人员须对自己录入的数据进行检查并负责到底。在施工过程中，分部、分项工程的质量验收资料，工程洽商、设计变更文件等都要以数据的形式存储并关联到BIM模型中，竣工验收时信息的提供方须根据交付规定对工程信息进行过滤筛选，筛除冗余信息。竣工BIM模型与工程资料的关联关系：通过分析施工过程中形成的各类工程资料，结合BIM模型的特点与工程实际施工情况，工程资料与模型的关联关系，将工程资料分为三种：

(1)一份资料信息与模型多个部位关联；

学习笔记

(2)多份资料信息与模型一个部位发生关联;

(3)工程综合信息的资料,与模型部位不关联。

将上述三种类型资料与 BIM 模型链接在一起,形成蕴含完整工程资料并便于检索的竣工 BIM 模型。

基于 BIM 的竣工验收管理模式的各种模型与文件、成果交付应当遵循项目各方预先规定的合约要求。

BIM 成果形式:

(1)模型文件。模型成果主要包括地质、测绘、桥梁、隧道、路基、房建等专业所构建的模型文件,以及各专业整合后的整合模型。

(2)文档格式。在 BIM 技术应用过程中所产生的各种分析报告等由 Word、Excel、PowerPoint 等办公软件生成的相应格式的文件,在交付时统一转换为 pdf 格式。

(3)图形文件。主要是指按照施工项目要求,对指定部位由 BIM 软件渲染生成的图片,格式为 pdf。

(4)动画文件。BIM 技术应用过程中基于 BIM 软件按照施工项目要求进行漫游、模拟,通过录屏软件录制生成的 avi/mp4 格式视频文件。

结构BIM建模

一、项目描述

基于给出的建筑结构图纸,使用 Revit 软件完成房屋建筑结构 BIM 模型的成果输出。

二、学习目标

知识目标:

- 能正确表述结构基础的概念及种类;
- 能正确表述结构柱的概念及种类;
- 能正确表述结构梁的概念及种类;
- 能正确表述结构墙的概念及种类。

技能目标:

- 能依据图纸选择对应的方法创建结构基础及修改;
- 能依据图纸选择对应的方法创建结构柱及修改;
- 能依据图纸选择对应的方法创建结构梁及修改;
- 能依据图纸选择对应的方法创建结构墙及修改。

素质目标:

- 培养学生刻苦钻研、识读图纸的能力。

三、德技领航

文件

项目二图纸

视频

项目二
德技领航

青藏铁路起于青海省西宁市,途经格尔木市、昆仑山口、沱沱河沿,翻越唐古拉山口,进入西藏自治区安多、那曲、当雄、羊八井、拉萨,全长 1 956 km,是重要的进藏路线,被誉为天路,是世界上海拔最高、在冻土上路程最长的高原铁路,是中国现代四大工程之一,2013 年 9 月入选“全球百年工程”,是世界铁路建设史上的一座丰碑。

两千公里的青藏铁路积于毫厘之始,半个世纪的筚路蓝缕始于分秒之初,世界屋脊的壮丽诗篇离不开一枕一轨的建设根基,其雄伟壮观的高铁车站离不开基本的框架建构,本项目将介绍框架结构建模,为学生将结构建模应用于施工管理提供基础积累。

学习笔记

任务一　标高创建

视频

任务一
标高创建
（任务速递）

任务工单

根据给定的乡村别墅的图纸，首先创建出建筑的立面标高，如图 2-1-1 所示。

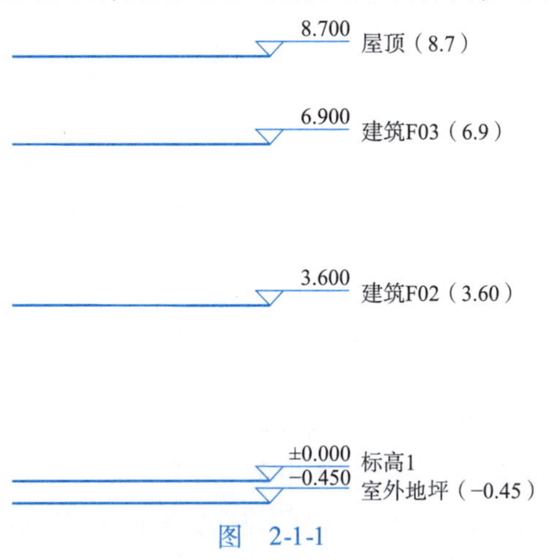

图　2-1-1

知识链接

（1）定义：标高表示建筑物各部分的高度。

（2）分类：标高分为绝对标高和相对标高。

（3）作用：标高是建筑物某一部位相对于基准面（标高的零点）的竖向高度，是竖向定位的依据。

任务实施

一、创建标高

在 Revit 2020 中，“标高”命令必须在立面和剖面视图中才能使用，因此在正式开始项目设计前，必须事先打开一个立面视图。在立面视图中一般会有样板中的默认标高，如 2F 标高为“3.00”，单击标高符号中的高度值，可输入“3.5”，则 2F 的楼层高度改为 3.5 m，如图 2-1-2 和图 2-1-3 所示。

视频

任务一
标高创建
（任务实施）

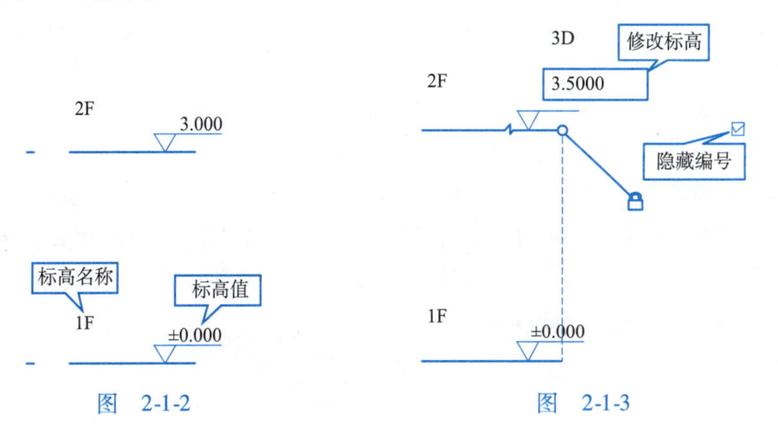

图　2-1-2　　　　图　2-1-3

【提示】不勾选隐藏编号，则标头、标高值以及标高名称将隐藏。除了直接修改标高值，还可通过临时尺寸标注修改两标高间的距离。单击“2F”，蓝显后在 1F 与 2F 间会出现一条蓝色临时尺寸标注，如图 2-1-4 所示。此时，直接单击临时尺寸上的标注值，即可重新输入新的数值，该值单位为“mm”，与标高值的单位“m”不同，读者要注意区别。

图 2-1-4

绘制标高“3F”：选择“建筑”选项卡→“标高”命令，移动光标到视图中“F2”左端标头上方。当出现绿色标头对齐虚线时，单击，捕捉标高起点。向右拖动鼠标，直到再次出现绿色标头对齐虚线，单击。若创建的标高名称不为 3F，则手动修改。

在选项栏中勾选“创建平面视图”复选框，勾选后则在绘制完标高后自动在项目浏览器中生成“楼层平面”视图，否则创建的为参照标高。

【技能提示】标高命名一般为软件自动命名，通常按最后一个字母或数字排序，如 F1、F2、F3，且汉字不能自动排序。

二、编辑标高

对于高层或者复杂建筑，可能需要多个高度定位线，除了直接绘制标高，还可以通过复制、阵列等功能快速绘制标高。

（一）复制、阵列标高

选择“3F”标高，在激活的“修改|标高”选项卡下，选择“修改”面板中的“复制”（CC/CO）或“阵列”▦（AR）命令，快速添加标高。

（1）复制标高：如果选择“复制”命令，在选项卡中会出现 修改|标高 □约束 □分开 □多个 。勾选“约束”复选框，可垂直或水平复制标高；勾选“多个”复选框，可连续多次复制标高。都勾选后单击“3F”上一点作为起点，向上拖动鼠标，直接输入临时尺寸的值，单位为 mm，输入后按【Enter】键，则完成一个标高的绘制，如图 2-1-5 所示。继续向上拖动鼠标，输入数值，则可继续绘制标高。

（2）阵列标高：如果选择“阵列”命令，则适用于一次绘制多个等距的标高，选择后在选项卡中会出现，勾选成组并关联，则阵列的标高为一个模型组，如图 2-1-6 所示。

如果要编辑标高名称，需要解组后才可编辑；“项目数”为包含原有标高在内的数量，如项目数为 3，则项目包括 3F、4F 与 5F；选择移动到“第二个”单选按钮，则在输入标高间距“3000”后，按【Enter】键，3F、4F 与 5F 间的间距均变为 3 000 mm；若选择“最后一个”单选按钮，则 3F 与 5F 间的距离共 3 000 mm。

学习笔记

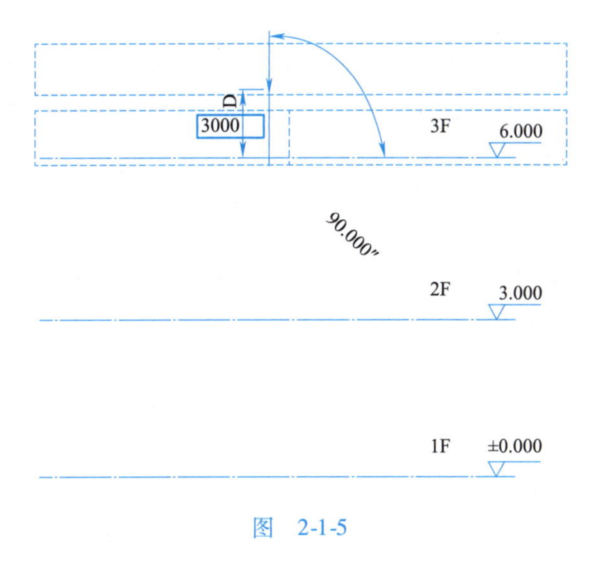

图　2-1-5

修改 | 标高　☑成组并关联　项目数: 2　移动到: ◉第二个 ○最后一个　☐约束　激活尺寸标注

图　2-1-6

【常见问题剖析】

(1)如果需要绘制 -0.45 m 的标高,但为什么复制出来的标高显示的却还是“±0.00”?

答:因为此时的标高属性为零标高,则需要选中该标高,在“属性”框中将其族类型由零标高修改为下标高,如图 2-1-7 所示。

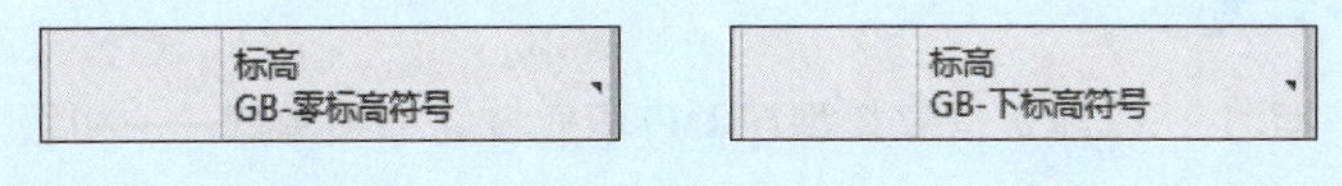

图　2-1-7

(2)为什么会出现负标高在零标高上方?

答:如果在建模过程中不小心拖动了零标高,则会出现图 2-1-8 所示的情况,而其他标高上、下拖动位置后会直接修改标高值,因为在软件中有默认的零标高位置,且零标高不随位置改变而改变。只需在“属性”框中,将立面中的“-2 150”改为“0”即可,如图 2-1-9 所示。

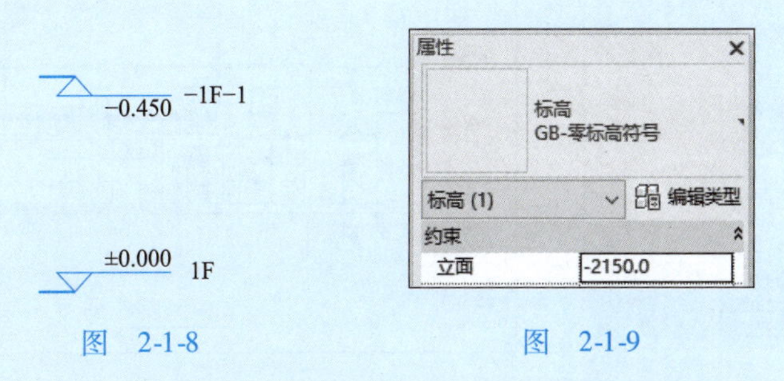

图　2-1-8　　　　图　2-1-9

学习笔记

(二)添加楼层平面

在完成标高的复制或阵列后,在“项目浏览器”中发现均没有 4F、5F 的楼层平面。在 Revit 中复制的标高是参照标高,因此新复制的标高标头都是黑色显示,如图 2-1-10 所示,而且在项目浏览器中的“楼层平面”项下也没有创建新的平面视图。

选择“视图”选项卡→“平面视图”→“楼层平面”命令,如图 2-1-11 所示,打开“新建楼层平面”对话框,从下面列表中选择“4F”“5F”,如图 2-1-12 所示。单击“确定”按钮后,在项目浏览器中创建了新的楼层平面“4F”“5F”,并自动打开“4F”“5F”平面视图。此时,立面中的标高“4F”“5F”变成蓝色显示。

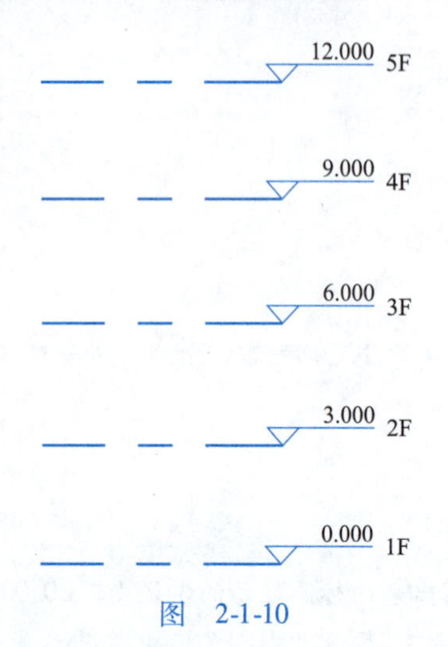

图 2-1-10

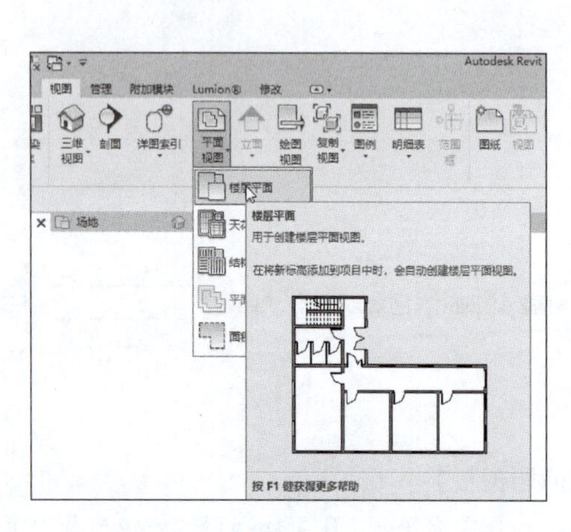

图 2-1-11

巩固练习

视频

任务一
标高创建
(巩固练习)

2021 年第一期“1 + X”建筑信息模型(BIM)职业技能等级考试——初级

实操试题三(节选部分,真题请扫描“附件 1”二维码下载)

根据给定图纸(图 2-1-13),创建标高。

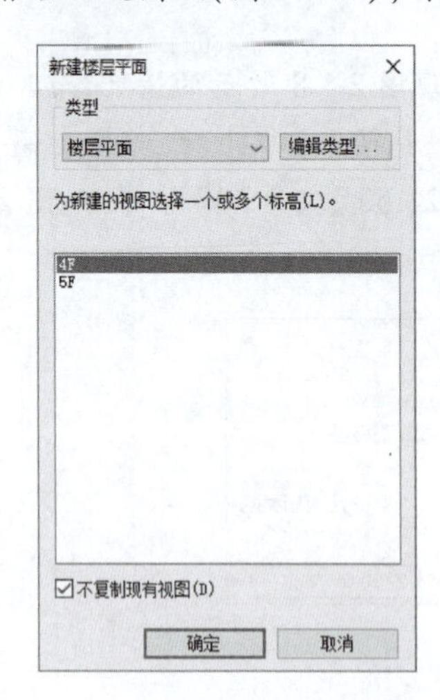

图 2-1-12

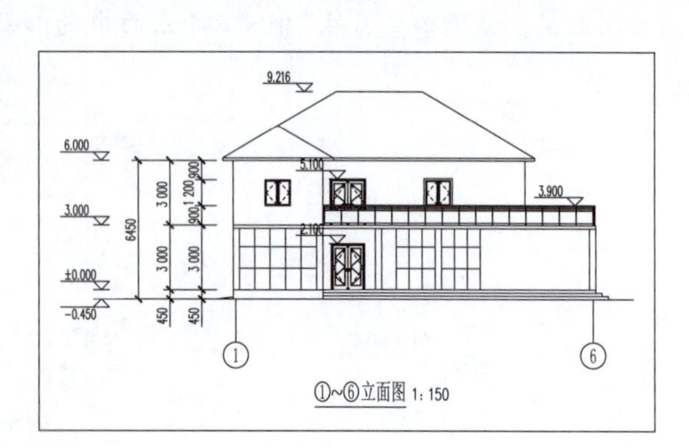

图 2-1-13

任务测评

学习笔记

“任务一　标高创建”测评记录表

学生姓名		班级		任务评分	
实训地点		学号		完成日期	
考 核 内 容				标准分	评　分
知识(40 分)	标高的新建方法			10	
	标高绘制内容			15	
	标高编辑内容			15	
技能(40 分)	标高绘制完成的数目			20	
	标高编辑正确的数目			20	
素质(20 分)	实训管理:纪律、清洁、安全、整理、节约等			5	
	工艺规范:国标样式、完整、准确、规范等			5	
	团队精神:沟通、协作、互助、自主、积极等			5	
	学习反思:技能点表述、反思内容等			5	
教师评语					

学习笔记

导图互动

结合国家在线精品课程“BIM 建模技术”模块二项目二中任务 4 的基础准备，在学习标高绘制及编辑等相关知识后，完成以下导图内容。

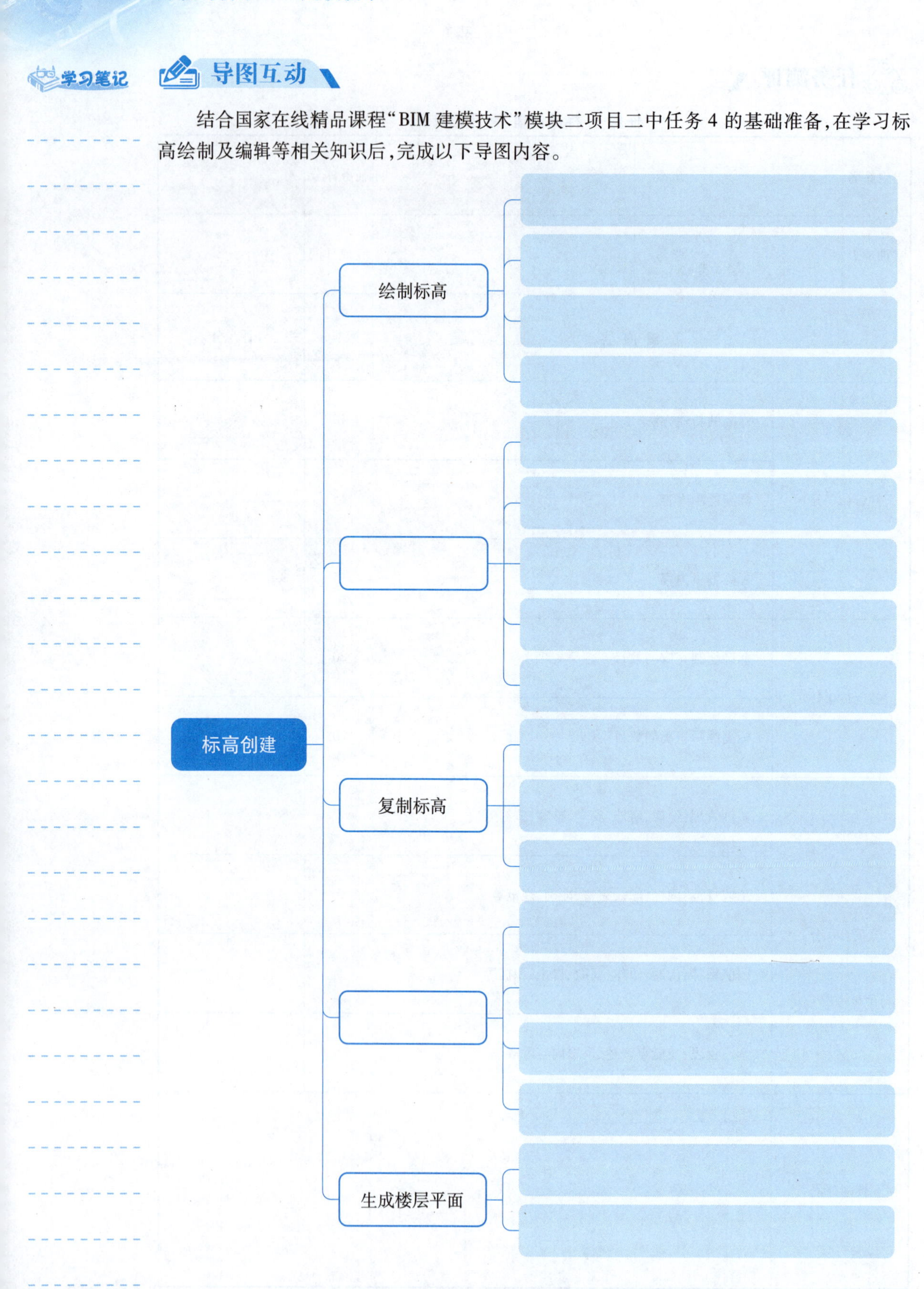

任务二 轴网创建

视频
任务二
轴网创建
（任务速递）

任务工单

根据给定的乡村别墅的图纸，选定一个标高的平面图，在其中绘制出指定的轴网图，如图 2-2-1 所示。

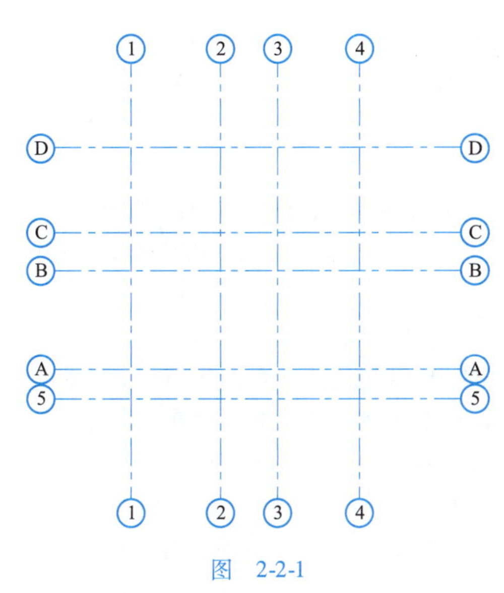

图 2-2-1

知识链接

（1）定义：轴网由定位轴线、标志尺寸和轴号组成。轴网是建筑制图的主题框架。

（2）分类：轴网分为直线轴网、斜交轴网和弧线轴网。

（3）作用：建筑物的主要支承构件按照轴网定位排列，达到井然有序的效果。

任务实施

一、创建轴网

视频
任务二
轴网创建
（任务实施）

在 Revit 2020 中，轴网只需在任意一个平面视图中绘制一次，其他平面、立面和剖面视图中都将自动显示。

在项目浏览器中双击“楼层平面”项下的“1F”视图，打开“楼层平面：1F”视图。选择“建筑”选项卡→“基准”面板→“轴网”命令或按快捷键【G】+【R】①，再按【Enter】键进行绘制。

在视图范围内单击一点后，垂直向上移动光标到合适距离再次单击，绘制轴线，轴号为 1。

① 快捷键【G】+【R】代表先后按【G】、【R】两键，后文中此类同理。

学习笔记

利用复制命令创建 2～7 号轴网。选择 1 号轴线，选择“修改”面板的“复制”命令，在 1 号轴线上单击捕捉一点作为复制参考点，然后水平向右移动光标，输入间距值 1 200 后，单击一次鼠标复制生成 2 号轴线。保持光标位于新复制的轴线右侧，分别输入 3 900、2 800、1 000、4 000、600 后依次单击确认，绘制 3～7 号轴线，完成结果如图 2-2-2 所示。

使用复制功能时，勾选选项栏中的“约束”，可使得轴网垂直复制，“多个”可单次连续复制，如图 2-2-3 所示。

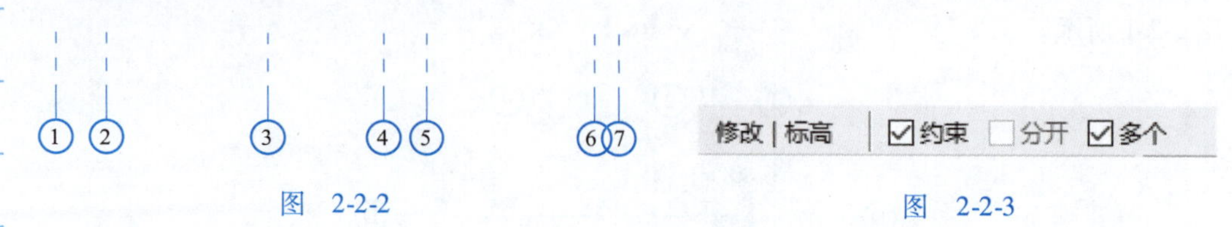

图 2-2-2

图 2-2-3

继续使用“轴网”命令绘制水平轴线，移动光标到视图中 1 号轴线标头左上方位置，单击鼠标捕捉一点作为轴线起点。然后，从左向右水平移动光标到 7 号轴线右侧一段距离后，再次单击鼠标捕捉轴线终点，创建第一条水平轴线。

选择刚创建的水平轴线，修改标头文字为“A”，创建 A 号轴线。

同上绘制水平轴线步骤，利用“复制”命令，创建 B～E 号轴线。移动光标在 A 号轴线上，单击捕捉一点作为复制参考点，然后垂直向上移动光标，保持光标位于新复制的轴线上侧，分别输入 2 900、3 100、2 600、5 700 后依次单击确认，完成复制。

重新选择 A 号轴线进行复制，垂直向上移动光标，输入值 1 300，单击鼠标绘制轴线，选择新建的轴线，修改标头文字为“1/A”。完成后的轴网如图 2-2-4 所示。

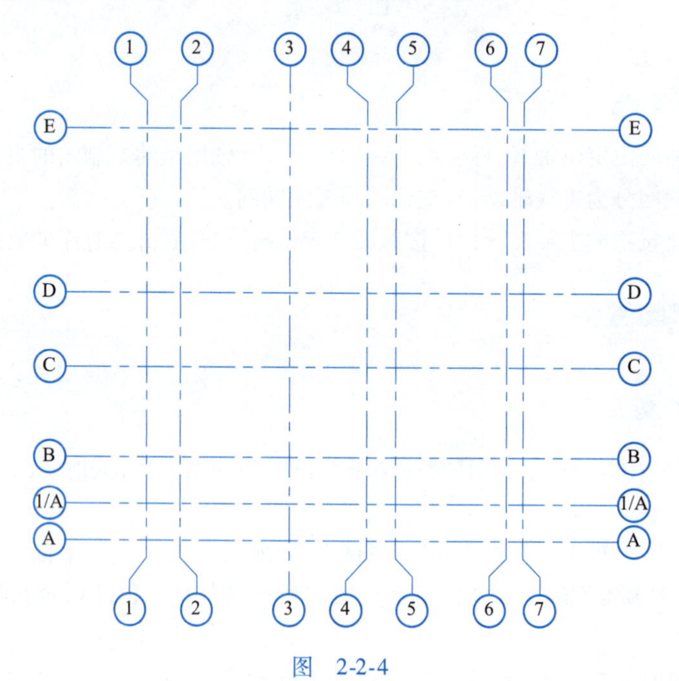

图 2-2-4

二、编辑轴网

绘制完轴网后，需要在平面图和立面视图中手动调整轴线标头位置，解决 1 号和 2 号轴

学习笔记

线、4 号和 5 号轴线、6 号和 7 号轴线等的标头干涉问题。

选择 2 号轴线，单击靠近轴号位置的“添加弯头”标志（类似倾斜的字母 *N*），出现弯头，拖动蓝色圆点则可以调整偏移的程度。同理，调整 5 号、7 号轴线标头的位置，如图 2-2-5 所示。

标头位置调整。选中某根轴网，在“标头位置调整”符号（空心圆点）上按住鼠标左键拖动，可整体调整所有标头的位置；如果先单击打开“标头对齐锁”，然后再拖动，即可单独移动一根标头的位置。

在项目浏览器中双击“立面（建筑立面）”项下的“南立面”，进入南立面视图，使用前述编辑标高和轴网的方法，调整标头位置、添加弯头。用同样方法调整东立面或西立面视图标高和轴网。

【提示】在框选了所有的轴网后，会在“修改 | 轴网”选项卡中出现“影响范围”命令，单击后出现“影响基准范围”对话框，按住【Shift】键选中各楼层平面，单击“确定”按钮后，其他楼层的轴网也会相应地变化。

轴网可分为 2D 和 3D 状态，单击 2D 或 3D 可直接替换状态。3D 状态下，轴网端点显示为空心圆；2D 状态下，轴网端点修改为实心点，如图 2-2-6 所示。2D 与 3D 的区别在于：2D 状态下所做的修改仅影响本视图；在 3D 状态下，所做的修改将影响所有平行视图。在 3D 状态下，若修改轴线的长度，其他视图的轴线长度对应修改，但是其他的修改均需通过“影响范围”工具实现。仅在 2D 状态下，通过“影响范围”工具能将所有的修改传递给与当前视图平行的视图。

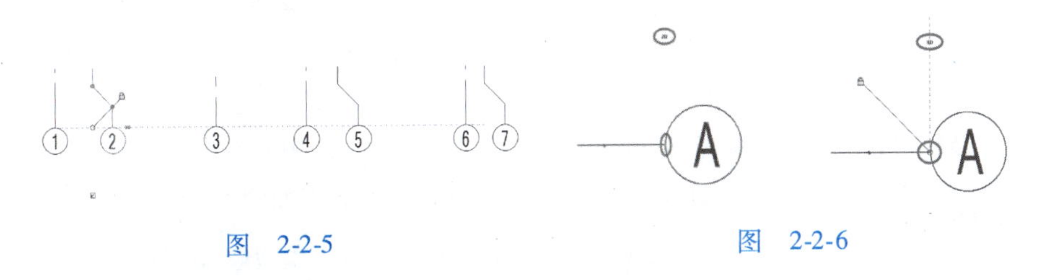

图　2-2-5　　　　图　2-2-6

标高和轴网创建完成，回到任一平面视图，框选所有轴线，在“修改”面板中单击图标，锁定绘制好的轴网（锁定的目的是使整个轴网间的距离在后面的绘图过程中不会偏移）。

【案例操作】建模思路：设置样板→新建项目→绘制标高→编辑标高→绘制轴网→编辑轴网→影响范围→锁定。

创建过程：

（1）新建项目，选择“应用程序菜单”下拉列表中的“新建”→“项目”命令，在弹出的“新建项目”对话框中选择“别墅样板”作为样板文件，开始项目设计。

（2）在“项目浏览器”中展开“立面（建筑立面）”项，双击“南”选项，如图 2-2-7 所示，进入南立面视图。

（3）调整“2F”标高，将一层与二层之间的层高修改为 3.5 m，可通过直接修改“1F”与“2F”间的临时标注，或在“2F”标头上直接输入高程 3.5，如图 2-2-8 所示。

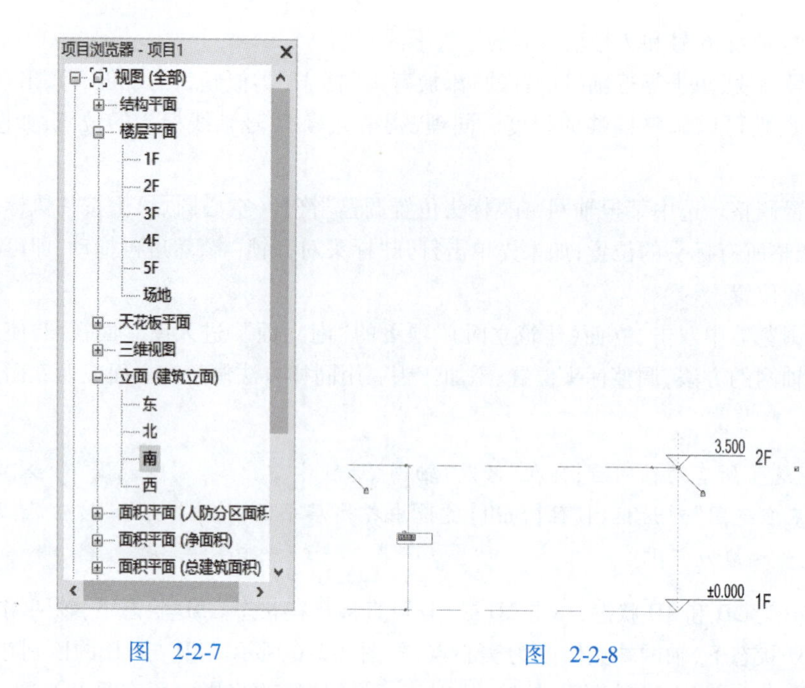

图　2-2-7　　　　图　2-2-8

（4）选择“建筑”选项卡→“基准”面板→“标高”命令，绘制标高“3F”，修改临时尺寸标注，使其间距“2F”为 3 200 mm；绘制标高“4F”，修改临时尺寸标注，使其间距“3F”为 2 800 mm，选择标高名称“4F”，改为“RF”，如图 2-2-9（a）所示。

（5）利用“复制”命令，创建地坪标高。选择标高“1F”，选择“修改|标高”上下文选项卡→“修改”面板→“复制”命令，移动光标，在标高“1F”上单击捕捉一点，作为复制参考点，然后垂直向下移动光标，输入间距值 450，单击鼠标放置标高，同上，修改标高名称为“0F”。

（6）如果从“1F”楼层直接复制，则复制出来的标高都是 ±0.00，需要将属性中的零标高（标高 GB-零标高符号）改为上、下标高，才会出现标高值。完成后的标高如图 2-2-9（b）所示。

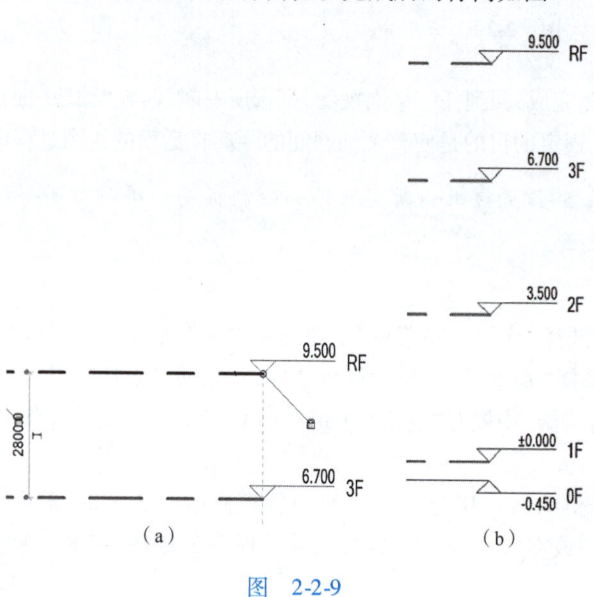

图　2-2-9

(7)选择“视图”选项卡→“平面视图”→“楼层平面”命令，打开“新建平面”对话框，如图 2-2-10 所示。在下拉列表中选择标高“OF”，单击“确定”按钮后，在项目浏览器中创建了新的楼层平面“OF”，从项目浏览器中打开“OF”作为当前视图。

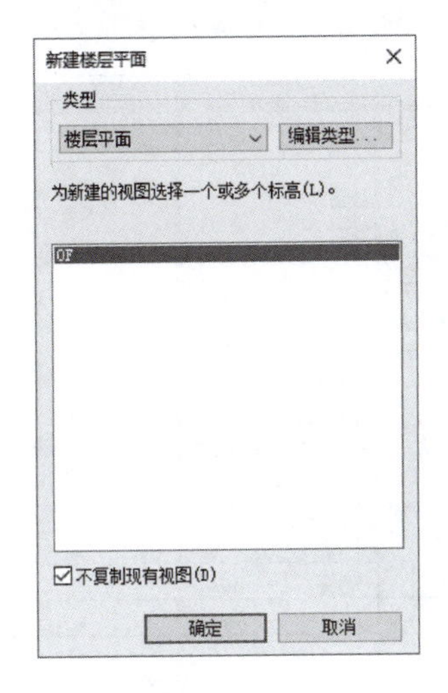

图　2-2-10

(8)在“项目浏览器”中双击“立面(建筑立面)”项下的“南”选项回到南立面中，发现标高“OF”标头变成蓝色显示。

(9)依次进行，至此建筑的各个标高、轴网就创建完成，保存为文件“标高轴网 . rte”。

巩固练习

1. (单选题)在轴线“类型属性”对话框中，在“轴线中段”参数值下拉列表中选择“自定义”之后，无法定义轴线中段的(　　)参数。

A. 轴线中段宽度　　B. 轴线中段长度

C. 轴线中段颜色　　D. 轴线中段填充图案

2. (单选题)关于“改轴号”命令的描述正确的是(　　)。

A. 当前轴号改名后，其后续的顺次编号的轴线名字自动改变

B. 仅修改当前轴线的名字

C. 可以修改轴线的颜色

D. 可以修改轴线的样式

3. (单选题)以下参数包含在系统族轴网的类型属性对话框中的是(　　)。

A. 轴线中段

B. 轴线末端

C. 轴线中段颜色

D. 轴线末端颜色

E. 轴线中段长度

任务二
轴网创建
(巩固练习)

2021 年第一期“1 + X”建筑信息模型(BIM)职业技能等级考试——初级

实操试题三(节选部分，真题请扫描“附件 1”二维码下载)

根据图纸(图 2-2-11)创建轴网。

学习笔记

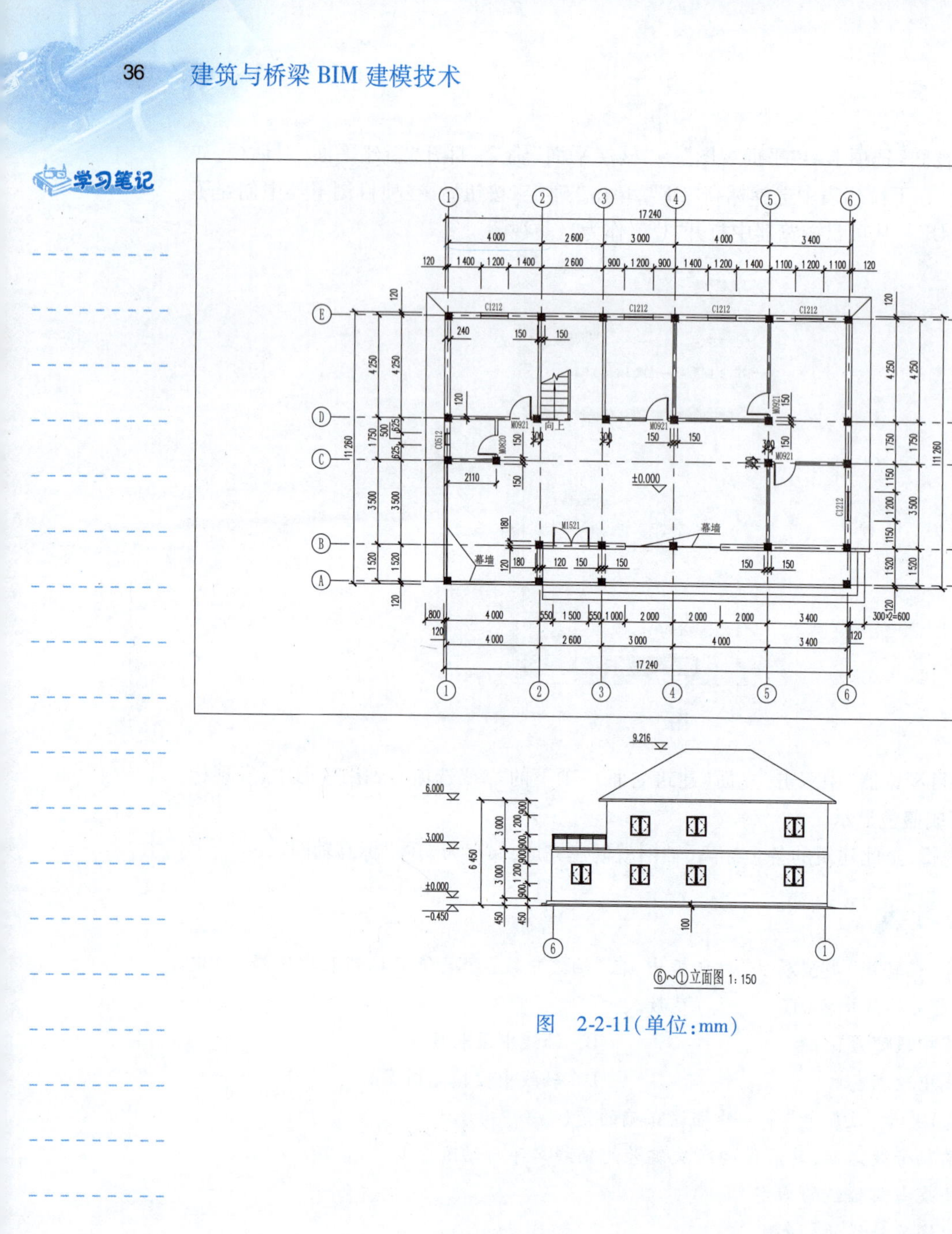

图 2-2-11(单位:mm)

任务测评

学习笔记

"任务二　轴网创建"测评记录表

学生姓名		班级		任务评分	
实训地点		学号		完成日期	
考 核 内 容				标准分	评　分
知识(40 分)	轴网绘制内容			20	
	轴网编辑内容			20	
技能(40 分)	轴网绘制完成的数目			20	
	轴网编辑正确的数目			20	
素质(20 分)	实训管理:纪律、清洁、安全、整理、节约等			5	
	工艺规范:国标样式、完整、准确、规范等			5	
	团队精神:沟通、协作、互助、自主、积极等			5	
	学习反思:技能点表述、反思内容等			5	
教师评语					

导图互动

结合国家在线精品课程“BIM 建模技术”模块二项目二中任务 5 的基础准备，在学习轴网绘制及编辑等相关知识后，完成以下导图内容。

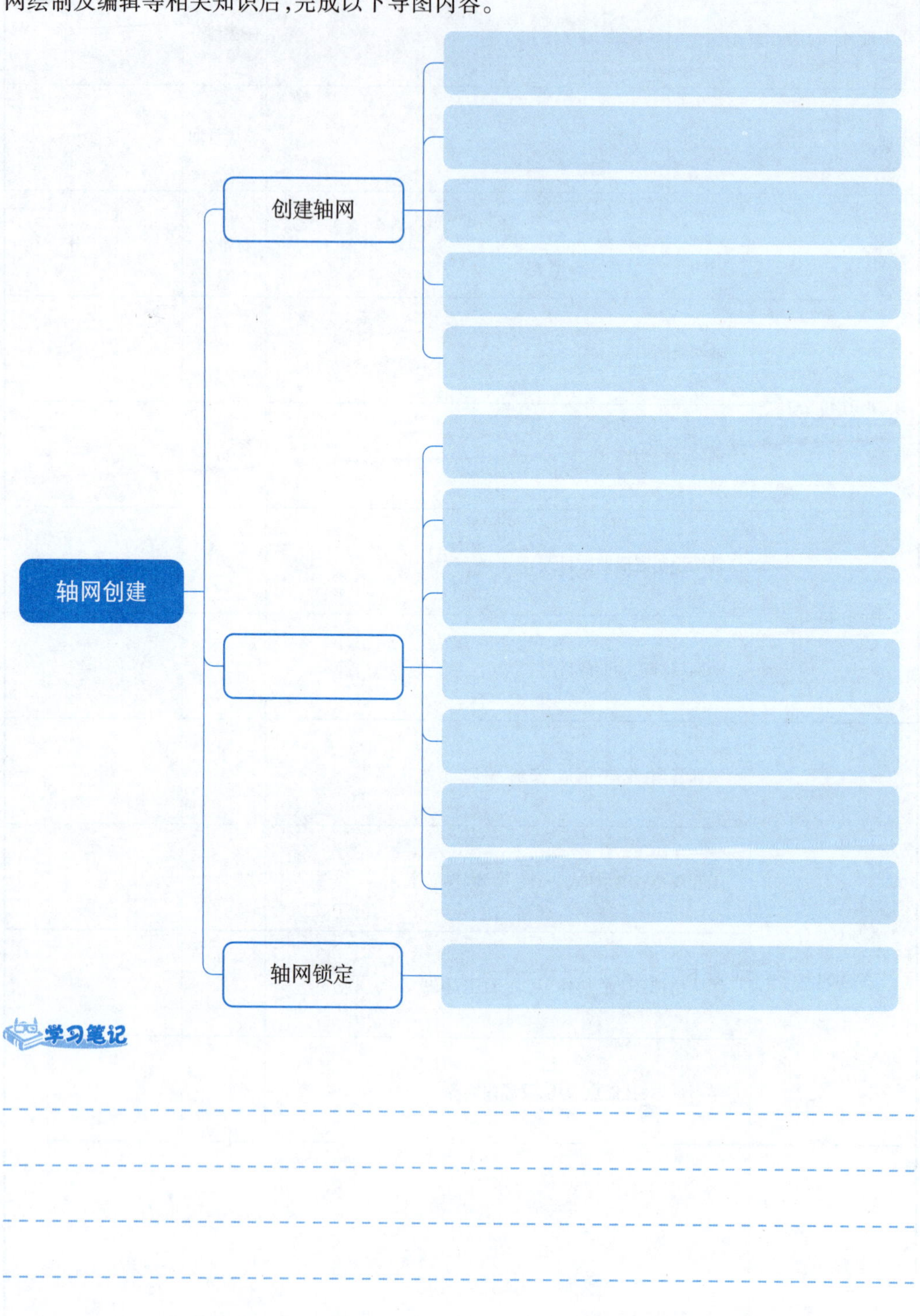

学习笔记

学习笔记

任务三　结构基础创建

任务工单

在基础底平面视图中，按照任务书中给定的基础要求将结构模型中的基础模型样式创建出来，如图 2-3-1 所示。

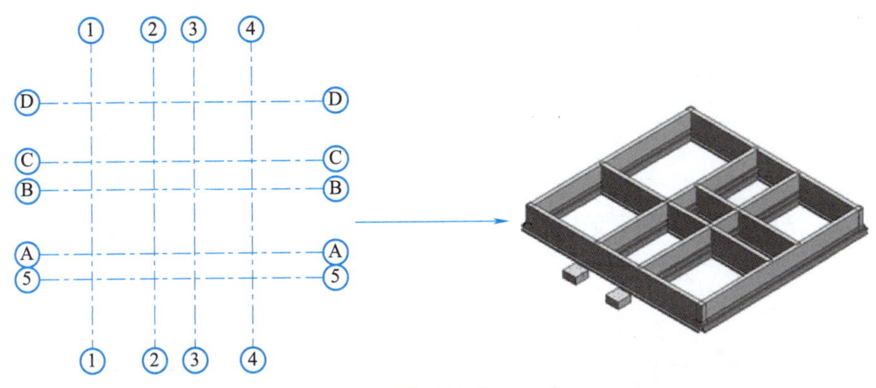

图　2-3-1

知识链接

（1）定义：基础是建筑物最下面与土壤接触的承重构件，是建筑物六大组成部分之一。

（2）分类：

①基础按埋置深度可分为深基础和浅基础。

②按材料及传力特点可分为刚性基础和柔性基础。

③按构造可分为独立基础、条形基础、井格式基础、筏形基础、箱形基础和桩基础。

（3）作用：基础承受建筑物的全部荷载并将其传给地基。

任务实施

一、独立基础

选择“结构”选项卡→“基础”面板→“独立”命令，如图 2-3-2 所示。

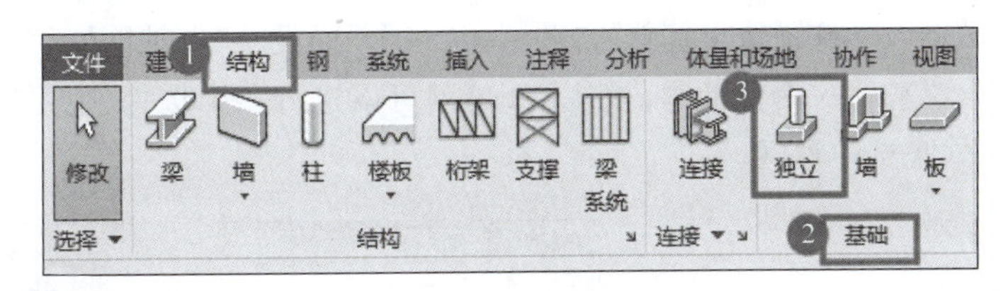

图　2-3-2

启动命令后，在“属性”面板类型选择器下拉菜单中选择合适的独立基础类型，如果没有合适的尺寸类型，可以在“属性”面板“编辑类型”中通过复制的方法创建新类型，如图 2-3-3 所示。如果没有合适的族，也可以载入外部族文件。

在放置基础前，可对“属性”面板中“标高”和“自标高的高度偏移”两个参数进行修改，

调整放置的位置。下面对“属性”面板中的一些参数进行说明。

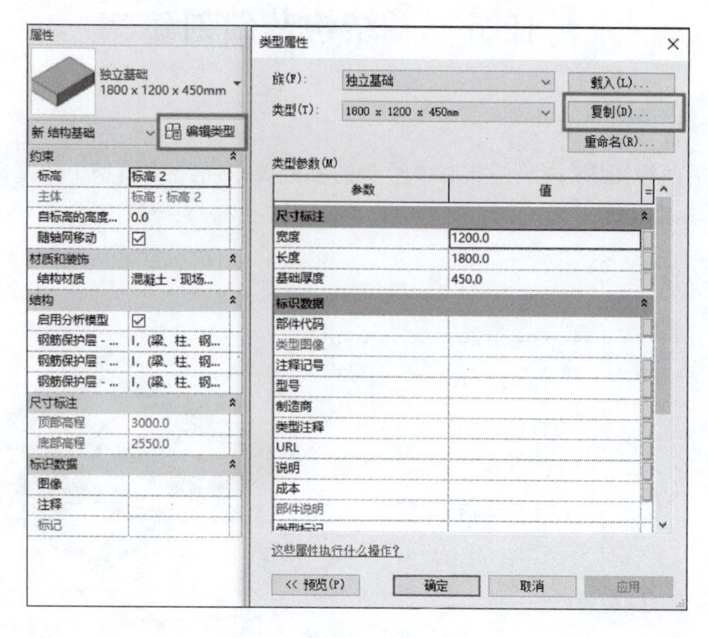

图 2-3-3

(1)约束。

标高:将基础约束到的标高默认为当前标高平面。

主体:将独立板主体约束到的标高。

自标高的高度偏移:指定独立基础相对其标高的顶部高程。正值向上,负值向下。

(2)尺寸标注。

底部高程:指示用于对基础底部进行标记的高程。只读不可修改,它报告倾斜平面的变化。

顶部高程:指示用于对基础顶部进行标记的高程。只读不可修改,它报告倾斜平面的变化。

独立基础的放置类似结构柱的放置,有三种方法:

方法 1:在绘图区单击直接放置,如果需要旋转基础,可在放置前勾选选项栏中的“放置后旋转”复选框,如 2-3-4 所示。或者在单击放置前按“空格”键进行旋转。

方法 2:选择“修改 | 放置独立基础”选项卡→“多个”面板→“在轴网处”命令,如图 2-3-5 所示,选择需要放置基础的相交轴网,按住【Ctrl】键可以进行多个选择,也可以通过从右下往左上框选的方式来选中轴网。

图 2-3-4

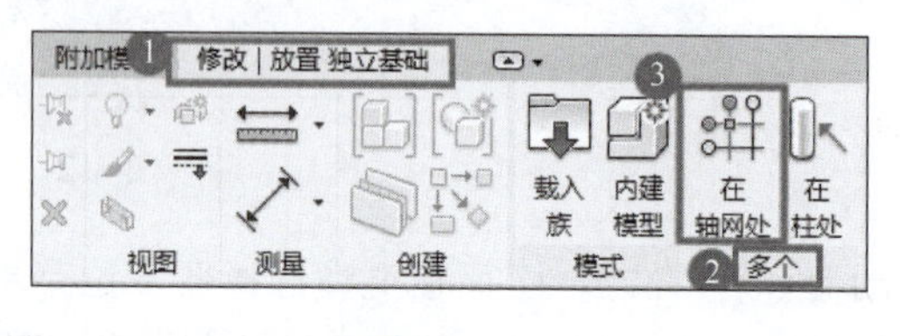

图 2-3-5

方法 3:选择“修改|放置独立基础”选项卡→“多个”面板→“在柱处”命令,选择需要放

置基础处的结构柱，系统会将基础放置在柱底端，并且自动生成预览效果，单击“√”按钮完成放置。

Revit 中的基础，上表面与标高平齐，即标高指的是基础构件顶部的标高，如图 2-3-6 所示。如需将基础底面移动至标高位置，使用对齐命令即可。

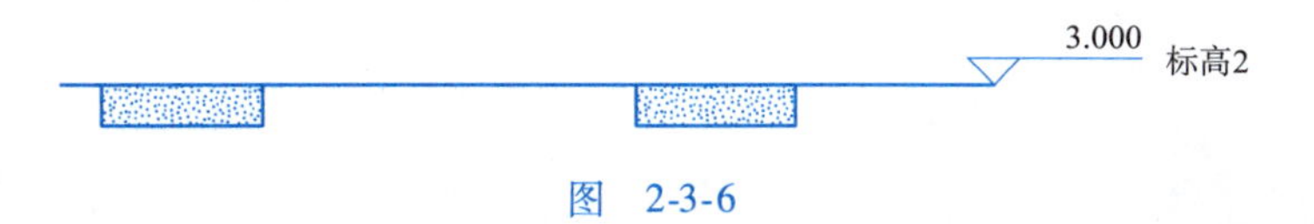

图　2-3-6

【提示】通过方法 2 和方法 3 放置多个基础时，在系统生成基础的预览时，按“空格”键可以对基础进行统一旋转。

【注意】采用“在柱处”放置基础时，建议在柱底端所在标高平面进行放置。若在柱顶端平面或其他较高平面放置，基础生成后，在当前标高平面不可见，系统会发出警告，如图 2-3-7 所示。

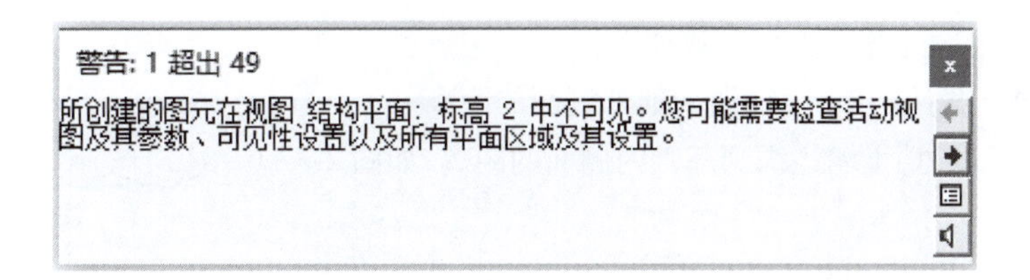

图　2-3-7

在三维视图中放置独立基础，选择“修改|放置独立基础”选项卡→“多个”面板→“在柱处”命令，在“选项栏”中的“标高”处选择基础放置的标高平面，然后再选择需要放置基础处的结构柱，单击“完成”按钮。用户也可直接在三维视图中放置。

Revit 中基础有体积重合时，会自动连接，但是无法放置多柱独立基础，只能按照单柱独立基础输入。

二、条形基础

选择“结构”选项卡→“基础”面板→“墙”命令，如图 2-3-8 所示。

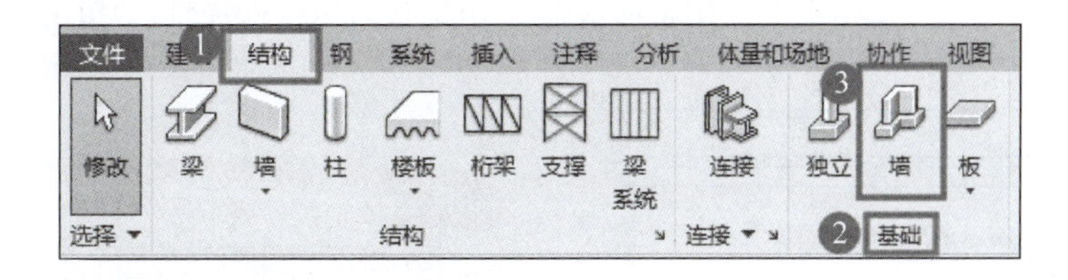

图　2-3-8

在“属性”面板类型选择器下拉菜单中选择合适的条形基础类型，主要有“承重基础”和“挡土墙基础”两种，默认结构样板文件中包含“承重基础-900 × 300”和“挡土墙基础-300 × 600 × 300”，如图 2-3-9 所示，用户可根据实际工程情况进行选择。

学习笔记

不同于独立基础，条形基础是系统族，用户只能在系统自带的条形基础类型下通过复制的方法添加新类型，不能将外部的族文件加载到项目中。单击“属性”面板中的“编辑类型”，打开“类型属性”对话框，单击“复制”按钮，输入新类型名称。单击“确定”按钮完成类型创建，如图 2-3-10 所示，然后在“编辑类型”对话框中修改参数，注意选择基础的结构用途。

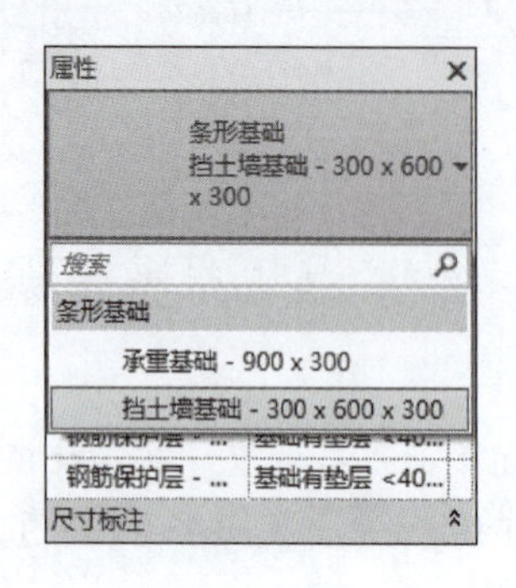

图　2-3-9

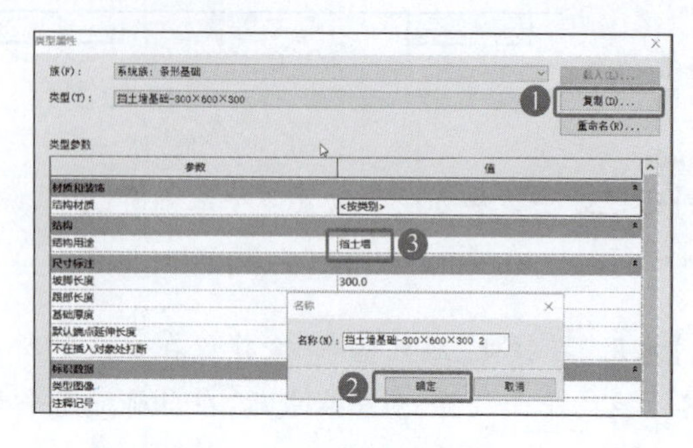

图　2-3-10

两种结构用途的各个类型参数如下：

(1)坡脚长度：挡土墙边缘到基础外侧面的距离。

(2)根部长度：挡土墙边缘到基础内侧面的距离，如图 2-3-11 所示。

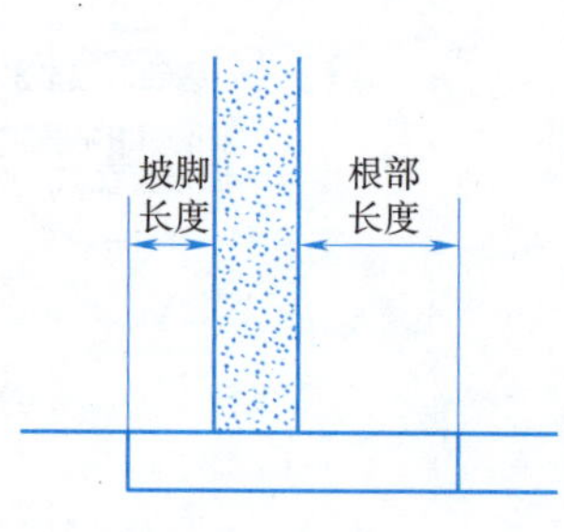

图　2-3-11

(3)宽度：承重基础的总宽度。

(4)基础厚度：基础的高度。

(5)默认端点延伸长度：表示基础将延伸到墙端点之外的距离。

(6)不在插入对象处打断：表示基础在插入点（如延伸到墙底部的门和窗等洞口）下是连续还是打断，默认为勾选。

条形基础是依附于墙体的，所以只有在有墙体存在的情况下才能添加条形基础，并且条形基础会随着墙体的移动而移动，如果删除条形基础所依附的墙体，则条形基础也会被删除。在平面标高视图中，条形基础的放置有两种方法：

方法 1：在绘图区直接依次单击需要使用条形基础的墙体，如图 2-3-12 所示。

方法 2：选择“修改|放置条形基础”选项卡→“多个”面板→“选择多个”命令，如图 2-3-13 所示，按住【Ctrl】键依次单击需要使用条形基础的墙体，或者直接框选，然后单击“完成”按钮。

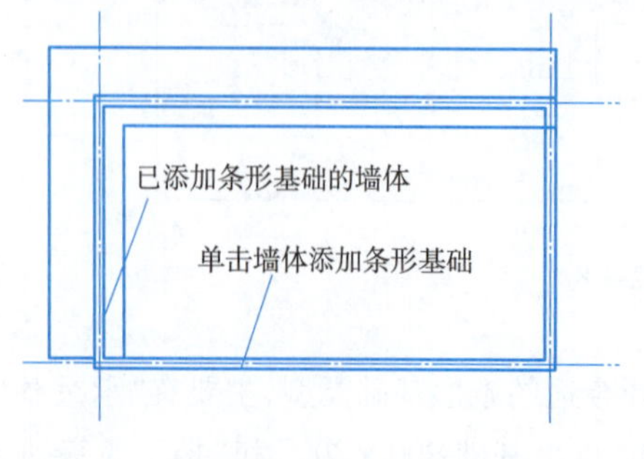

图　2-3-12

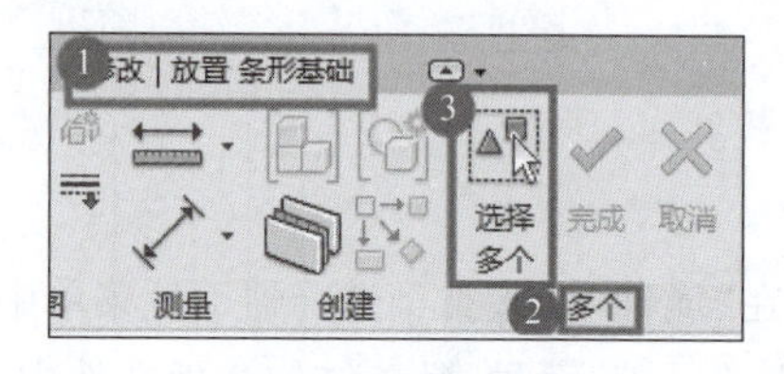

图　2-3-13

在三维视图中的放置方式相同，如图 2-3-14 所示。

完成后，按【Esc】键退出放置模式。

单击选中条形基础，可对放置好的条形基础进行修改，如图 2-3-15 所示。

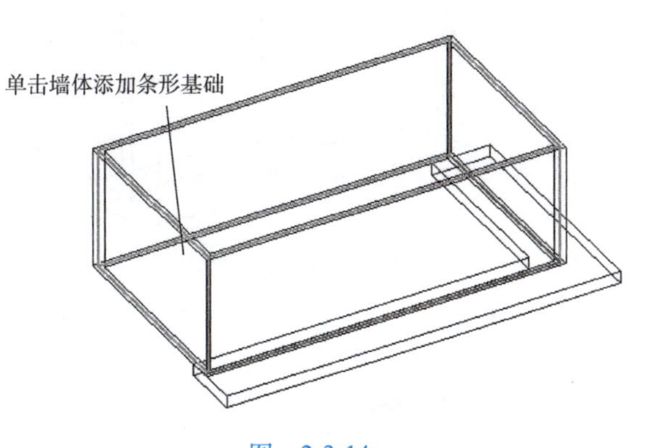

图　2-3-14

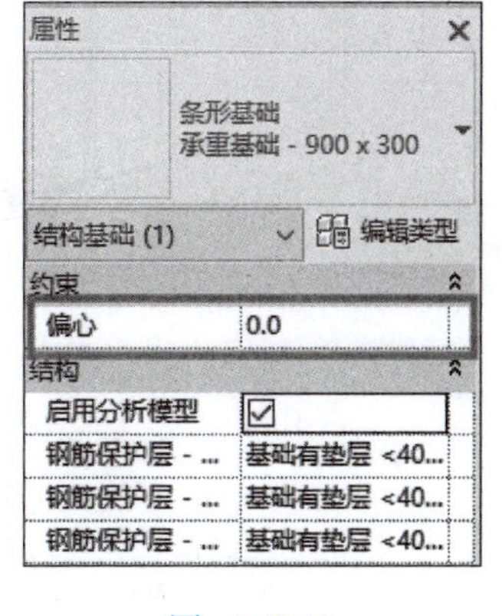

图　2-3-15

设置条形基础在门下打断，单击“属性”面板中的“编辑类型”按钮，在弹出的“类型属性”对话框中可对“不在插入对象处打断”进行选择，默认为勾选，如图 2-3-16 所示。

类型属性

族(F)：系统族：条形基础　　载入(L)...

类型(T)：挡土墙基础 - 300 x 600 x 300　　复制(D)...

重命名(R)...

类型参数(M)

参数	值
材质和装饰	
结构材质	混凝土，现场浇注 - C15
结构	
结构用途	挡土墙
尺寸标注	
坡脚长度	300.0
根部长度	600.0
基础厚度	300.0
默认端点延伸长度	0.0
不在插入对象处打断	☑

图　2-3-16

通过图 2-3-17 可以看出勾选与不勾选的差别。

【注意】使用墙洞口创建的洞口，洞口延伸到墙的底部，打断条形基础。无论是否勾选“类型属性”对话框中的“不在插入对象处打断”复选框，基础都会被打断，效果如图 2-3-18 所示。

墙洞口命令：“结构”选项卡→“洞口”面板→“墙”。

门命令：“建筑”选项卡→“构建”面板→“门”。

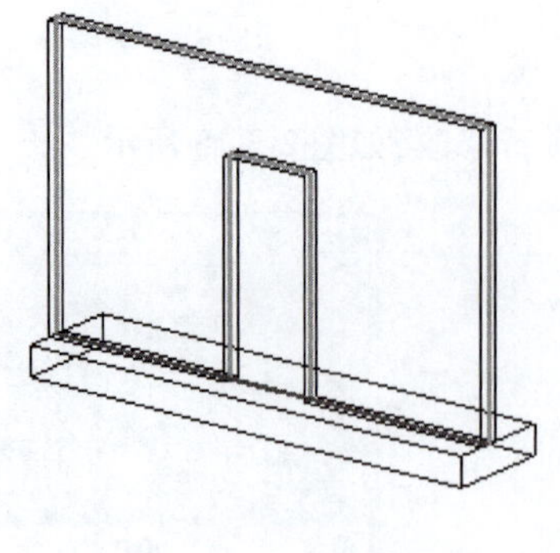

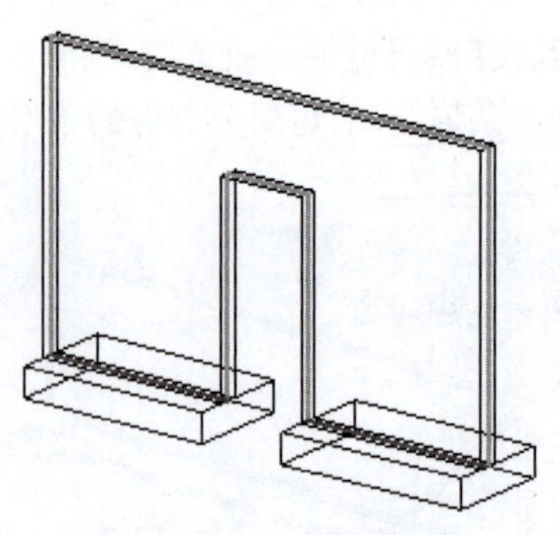

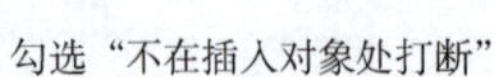

勾选“不在插入对象处打断”　　不勾选“不在插入对象处打断”

图 2-3-17

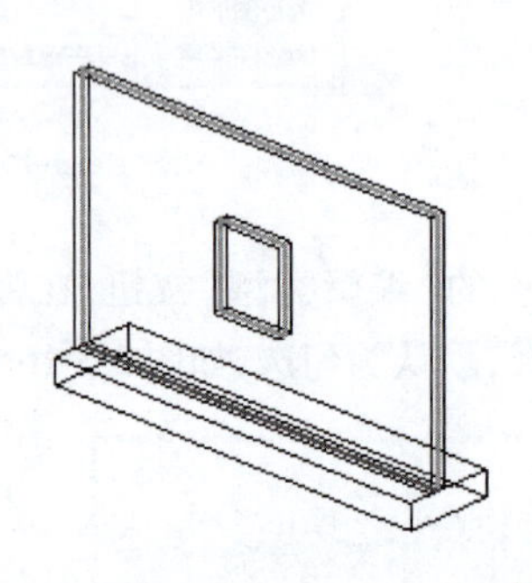

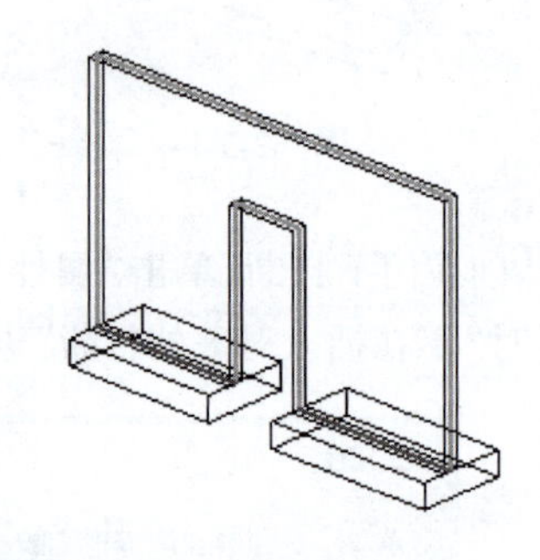

图 2-3-18

三、基础板

选择“结构”选项卡→“基础”面板→“板”命令，如图 2-3-19 所示。

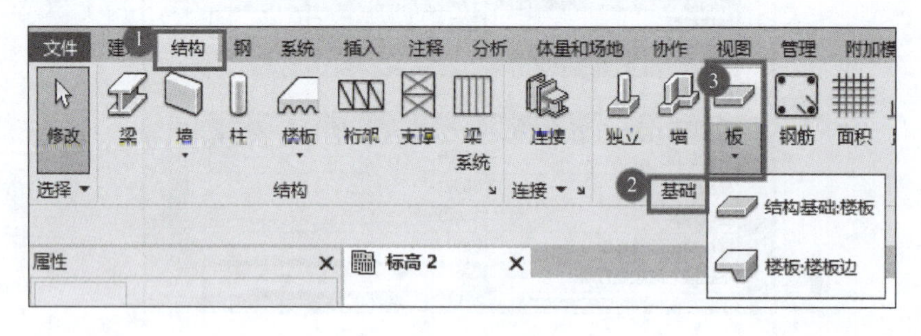

图 2-3-19

和条形基础一样，板基础也是系统族文件，用户只能使用复制的方法添加新的类型，不能从外部加载自己创建的族文件。

“板”下拉菜单包含“楼板”和“楼板边”两个命令，其中“楼板边”命令的用法和“结构楼板”中的“楼板边”相同，此处不再赘述。基础底板可用于建立平整表面上结构板的模型，也可以用于建立复杂基础形状的模型。基础底板与结构楼板最主要的区别是基础底板不需要其他结构图元作为支座。

选择“板”下拉菜单中的“结构基础:楼板”命令，进入创建楼层边界模式，在“属性”面板类型选择器下拉菜单中选择合适的基础底板类型，默认结构样板文件中包含四种类型的基

础底板，分别是“150 mm 基础底板”“200 mm 基础底板”“250 mm 基础底板”“300 mm 基础底板”，用户根据需要选择合适的类型。

然后单击“属性”面板中的“编辑类型”按钮，打开“类型属性”对话框，如图 2-3-20 所示，单击“编辑”按钮，进入“编辑部件”对话框，对结构进行编辑，如图 2-3-21 所示。

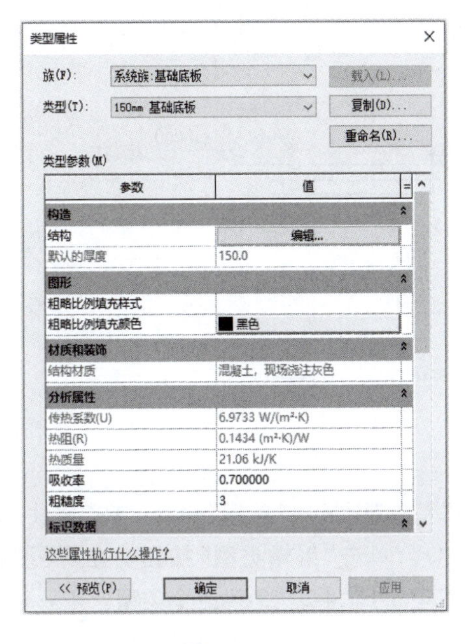

图　2-3-20

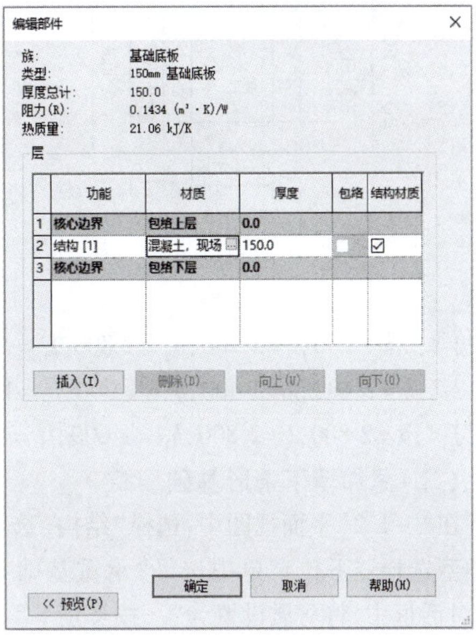

图　2-3-21

在“编辑部件”对话框中，可以修改板基础的厚度和材质，还可以添加其他不同的结构层和非结构层，这些选项和普通结构楼板的设置基本相同。

板基础类型设置完后，可通过“绘制”面板中的绘图工具在绘图区绘制板基础的边界，如图 2-3-22 所示。绘制完成后单击“√”按钮，板基础添加完毕。

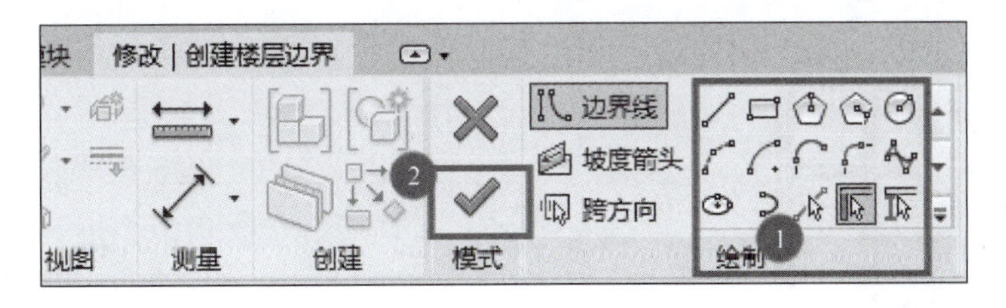

图　2-3-22

四、实例详解

（一）添加柱下独立基础

创建二阶独立基础，如图 2-3-23 所示。

【提示】“参照标高”平面，表示此基础相对于标高平面的位置。在项目中添加到相应的标高后，该基础底面位于标高平面上。程序自带的基础，参照平面都位于基础的顶部。

将结构材质设定为“<按类别>”。将创建的族保存为“独立基础-二阶”，并载入应用实例项目中，方便以后使用。在“独立基础-二阶”的“属性”面板中单击“编辑类型”按钮，将上面创建的类型重命名为“J-1”，并创建“J-2”“J-3”“J-4”三种类型。各类型的尺寸如下：

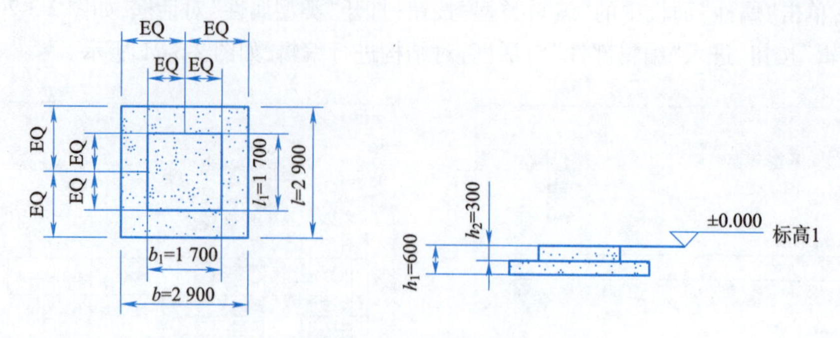

图 2-3-23（单位：mm）

J-2：$b=3\ 200$，$l=3\ 200$，$b_1=1\ 800$，$l_1=1\ 800$；

J-3：$b=3\ 400$，$l=3\ 400$，$b_1=1\ 900$，$l_1=1\ 900$；

J-4：$b=2\ 800$，$l=2\ 800$，$b_1=1\ 600$，$l_1=1\ 600$。

（二）添加墙下条形基础

在“-1.2”平面视图中，选择“结构”选项卡→“基础”面板→“条形”命令。在“属性”面板类型选择器下拉菜单中选择“承重基础-900×300”，单击“编辑类型”按钮。在“类型属性”对话框中，将材质设置为“<按类别>”，复制创建“3-1”“4-2”“5-3”三个类型。

各类型尺寸更改如下：“3-1”基础宽度改为 1 600；“4-2”基础宽度改为 1 700；“5-3”基础宽度改为 1 900。基础高度均为 300，结构材质设置为“<按类别>”。

进入“-1.5”平面视图，进行条形基础的布置。在剪力墙的端柱下未生成基础，选中条形基础，将端点拖动至相应位置即可，完成后平面图如图 2-3-24 所示。生成的基础位于墙下，如图 2-3-25 所示。

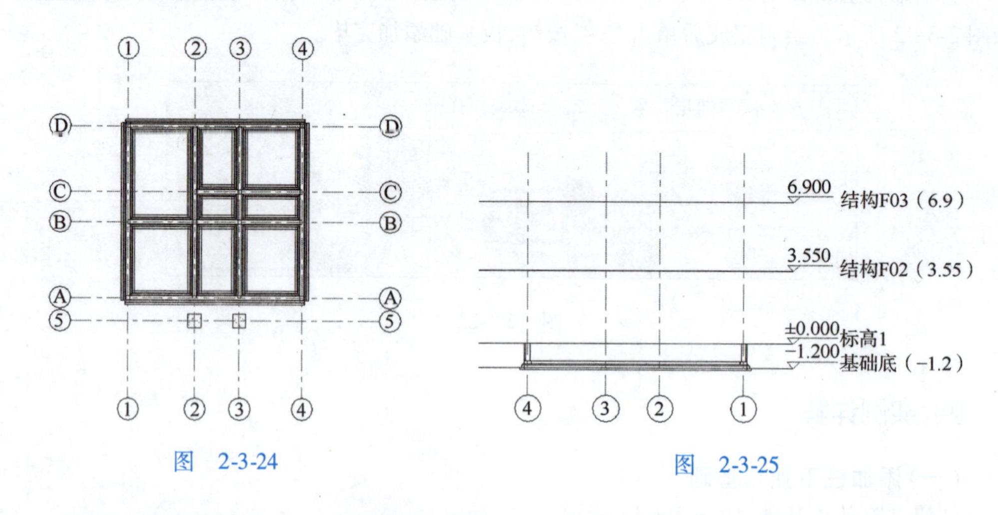

图 2-3-24　　图 2-3-25

本例中调整条形基础上柱和墙的底部偏移，以使基础底面平齐。调整完成后如图 2-3-26 所示。调整完成后，整楼的构件模型创建完毕，三维效果如图 2-3-27 所示。

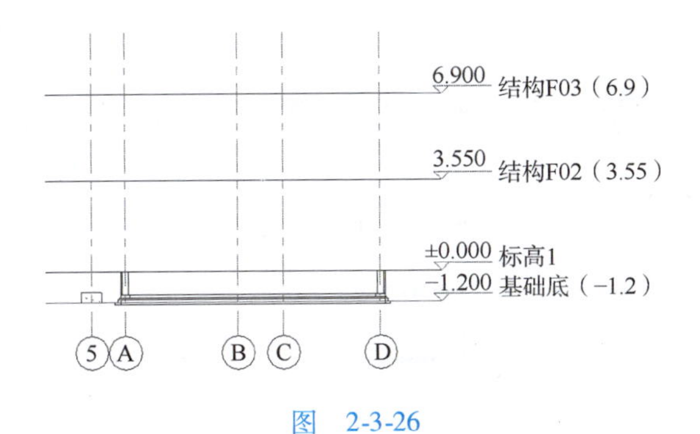

图　2-3-26

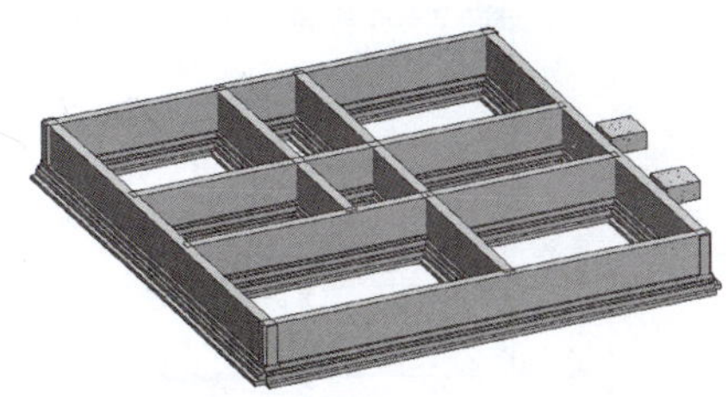
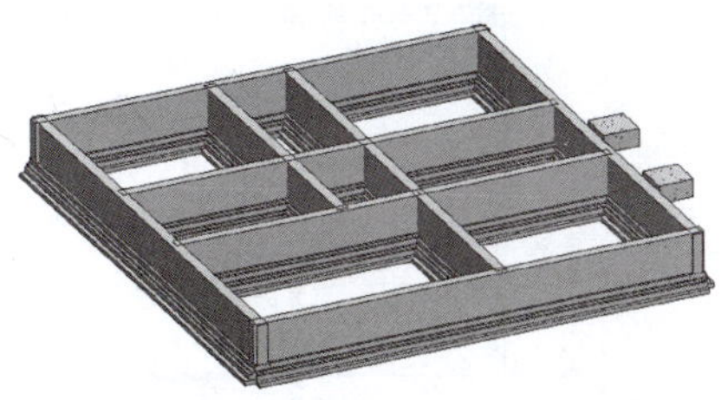

图　2-3-27

学习笔记

巩固练习

2021 年第二期"1 + X"建筑信息模型(BIM)职业技能等级考试——中级

综合建模(节选部分,真题请扫描"附件 2"二维码下载)

承台参数见表 2-3-1。根据图纸(图 2-3-28)创建桩基承台基础。

视频

任务三
结构基础创建
（巩固练习）

表　2-3-1

构　件		尺　　寸	混凝土标号
桩承台基础	CT1	承台长 1 800 mm,宽 1 800 mm,厚 700 mm;4 根桩,钢管桩直径 500 mm,桩边距 400 mm,桩长默认	C40
	CT2	承台长 1 600 mm,宽 1 600 mm,厚 700 mm;4 根桩,钢管桩直径 500 mm,桩边距 300 mm,桩长默认	C40
	CT3	承台基础厚 700 mm;9 根桩,钢管桩直径 600 mm,平面见"CT3 平面",桩长默认	C40

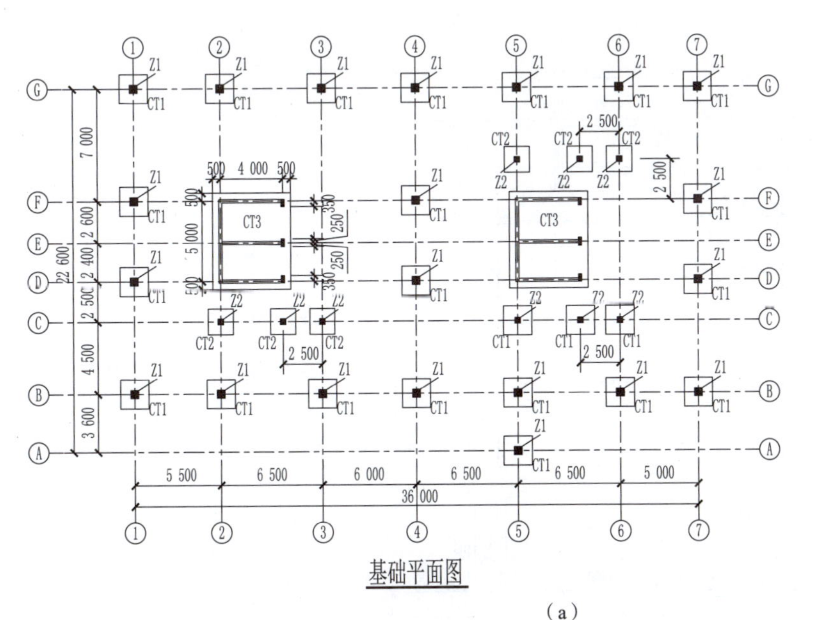

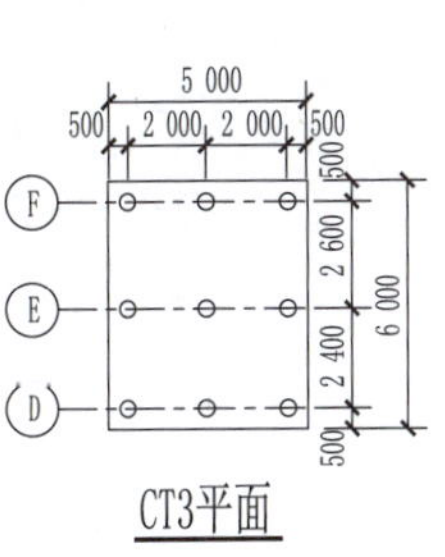
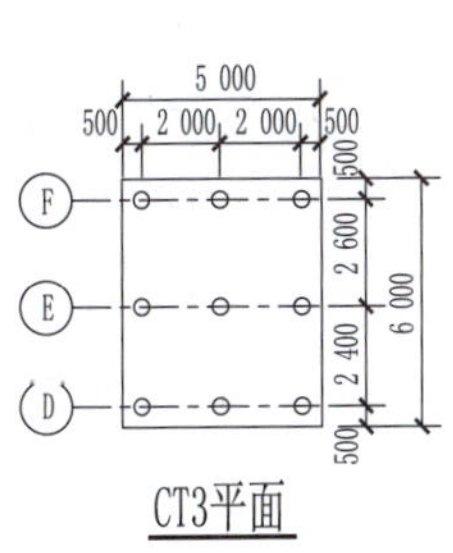

（a）

图　2-3-28(单位:mm)

学习笔记

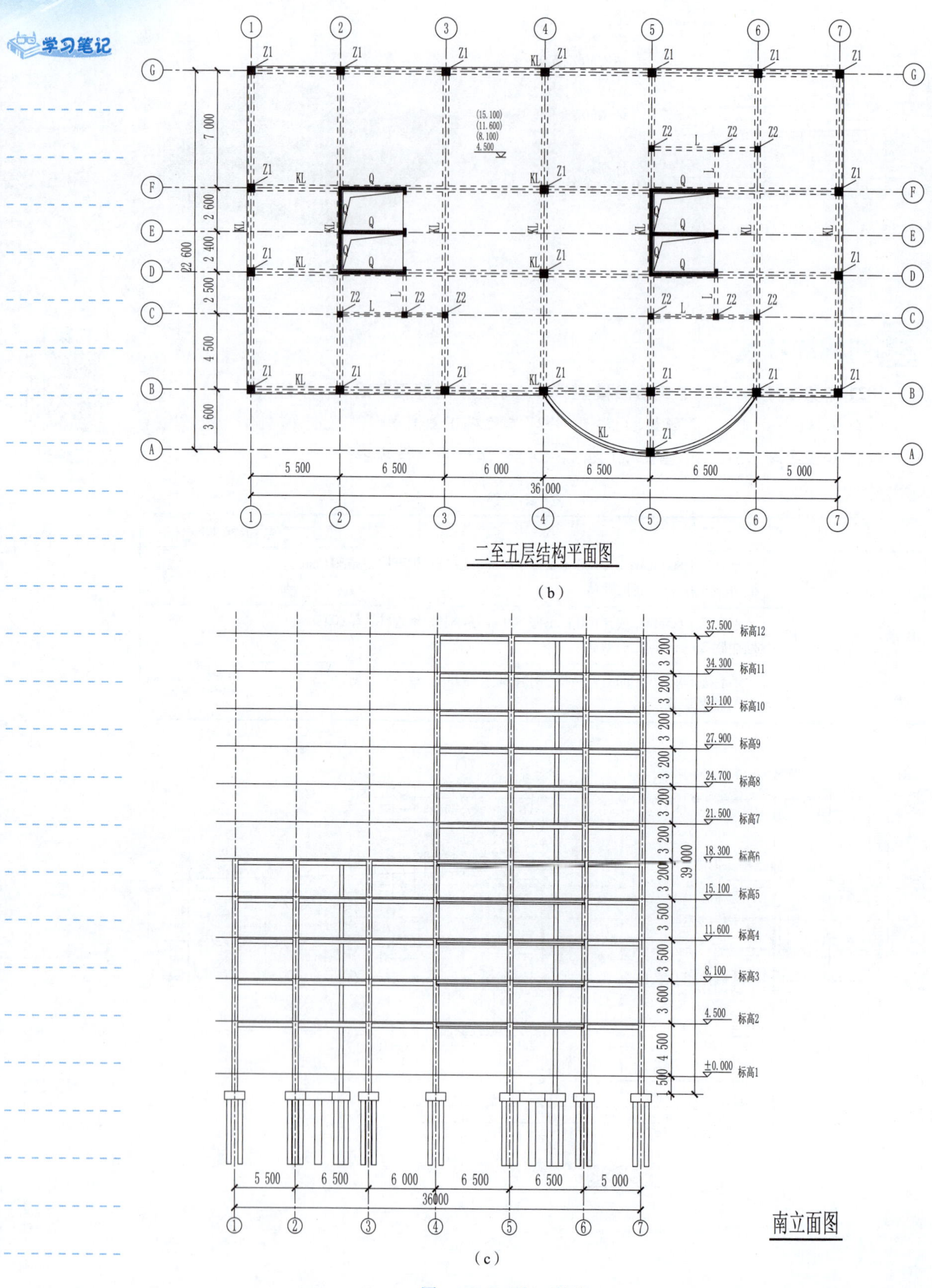

图 2-3-28(续)(单位:mm)

任务测评

学习笔记

"任务三 结构基础创建"测评记录表

学生姓名		班级		任务评分	
实训地点		学号		完成日期	
考核内容				标准分	评　分
知识(40 分)	基础的种类填写			20	
	国标规定内容			20	
技能(40 分)	基础的完成数目			15	
	基础安装的位置正确度			15	
	基础属性设置			10	
素质(20 分)	实训管理:纪律、清洁、安全、整理、节约等			5	
	工艺规范:国际样式、完整、准确、规范等			5	
	团队精神:沟通、协作、互助、自主、积极等			5	
	学习反思:技能点表述、反思内容等			5	
教师评语					

导图互动

结合国家在线精品课程“BIM 建模技术”模块二项目二中任务 3 的基础准备，在学习房屋建筑基础按照形式、材料以及传力结构分类等相关知识后，完成以下导图内容。

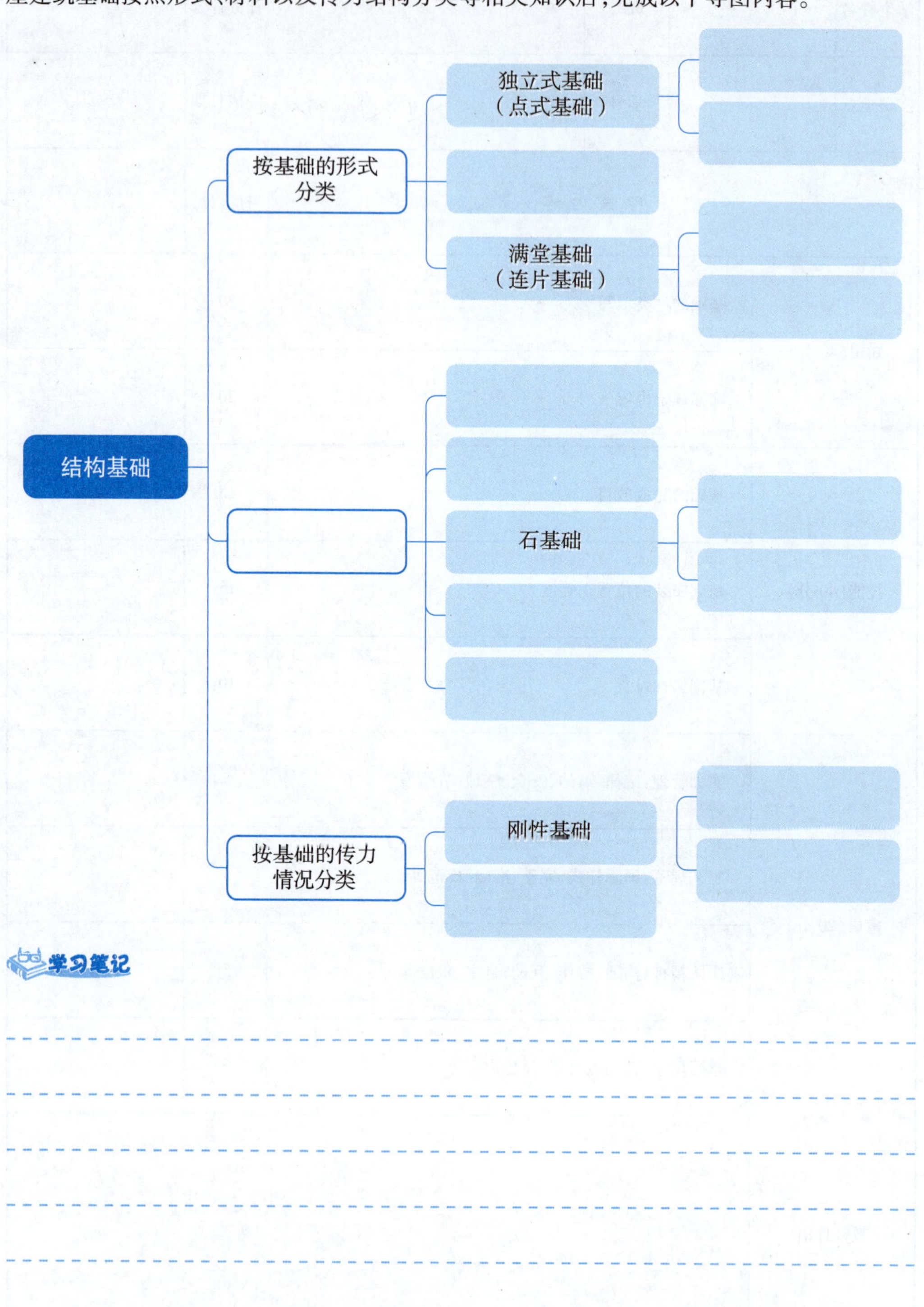

学习笔记

任务四　柱　建　模

学习笔记

视频

任务四 柱建模
（任务速递）

任务工单

在标高 1 平面视图中按照任务书给定的结构柱要求将结构模型中的结构柱模型创建出来，如图 2-4-1 所示。

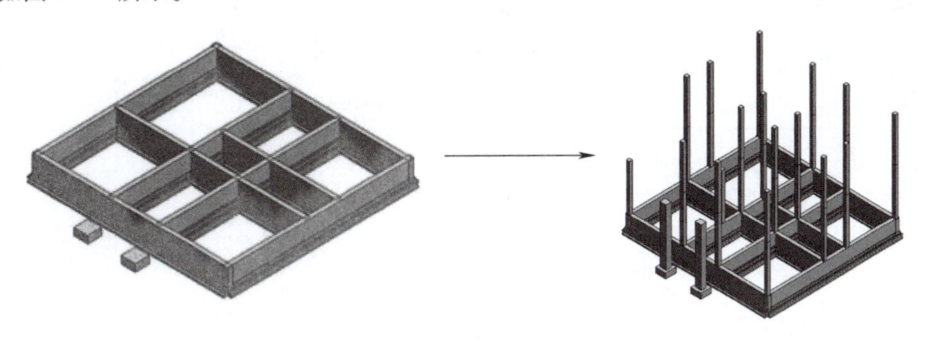

图　2-4-1

知识链接

(1)定义：柱是建筑物中用以支承栋梁桁架的长条形构件。

(2)分类：框架柱、梁上起框架柱、剪力墙上起框架柱、转换柱、芯柱。

(3)作用：建筑中的柱兼具有建筑表现和结构受力的作用。

任务实施

一、结构柱的创建

视频

任务四 柱建模：
结构柱一层
（任务实施）

选择“结构”选项卡→“结构”面板→“柱”命令，如图 2-4-2 所示。

在“属性”面板类型选择器中选择合适的结构柱类型进行放置，如图 2-4-3 所示。

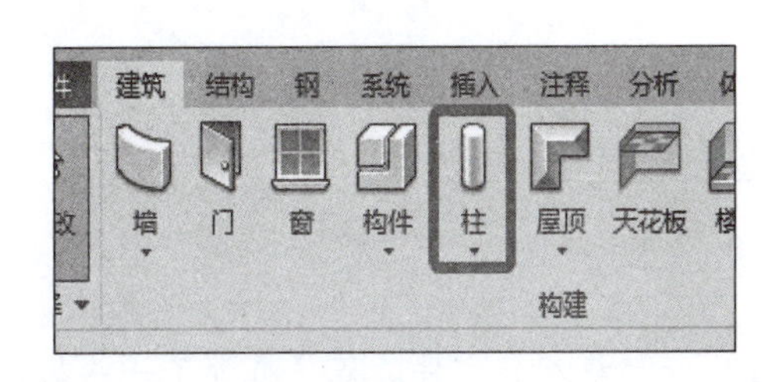

图　2-4-2

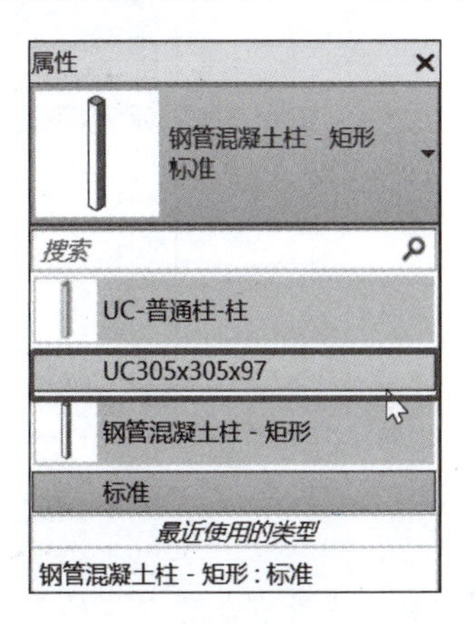

图　2-4-3

学习笔记

创建新的柱类型，以创建“500 mm×500 mm”混凝土柱为例。在类型选择器中，选择任意类型的混凝土柱。单击“属性”面板中的“编辑类型”按钮。打开“类型属性”对话框，单击“复制”按钮，如图 2-4-4 所示。在弹出的“名称”对话框中修改原名称为新类型名称“500 mm×500 mm”。

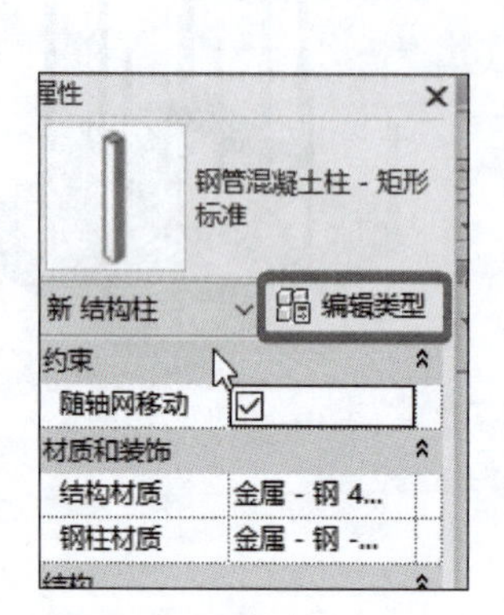

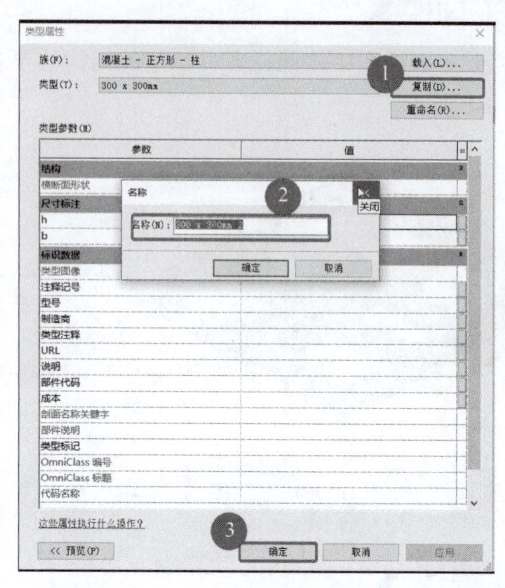

图 2-4-4

单击“确定”按钮，回到“类型属性”对话框，此时“属性”面板显示的类型就变成了新创建的“500×500”，属性栏中参数值与所复制的类型一致。之后修改尺寸参数，将“b”“h”的值改为 500，如图 2-4-5 所示。

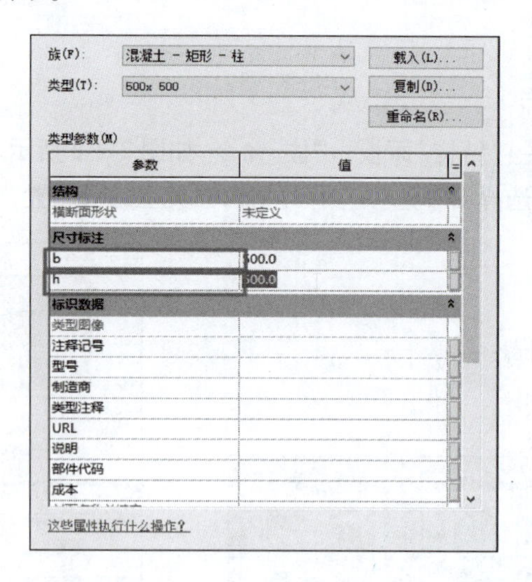

图 2-4-5

【提示】当项目中没有合适形状的柱时，可从外部载入族文件。程序自带了一些基本的族文件，可供用户载入项目中使用。

方法 1：选择“属性面板”→“编辑类型”→“类型属性”命令，在弹出的“类型属性”对话

框中单击“载入”按钮，弹出“打开”对话框，依次打开“结构”→“柱”，选择合适的族文件，如图 2-4-6 所示。

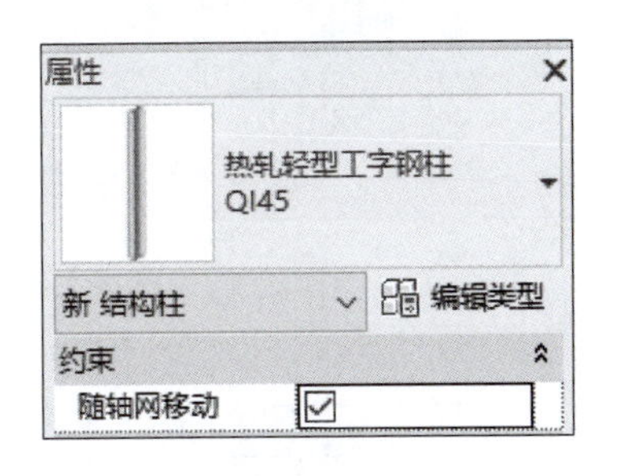

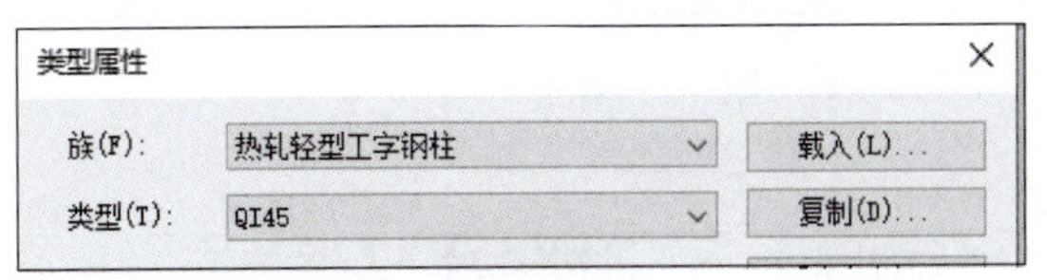

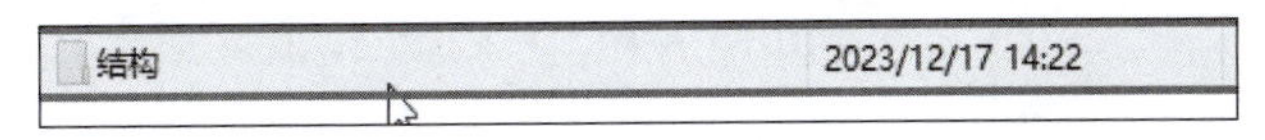

图　2-4-6

方法 2：选择“插入”选项卡→“从库中载入”面板→“载入族”命令，如图 2-4-7 所示，弹出“载入族”对话框，依次打开“结构”→“柱”，选择合适的族文件。

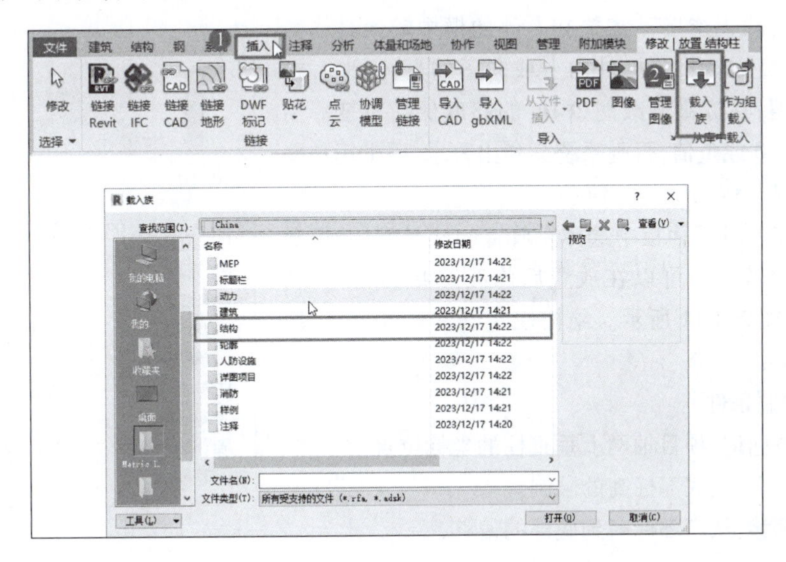

图　2-4-7

方法 3：选择“应用程序菜单”→“打开”→“族”命令，打井相应的族，在“创建”选项卡的“族编辑器”面板中选择“载入到项目”命令，如图 2-4-8 所示。

将族载入项目中，便可在类型选择器中选择相应族中的类型，进行模型的创建。

二、结构柱的放置

(一) 放置垂直柱

启动结构柱命令后，“修改 | 放置结构柱”选项卡→“放置”面板中默认为“垂直柱”，如图 2-4-9 所示。

在选项栏中，对柱子的上下边界进行设定，如图 2-4-10 所示。程序默认选择“深度”。“高度”表示自本标高向上的界限；“深度”表示自本标高向下的界限。

学习笔记

图 2-4-8

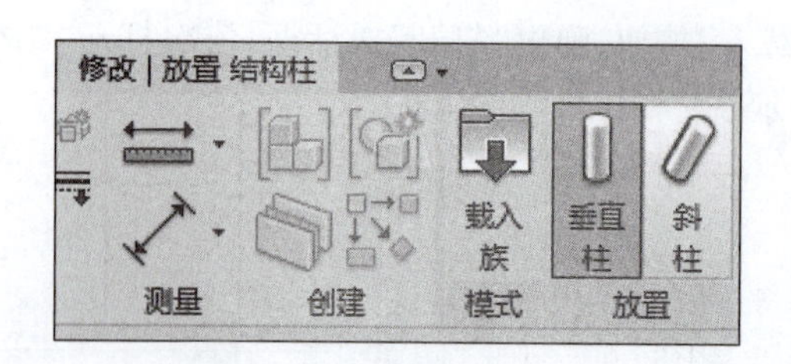

图 2-4-9

修改 | 放置 结构柱 □放置后旋转 高度: 未连接 3.5 ☑房间边界

图 2-4-10

在“高度/深度”后面一栏中，选择具体的界限如下：

(1)选择某一标高平面，表示界线位于标高平面上。

(2)如选择“高度”“标高 3”，那么该柱的上界就位于标高 3 上，且会随标高 3 的高度的改变而移动。

(3)选择“无连接”，需要在右侧的框中输入具体数值。“无连接”是指，该构件向上或向下的具体尺寸，是一个固定值，在标高修改时，构件的高度保持不变。用户不能输入 0 或负值，否则系统会弹出警示，要求用户输入小于 9 144 000 mm 的正值。

用户在“属性”面板中选择要放置的柱类型，并可对参数进行修改。也可以在放置后修改这些参数。“属性”面板如图 2-4-11 所示。结构柱实例参数的含义，详细介绍如下：

属性
混凝土 - 矩形 - 柱
300 x 450mm
结构柱 (1) 编辑类型

约束	
柱定位标记	B(900)-4(-1900)
底部标高	基础底 (-1.2)
底部偏移	0.0
顶部标高	标高 1
顶部偏移	0.0
柱样式	垂直
随轴网移动	☑
房间边界	☑
材质和装饰	

图 2-4-11

(1)限制条件。

柱定位标记：项目轴网上垂直柱的坐标位置。

底部标高：柱底部标高的限制。

底部偏移：从底部标高到底部的偏移。

顶部标高：柱顶部标高的限制。

顶部偏移：从顶部标高到顶部的偏移。

柱样式：“垂直”“倾斜-端点控制”“倾斜-角度控制”，指定可启用类型特有修改工具的柱的倾斜样式。

随轴网移动：将垂直柱限制条件改为轴网。结构柱会固定在该交点处，若轴网位置发生变化，柱会跟随轴网交点的移动而移动。

房间边界：将柱限制条件改为房间边界条件。

(2)材质和装饰。

结构材质：定义了该实例的材质。

(3)结构。

启用分析模型：显示分析模型，并将它包含在分析计算中，默认情况下处于选中状态。

钢筋保护层-顶面：只适用于混凝土柱。设置与柱顶面间的钢筋保护层距离。

学习笔记

钢筋保护层-底面：只适用于混凝土柱。设置与柱底面间的钢筋保护层距离。

钢筋保护层-其他面：只适用于混凝土柱。设置从柱到其他图元面间的钢筋保护层距离。

顶部连接：只适用于钢柱。启用抗弯连接符号或抗剪连接符号的可见性，这些符号只有在与粗略视图中柱的主轴平行的立面和截面中才可见。

底部连接：只适用于钢柱。启用柱脚底板符号的可见性，这些符号只有在与粗略视图中柱的主轴平行的立面和截面中才可见。

(4)尺寸标注。

体积：所选柱的体积。该值为只读。

(5)标识数据。

创建的阶段；指明在哪一个阶段中创建了柱构件。

拆除的阶段；指明在哪一个阶段中拆除了柱构件。

【提示】用户只能在平面中放置结构柱。在放置柱时，柱子的一个边界便已经被固定在该平面上，且会随该平面移动。

【注意】选择“高度”时，后面设定的标高一定要比当前标高平面高；同样地，当选择“深度”时，后面设定的标高一定要比当前标高平面低，否则程序无法创建，并会出现警告框，如图 2-4-12 所示。

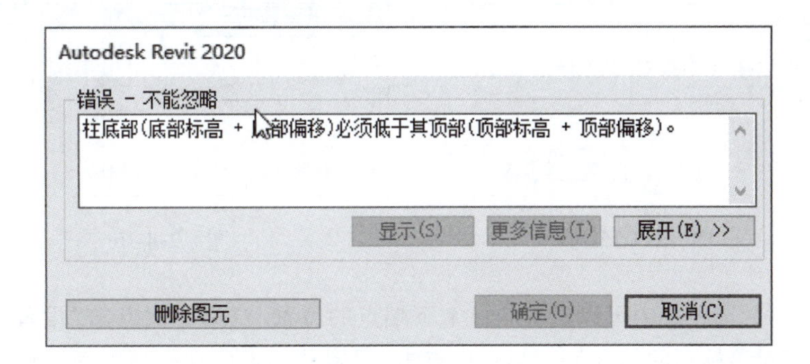

图　2-4-12

在平面视图放置垂直柱，程序会显示柱子的预览。如果需要在放置时完成柱的旋转，则要勾选选项栏的“放置后旋转”复选框，如图 2-4-13 所示。放置后选择角度，或者在放置前按空格键，每按一下空格键，柱子都会旋转，与选定位置处的相交轴网对齐，若没有轴网，按空格键时柱子会旋转 90°。

修改 | 放置 结构柱　☑放置后旋转

图　2-4-13

在视图中放置结构柱，可以一个一个地将柱子生成，用户也可以框选多根轴线，框选时可以配合【Ctrl】键，选择完毕后单击“完成”按钮，生成的柱，如图 2-4-14 所示。

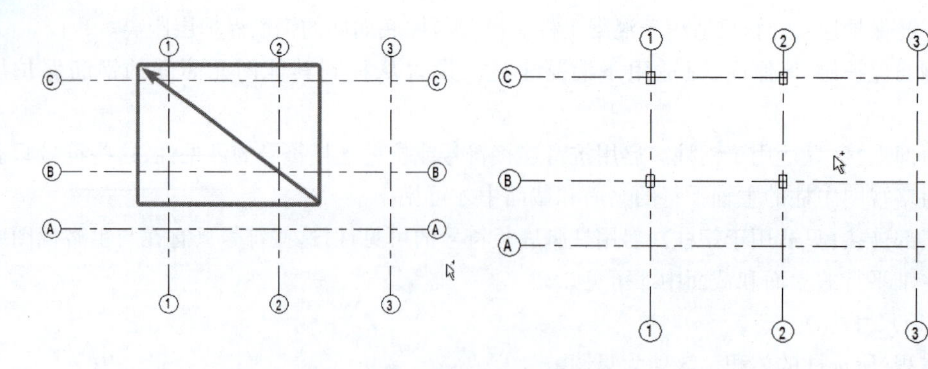

图 2-4-14

【提示】在放置多个柱生成预览时，用户可以通过按空格键，对柱子进行90°旋转。预览也会旋转，调整无误后，完成放置。

【注意】如果在单击“完成”按钮后出现图2-4-15所示的警示框，则表示没有选中相交的轴网，无法生成柱。

（二）放置斜柱

选择“修改|放置结构柱”选项卡→“放置”面板→“斜柱”命令，如图2-4-16所示。

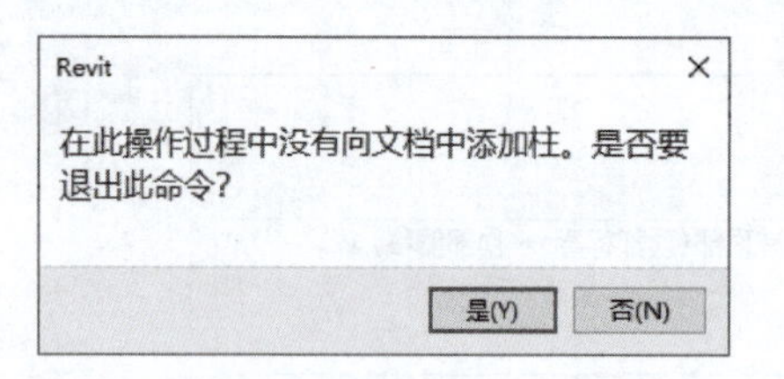

图 2-4-15

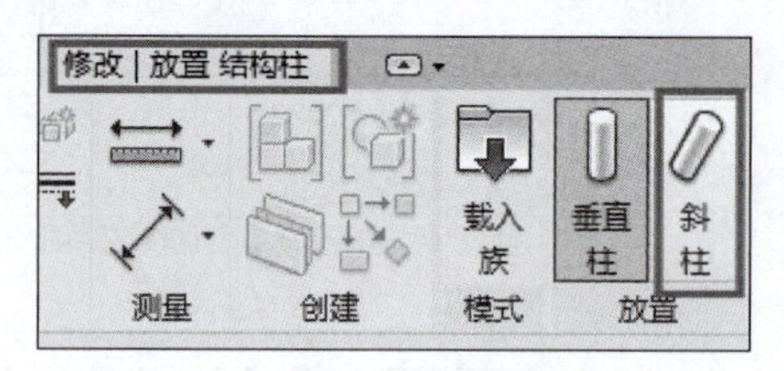

图 2-4-16

放置斜柱时，选项栏中可以设置斜柱上下端点的位置。“第一次点击”设置柱起点所在标高平面和相对该标高的偏移值，“第二次点击”设置柱终点所在标高平面和偏移值，“三维捕捉”表示在三维视图中捕捉柱子的起点和终点以放置斜柱，如图2-4-17所示。

修改 | 放置 结构柱	第一次单击:	标高 1	-2500.0	第二次单击:	标高 2	0.0	☑三维捕捉

图 2-4-17

三、实例讲解

启动柱命令，创建“500×500”类型混凝土柱。进入“－0.1”平面视图，在选项栏中设置“高度”“3.5”，如图2-4-18所示。

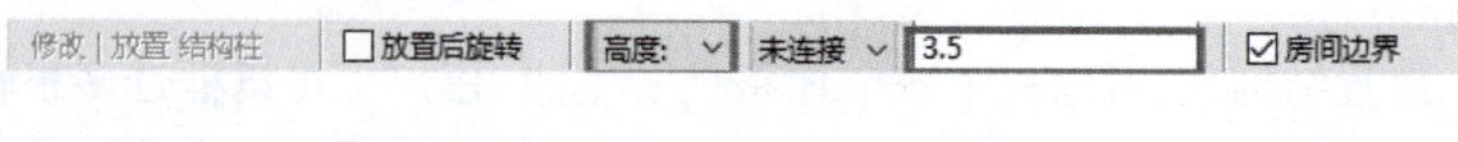

图 2-4-18

在图中轴线交点处放置结构柱，如图 2-4-19 所示。

在放置柱时，会出现没有柱子预览的情况，如图 2-4-20 所示。

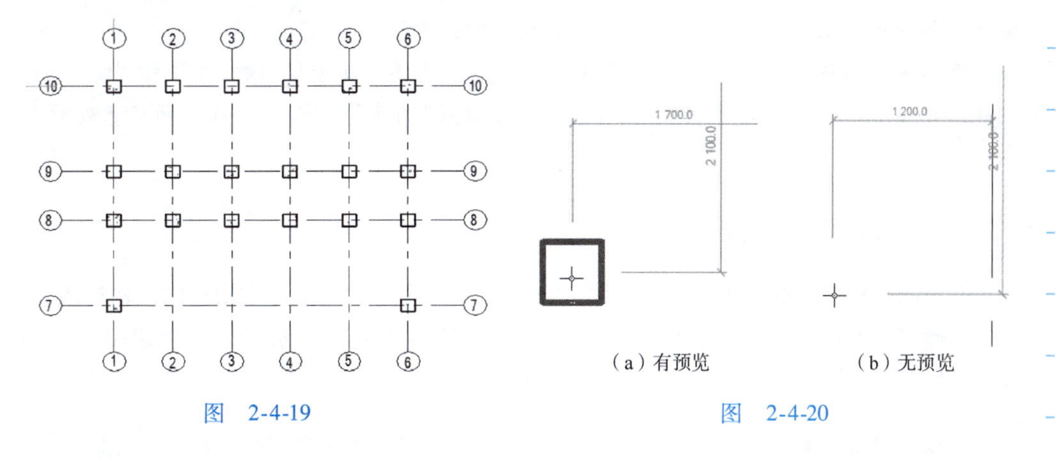

（a）有预览　（b）无预览

图　2-4-19　　图　2-4-20

完成后切换到立面视图，可以检查结构柱位置是否正确。打开南立面视图，如图 2-4-21 所示。

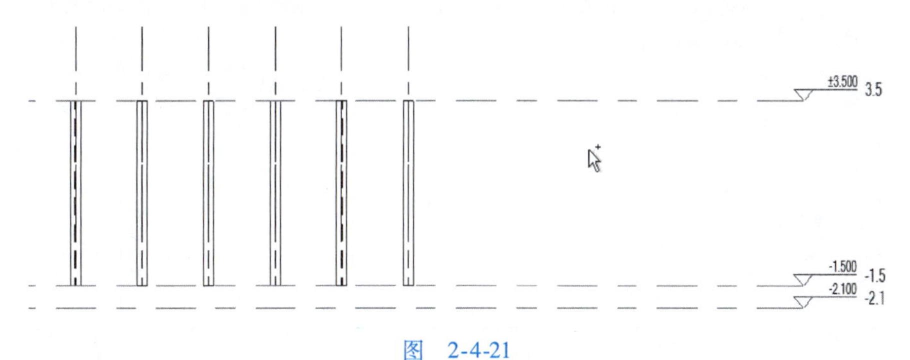

图　2-4-21

一层柱的创建完成，三维视图中的效果如图 2-4-22 所示。

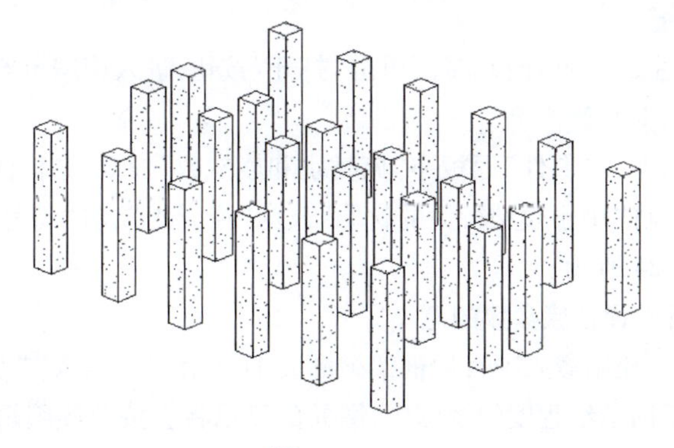

图　2-4-22

选中所有结构柱，在“属性”面板中将其材质设置为“ <按类别> ”。

【**注意**】柱建模时，最好每层柱分别建模，尽量不要采取一个柱子贯通多层，这样会影响后面提到的结构分析。

学习笔记

【提示】 建议完成首层全部构件的创建后，再进行下一层的建模。因为可以将某一层的构件复制到另一标高处，完成另一楼层的创建。另外，在创建每一层的模型时，这种方法可以避免三维视图中上层结构对本层构件的遮挡，方便查看。

在本章实例详解中，只完成了一层柱的创建。如需添加其余楼层柱，方法相同。例如，创建第二层柱，进入“3.5”平面视图，在选项栏中设置“高度”为“7.0”。在轴网交点处放置柱子。

四、结构柱族的创建

本节以直角梯形混凝土柱为例，说明如何创建一个程序自带族库中没有的结构柱族。

选择“应用程序菜单” →“新建”→“族”命令，如图 2-4-23 所示，弹出“新族-选择族样板”对话框。

视频

任务四柱建模：结构柱二层（任务实施）

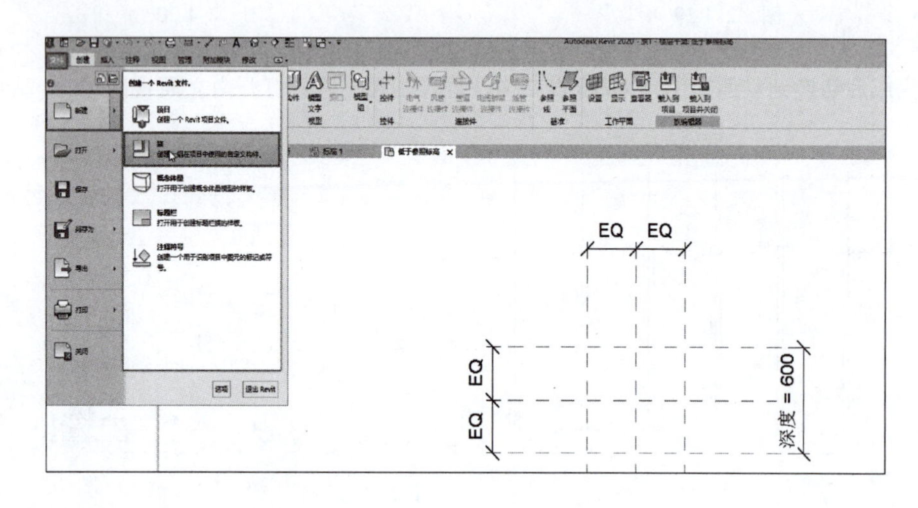

图 2-4-23

（一）选择族样板

选择“公制结构柱 . rft”族样板文件，单击“打开”按钮，进入族编辑器。

（二）设置“族类别和族参数”

选择“创建”选项卡→“属性”面板→“族类别和族参数”命令，结构柱样板已经默认将族类别设为“结构柱”。将“用于模型行为的材质”改为“混凝土”，将“符号表示法”设置为“从项目设置”，如图 2-4-24 所示。

下面说明上述所设置各族参数的意义：

（1）符号表示法。控制载入项目后框架梁图元的显示，有“从族”“从项目设置”两个选项。“从族”表示在不同精细程度的视图中，图元的显示将会按照族编辑器中的设置进行显示。“从项目设置”表示框架梁在不同精细程度视图中的显示效果将会遵从项目“结构设置”中“符号表示法”中的设置。

（2）用于模型行为的材质。有“钢”“混凝土”“预制混凝土”“木材”“其他”五个选项。选择不同的材质，在项目中软件会自动嵌入不同的结构参数。“混凝土”“预制混凝土”会出现钢筋保护层参数。“木材”没有特殊的结构参数。在框架柱中“钢”没有特殊的参数，在结

构框架中会出现“起拱尺寸”“栓钉数”。

(3)显示在隐藏视图中。只有当“用于模型行为的材质”为“混凝土”或“预制混凝土”时才会出现，可以设置隐藏线的显示。在这里不做详细介绍，用户可以自己设置，观察显示的效果。

(三)设置族类型和参数

选择“创建”选项卡→“属性”面板→“族类型”命令，打开“类型属性”对话框，如图 2-4-25。

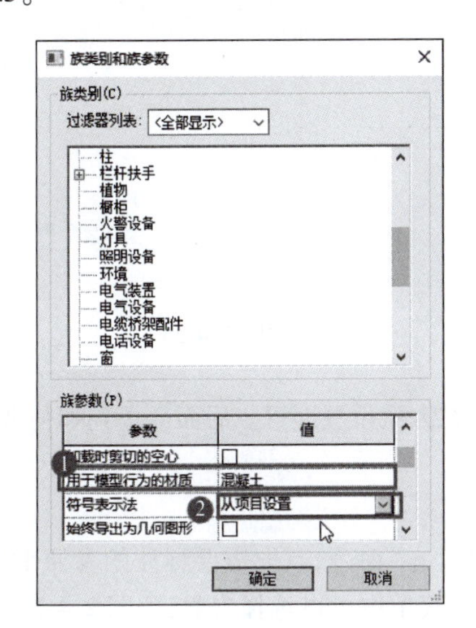

图　2-4-24

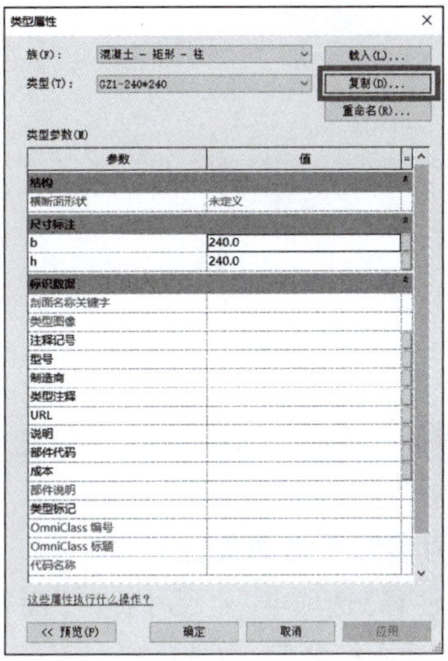

图　2-4-25

(1)在“类型属性”对话框中，单击“复制”按钮，可以向族中添加类型。在弹出的“名称”对话框中，将类型命名为“标准”，如图 2-4-26 所示，对已有的族类型可以进行“重命名”和“删除”操作。

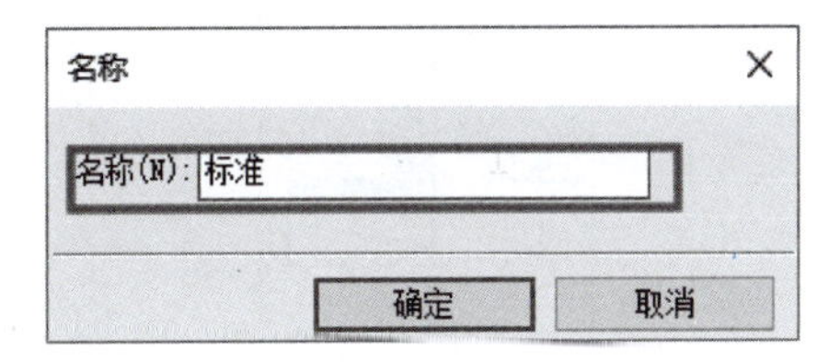

图　2-4-26

(2)已有的参数，可以进行“修改”“删除”操作，并可移动上下位置。使用“修改”命令将“深度”重新命名为“h”，“宽度”重新命名为“b1”。单击“参数”一栏中的“添加”按钮，弹出“参数属性”对话框。在“参数数据”中做如下设置：“名称”输入“b”；“规程”选择“公共”；“参数类型”选择“长度”；“参数分组方式”选择“尺寸标注”。如图 2-4-27 所示，单击“确认”按钮完成添加。可在“族类型”对话框中，通过“上移”“下移”命令，来调整参数的顺序。

(四)设置参照平面

选择“创建”选项卡→“基准”面板→“参照平面”命令。

单击输入参照平面起点，再次单击输入参照平面的终点。也可以选中现有的参照平面，通过复制命令(快捷键【C】+【O】)添加新的参照平面。在楼层平面“低于参照标高”视图

学习笔记

中,绘制图 2-4-28 所示的参照平面。

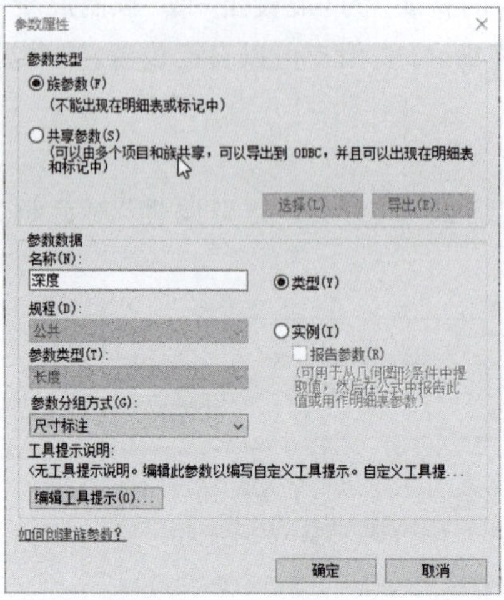

图 2-4-27

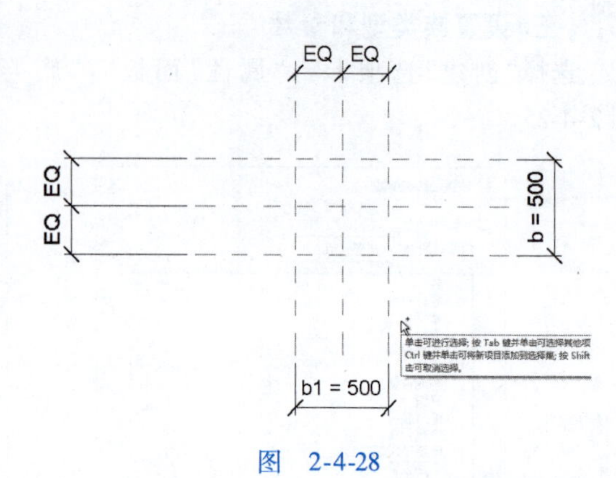

图 2-4-28

添加参照平面时,位置无须十分精确,添加在大致位置即可。后面会提到如何调整参照平面之间的尺寸关系。

(五)为参照平面添加注释

选择“注释”选项卡→“尺寸标注”面板→“对齐”命令,点取需要标注的参照平面,为其添加标注。选中标注后,在选项栏“标签”的下拉菜单中可以选择参数,如图 2-4-29 所示,这样该参数就和所选中的标注关联起来,改变参数就可以使相应参考平面的位置发生变化。位置可以拖动,选择某一标注后,拖动标注线即可改变位置。

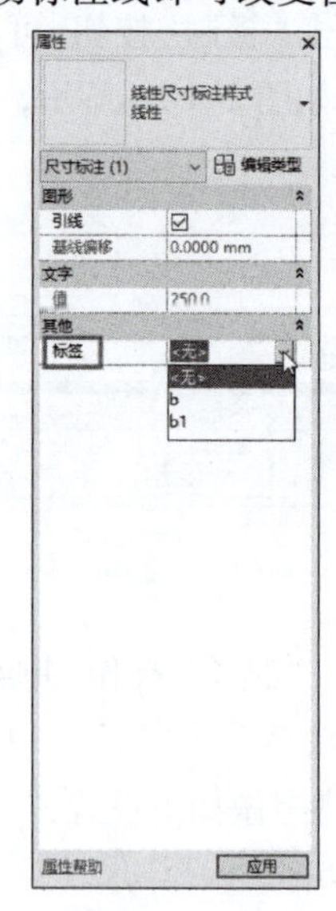

图 2-4-29

【提示】在标签下拉菜单中单击“<添加参数…>”,弹出“参数属性”对话框,与上文图 2-4-25 所示一致,是添加参数的另一种方法。

标注与参数相关联，就可以通过参照平面上的尺寸标注，来驱动参照平面的位置发生变化。如在族类型对话框中，将本例“b”参数值改为800，参照平面位置会发生相应变化，如图2-4-30所示。再将创建的实体模型或空心模型，固定在相对应的参照平面上，就能够实现通过调整参数调整模型的功能。

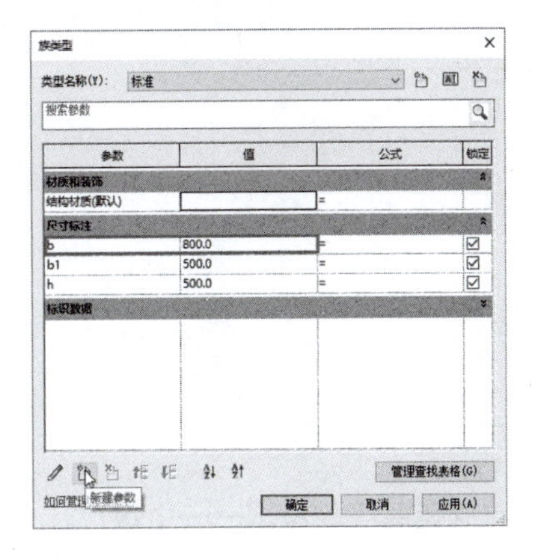

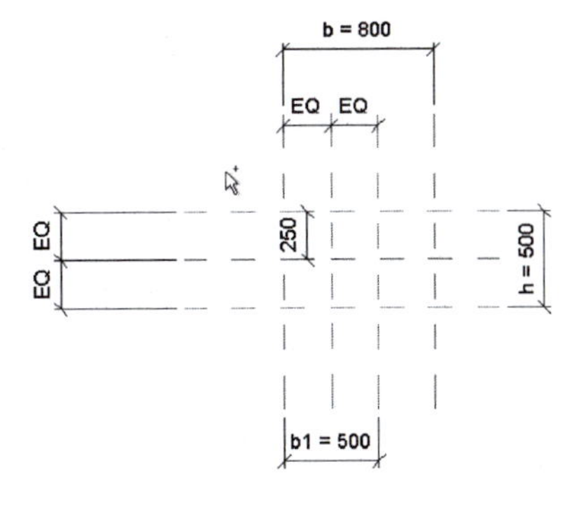

图　2-4-30

(六)绘制模型形状

选择“创建”选项卡→“形状”面板→“拉伸”命令，进入编辑模式。在绘制一栏中选择绘制方式，创建供拉伸的截面形状，如图2-4-31所示。

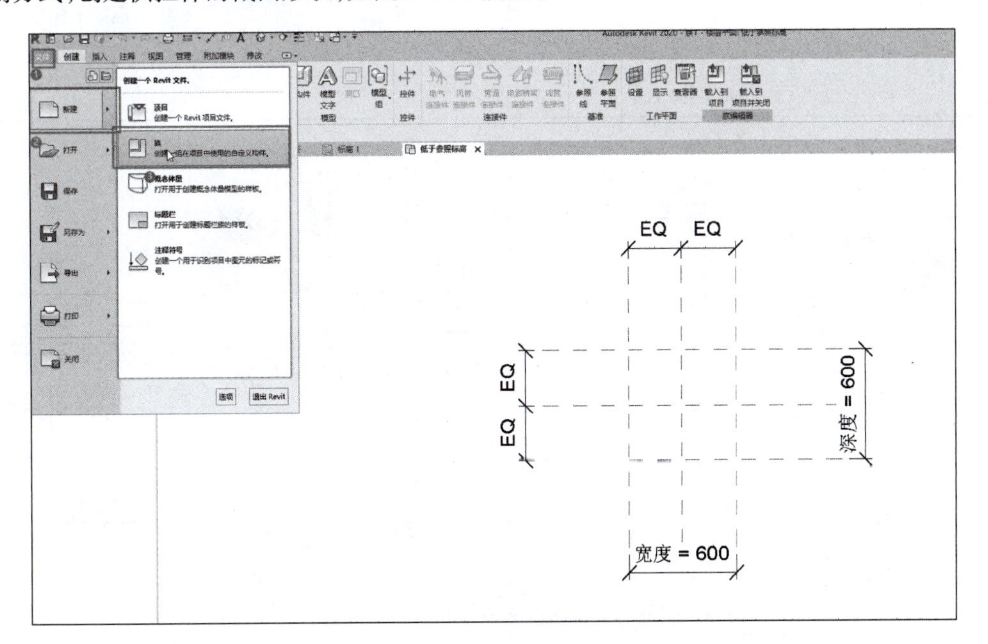

图　2-4-31

使用“直线”命令，在选项栏中勾选“链”复选框，可以连续绘制直线。绘制如图2-4-32所示形状。

模型通过“对齐”“锁定”来达到固定到相应参照平面的目的。

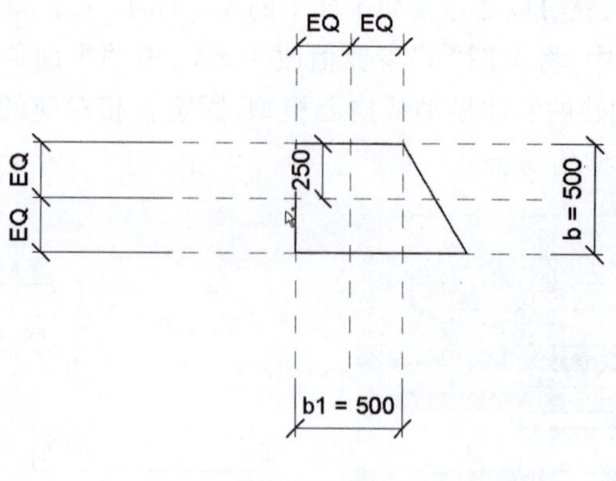

图 2-4-32

巩固练习

2021 年第二期"1 + X"建筑信息模型(BIM)职业技能等级考试——中级

综合建模(节选部分,真题请扫描"附件 2"二维码下载)

柱参数见表 2-4-1 根据图纸(图 2-4-33)创建柱。

视频

任务四 柱建模(巩固练习)

表 2-4-1

构件		尺寸	混凝土标号
柱	Z1	500 mm × 500 mm	C40
	Z2	350 mm × 350 mm	C40

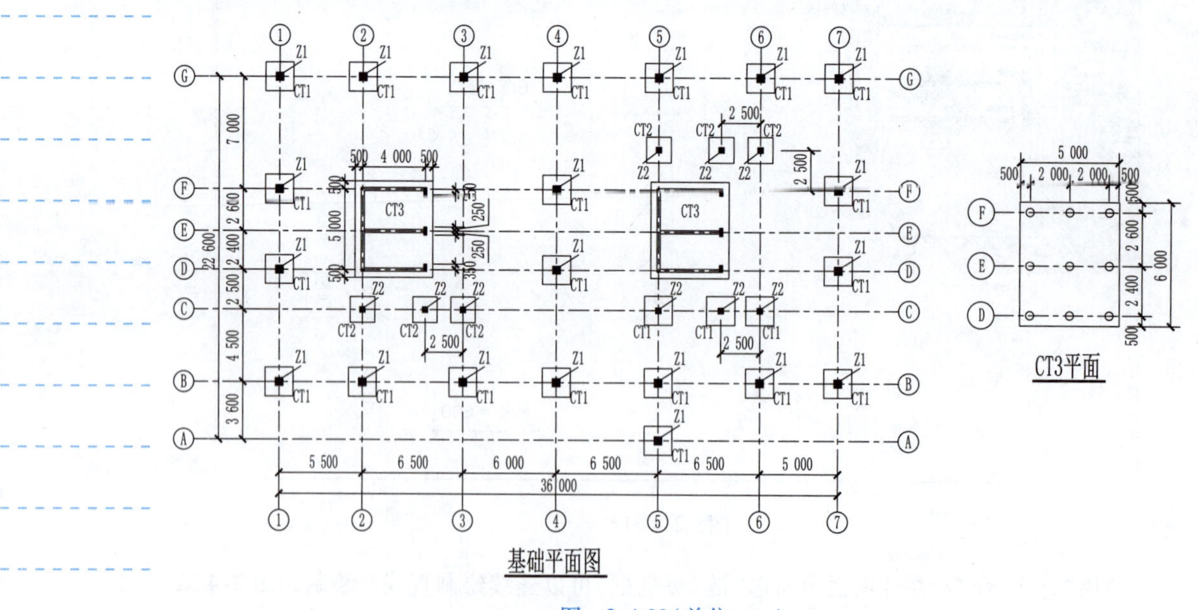

图 2-4-33(单位:mm)

任务测评

学习笔记

“任务四　柱建模”测评记录表

学生姓名		班级		任务评分	
实训地点		学号		完成日期	
考核内容				标准分	评　分
知识(40 分)	柱属性设置内容			20	
	柱的类型			20	
技能(40 分)	柱的完成数目			15	
	柱放置位置正确度			15	
	柱属性设置正确数目			10	
素质(20 分)	实训管理:纪律、清洁、安全、整理、节约等			5	
	工艺规范:国标样式、完整、准确、规范等			5	
	团队精神:沟通、协作、互助、自主、积极等			5	
	学习反思:技能点表述、反思内容等			5	
教师评语					

学习笔记

导图互动

结合国家在线精品课程“BIM 建模技术”模块二项目二中任务 4 的基础准备，在学习房屋建筑柱按照截面形式、材料及长细比分类等相关知识后，完成以下导图内容。

- 结构柱
  - 按截面形式分
    - 工字形柱
    - 十字形柱
  - （空白）
    - 砖柱
    - 劲性钢筋混凝土柱
  - 按长细比分

任务五　梁　建　模

学习笔记

任务工单

根据给定的乡村别墅的图纸,在已完成墙体任务的 BIM 模型中创建所有的梁,如图 2-5-1 所示。

视频

任务五 梁建模
(任务速递)

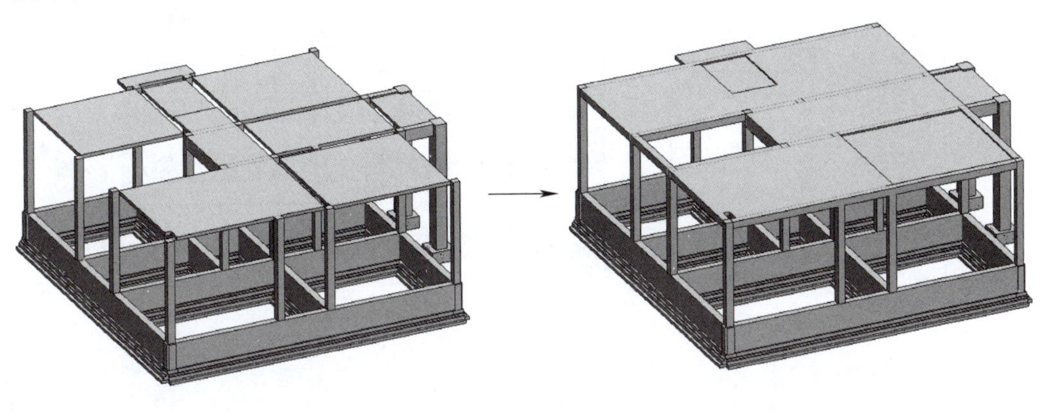

图　2-5-1

知识链接

(1)定义:由支座支承,承受的外力以横向力和剪力为主,以弯曲为主要变形的构件称为梁。

(2)分类:楼层框架梁(KL)、楼层框架扁梁(KBL)、屋面框架梁(WKL)、框支梁(KZL)、托柱转换梁(TZL)、非框架梁(L)、井字梁(JZL)、悬挑梁(XL)。

(3)作用:梁承托着建筑物上部构架中的构件及屋面的全部重量,是建筑上部构架中最为重要的部分。

任务实施

视频

任务五 梁建模:
结构梁一层
(任务实施)

一、梁的创建

选择"结构"选项卡→"结构"面板→"梁"命令,如图 2-5-2 所示。

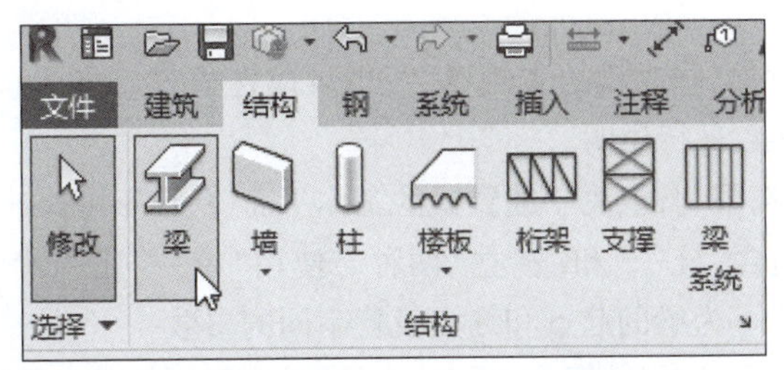

图　2-5-2

视频

任务五 梁建模:
结构梁二层
(任务实施)

在"属性"面板类型选择器中选择合适的梁类型,这里以创建"混凝土-矩形梁 250 mm × 500 mm"为例。

学习笔记

单击“属性”面板中的“编辑类型”按钮，打开“类型属性”对话框，单击“复制”按钮。输入新类型名称，单击“确定”按钮完成类型创建、然后在“类型属性”对话框中修改尺寸，如图2-5-3所示。

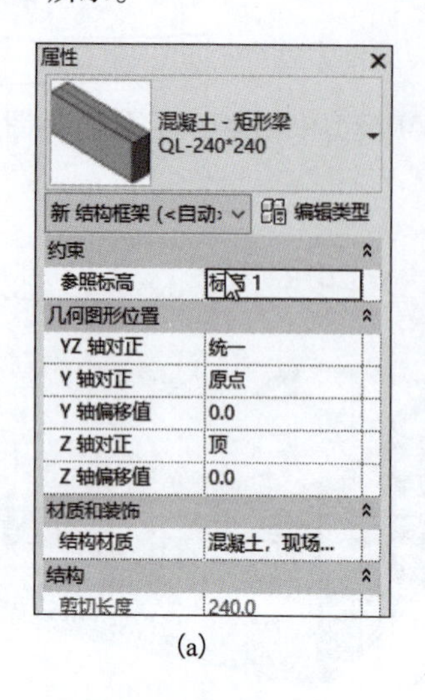

(a)

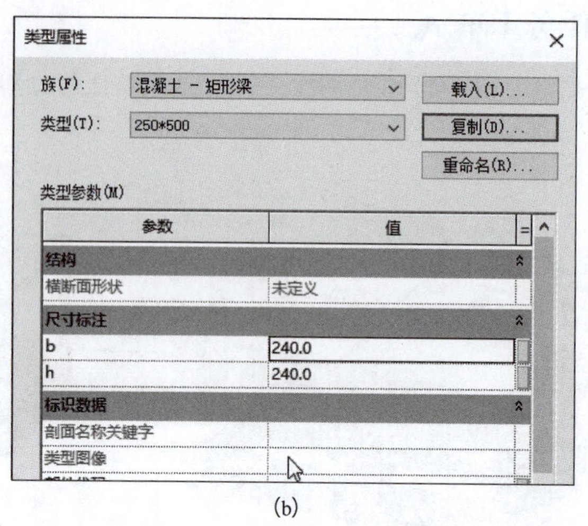

(b)

图 2-5-3

二、梁的放置

启动梁命令后，在“修改 | 放置梁”上下文选项卡中出现“绘制”面板，面板中包含了不同的绘制方式，依次为“直线”、“起点-终点-半径弧”、“圆心-端点弧”、“相切-端点弧”、“圆角弧”、“样条曲线”、“半椭圆”、“拾取线”，以及可以放置多个梁的“在轴网上”，如图2-5-4所示。一般使用直线方式绘制梁。

图 2-5-4

在“属性”面板中可以修改梁的实例参数，也可以在放置后修改这些参数。下面对“属性”面板中一些主要参数进行说明。

（1）参照标高：标高限制，取决于放置梁的工作平面、只读不可修改。

（2）YZ 轴对正：包含“统一”和“独立”两种。使用“统一”可为梁的起点和终点设置相同的参数；使用“独立”可为梁的起点和终点设置不同的参数。

（3）结构用途：用于指定梁的用途，包含“大梁”“水平支撑”“托梁”“其他”“檩条”“弦”六种。

调整完“属性”面板中的参数后，在“状态栏”完成相应的设置，如图2-5-5所示。

下面对“状态栏”的参数进行说明：

学习笔记

图　2-5-5

(1)放置平面：系统会自动识别绘图区当前标高平面，不需要修改。如在结构平面标高 1 中绘制梁，则在创建梁后“放置平面”会自动显示“标高 1”，如图 2-5-6 所示。

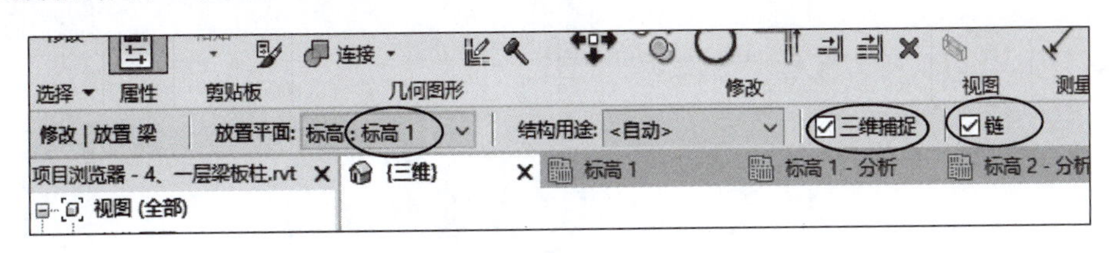

图　2-5-6

(2)结构用途：这个参数用于指定结构的用途，包含“自动”“大梁”“水平支撑”“托梁”“其他”“檩条”。系统默认为“自动”，会根据梁的支撑情况自动判断，用户也可以在绘制梁之前或之后修改结构用途。结构用途参数会被记录在结构框架的明细表中，方便统计各种类型的结构框架的数量。

(3)三维捕捉：勾选“三维捕捉”复选框，可以在三维视图中捕捉到已有图元上的点，如图 2-5-6 所示。从而便于绘制梁，不勾选则捕捉不到点。

(4)链：勾选“链”复选框，可以连续地绘制梁，如图 2-5-6 所示，若不勾选，则每次只能绘制一根梁，即每次都需要点选梁的起点和终点。当梁较多且连续集中时，推荐使用此功能。

【操作技巧】梁添加到当前标高平面，梁的顶面位于当前标高平面上。用户可以更改竖向定位，选取需要修改的梁，在“属性”对话框中设置起点终点的标高偏移，正值向上，负值向下，单位为 mm。也可以修改竖向（Z 轴）对齐方式，可选择原点、梁顶、梁中心线或梁底与当前偏移平面对齐，默认为梁顶，如图 2-5-7 所示。

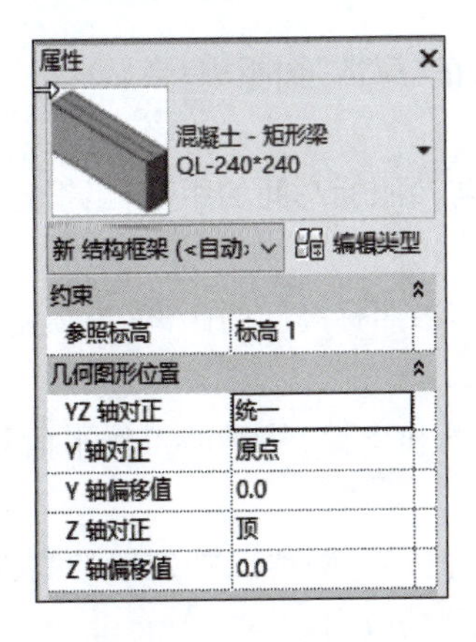

图　2-5-7

在结构平面视图的绘图区绘制梁，单击选取梁的起点，拖动鼠标绘制梁线，至梁的终点再单击，完成一根梁的绘制。

学习笔记

在轴网上添加多个梁，选择“修改丨放置梁”选项卡→“多个”面板→“在轴网上”命令。

选择需要放置梁的轴线，完成梁的添加，如图 2-5-8 所示。也可以按住【Ctrl】键选择多条轴线，或框选轴线。放置完成后，单击功能区“√”按钮。

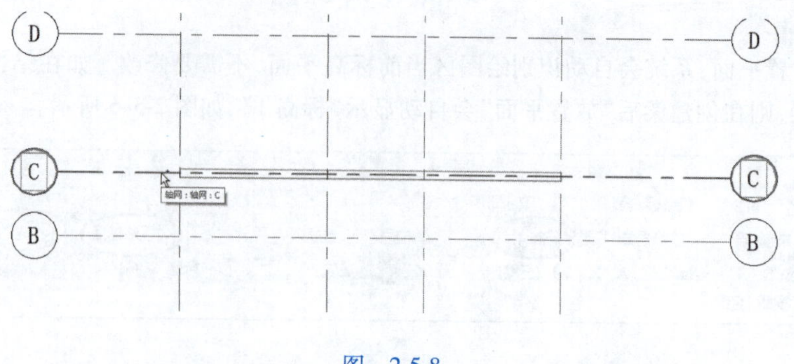

图 2-5-8

【操作技巧】选择轴网工具添加梁时，梁是自动放置在其他结构图元(如结构柱、结构墙等)之间的，所以要事先在轴网上放置其他结构图元。例如，一条轴线上放置了两根结构柱，使用轴网工具选择这条轴线，梁会自动添加到这两根结构柱之间。如果轴网上没有其他图元，选择轴网，单击“完成”按钮后会弹出一个提示框，如图 2-5-9 所示。

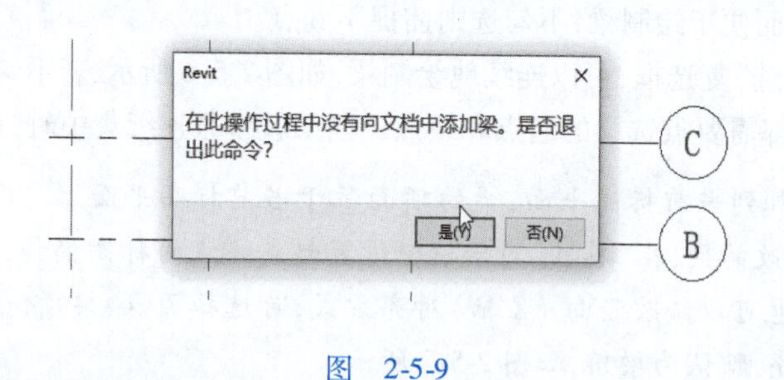

图 2-5-9

放置完成后选中添加的梁，在“属性”面板中，会显示出梁的属性，与放置前“属性”栏相比，新增如下几项：

(1)起点标高偏移：梁起点与参照标高间的距离，当锁定构件时，会重设此处输入的值，锁定时只读。

(2)终点标高偏移：梁端点与参照标高间的距离，当锁定构件时，会重设此处输入的值，锁定时只读。

(3)横截面旋转：控制旋转梁和支撑，从梁的工作平面和中心参照平面方向测量旋转角度。

(4)起点附着类型：“终点高程”或“距离”，指定梁的高程方向，终点高程用于保持放置标高，距离用于确定柱上连接位置的方向。

三、梁系统

选择“结构”选项卡→“结构”面板→“梁系统”命令，如图 2-5-10 所示。

梁系统用于创建一系列平行放置的结构梁图元。如某个特定区域需要放置等间距固定

数量的次梁，即可使用梁系统进行创建。用户可以通过手动创建梁系统边界和自动创建梁系统两种方法进行创建。

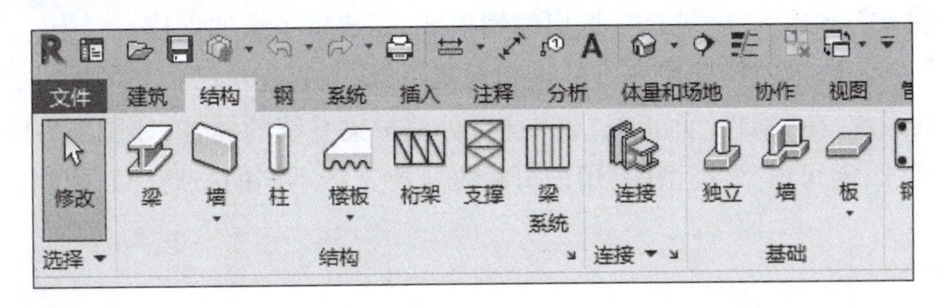

图　2-5-10

启动“梁系统”命令后，进入创建梁系统边界模式：选择“修改丨创建梁系统边界”选项卡→“绘制”面板→“边界线”命令，如图 2-5-11 所示，可以使用面板中的各种绘图工具绘制梁边界。

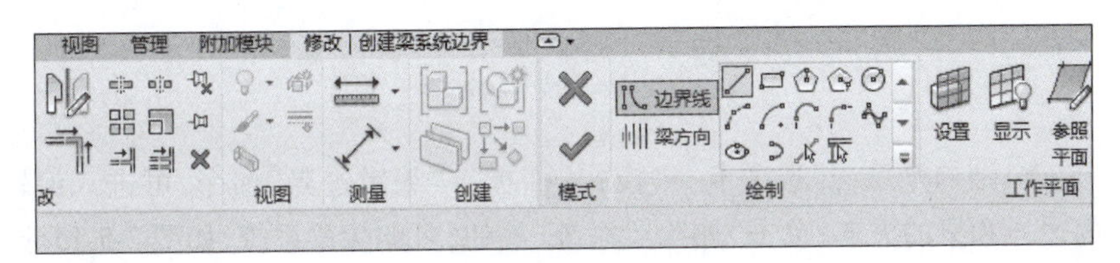

图　2-5-11

绘制方式有如下三种：

(1)绘制水平闭合的轮廓；

(2)通过拾取线(梁、结构墙等)的方式定义梁系统边界；

(3)通过拾取支座的方式定义梁系统边界。

采用拾取线的方式定义梁系统边界时，拾取的线必须构成一个封闭的区域，且必须闭合在一个环内，否则系统会提示错误，如图 2-5-12 所示。

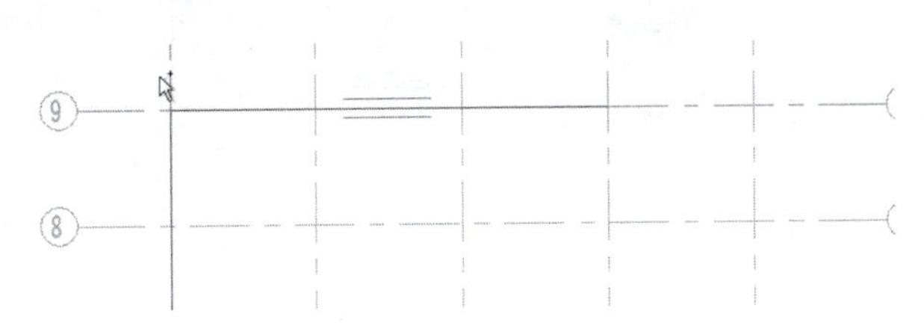

图　2-5-12

学习笔记

选择“修改|创建梁系统边界”选项卡→“绘制”面板→“梁方向”命令，在绘图区单击梁系统方向对应的边界线，即选中此方向为梁的方向，如图 2-5-13 所示。单击“修改|创建梁系统边界”→“模式”面板→“√”按钮，退出编辑模式，完成梁系统的创建。

梁系统是一定数量的梁按照一定的排布规则组成的，它有自己独立的属性，与梁的属性不同。选中梁系统，在“属性”面板或“选项栏”处编辑梁系统的属性，如图 2-5-14 所示，主要包括布局规则、固定间距、梁类型等，用户可根据需要选择不同的布局排列规则。

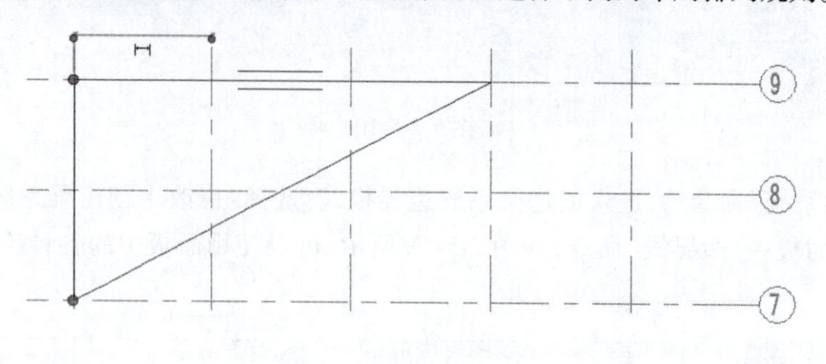

图 2-5-13

选择“修改|结构梁系统”选项卡→“模式”面板→“编辑边界”命令，可进入编辑模式修改梁系统的边界和梁的方向；单击“删除梁系统”按钮，可删除梁系统，如图 2-5-15 所示。

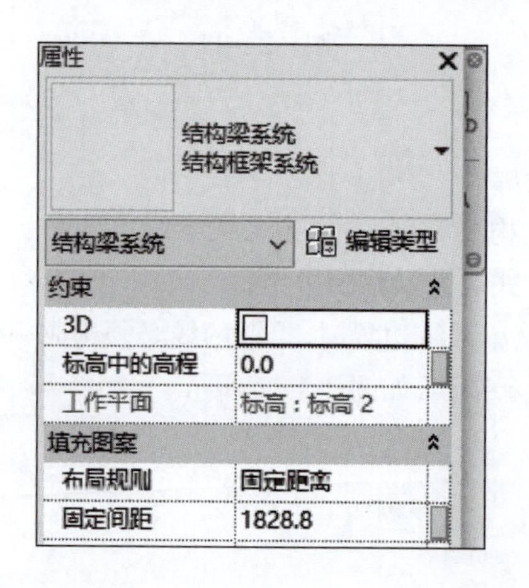

图 2-5-14

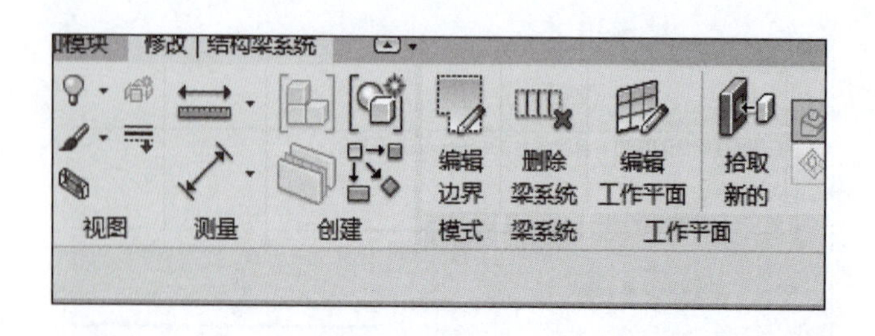

图 2-5-15

巩固练习

学习笔记

视频

任务五 梁建模（巩固练习）

一、选择题

1. 如果想要将一段梁的两端相对于标高同时偏移相同的距离，可以通过以下哪个方式实现（　　）。

A. 设置终点标高偏移量

B. 设置起点标高偏移量

C. 设置 Z 轴偏移值

D. 设置 Y 轴偏移值

2. 在 BF（BF 标高为 D000 mm）平面图中，创建 600 mm 高的结构梁，将梁属性栏中的 Z 轴对正设置为顶，将 Z 轴偏移设置为 – B00 mm，那么该结构梁的顶标高为

A. D000 mm

B. DD00 mm

C. CB00 mm

D. C800 mm

3. 如果想要将一段梁的两端相对于标高同时偏移相同的距离，可以通过以下哪个方式实现（　　）。

A. 设置终点标高偏移量

B. 设置起点标高偏移量

C. 设置 Z 轴偏移值

D. 设置 Y 轴偏移值

4. 放置梁时 Z 轴对正方式不包括（　　）。

A. 原点

B. 中心线

C. 统一

D. 底

二、2021 年第二期"1 + X"建筑信息模型（BIM）职业技能等级考试——中级

综合建模（节选部分，真题请扫描"附件 2"二维码下载）

梁参数见表 2-5-1。根据图纸（图 2-5-16）创建梁。

表　2-5-1

构　　件		尺　　寸	混凝土标号
柱	KL	350 mm × 500 mm	C30
	L	200 mm × 350 mm	C30

学习笔记

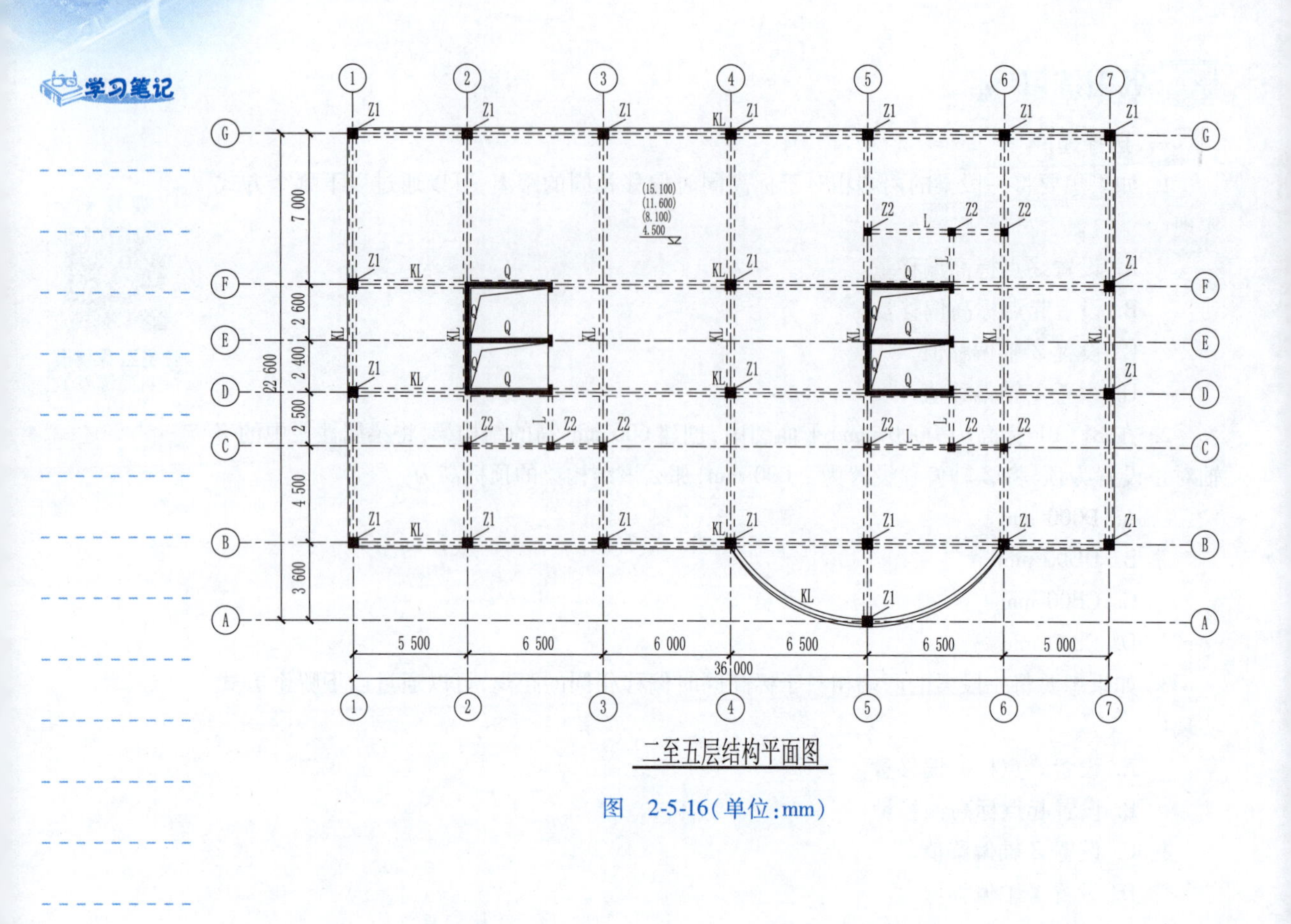

图 2-5-16(单位:mm)

学习笔记

"任务五 梁建模"测评记录表

学生姓名		班级		任务评分	
实训地点		学号		完成日期	

考核内容		标准分	评分
知识(40分)	梁属性设置内容	20	
	梁绘制方法	20	
技能(40分)	梁的完成数目	15	
	梁放置位置正确度	15	
	梁属性设置正确数目	10	
素质(20分)	实训管理:纪律、清洁、安全、整理、节约等	5	
	工艺规范:国标样式、完整、准确、规范等	5	
	团队精神:沟通、协作、互助、自主、积极等	5	
	学习反思:技能点表述、反思内容等	5	
教师评语			

学习笔记

导图互动

结合国家在线精品课程“BIM 建模技术”模块二项目二中任务 5 的基础准备，在学习房屋建筑梁按照功能、工程属性、施工工艺与材料、截面形式分类等相关知识后，完成以下导图内容。

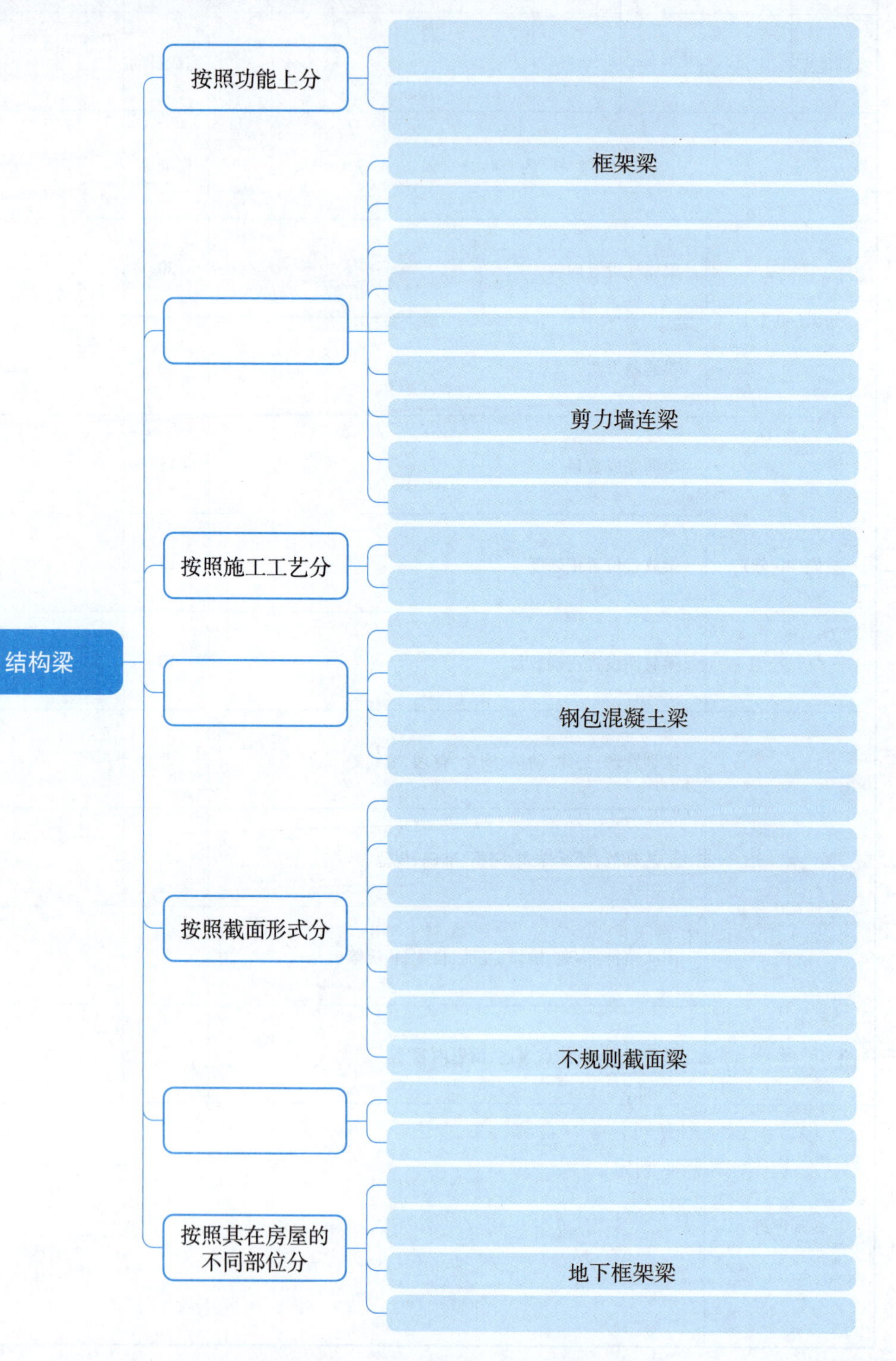

学习笔记

拓展案例——高铁站结构

一、项目简介

本项目为新建潍坊至莱西铁路客运专线站点之一，站场为二台六线，站房面积 10 000 m^2，站房形式为线侧下式，总面宽 128.5 m，总进深 40.2 m，采用钢筋混凝土框架结构，如图 2-6-1 所示。项目采用 BIM 建模指导施工，需要对高铁站进行 BIM 模型创建。

视频

项目二 拓展案例 高铁站结构

图　2-6-1

二、建模总体思路

高铁站结构建模之前，先确定项目基点，创建样板，再对结构进行建模。混凝土框架结构主要由基础、柱、梁、板组成，在 Revit 软件中都有对应的结构模块，部分基础需要通过新建族的方式创建。结构创建的大致步骤遵循“从下到上”的原则可分为：

(1) 了解建模需求，确定建模精度，分析图纸；

(2) 按层将图纸拆分处理；

(3) 确定项目基点和标高，创建样板；

(4) 分析所需要的族类型，按需选择创建参数化族和非参数化族；

(5) 在 Revit 中导入所需图纸，在二维图纸上进行建模，确保模型位置准确性。

三、模型创建的主要步骤

(一) 确定模型精度和细度

建模工作开展之前，先根据项目施工需求，分析确定模型建模精度，和项目技术人员确定好 BIM 模型应用方向，避免模型在后续应用过程中无法满足 BIM 施工需求。具体建模精度划分可依据本企业制定的 BIM 方面相关应用实施标准或参考《建筑信息模型施工应用标准》GB/T 51235—2017。

学习笔记

表 2-6-1 施工模型及上游的施工图设计模型细度等级代号

名　称	代　号	形成阶段
施工图设计模型	LOD300	施工图设计阶段
深化设计模型	LOD350	深化设计阶段
施工过程模型	LOD400	施工实施阶段
竣工验收模型	LOD500	竣工验收阶段

高铁站项目的应用方向主要有三点：①结构建模，找到设计中梁、板、柱等图纸冲突的问题，并提交问题报告；②制作场布模型，各阶段场布模型提供项目，用于施工现场平面布置检查；③根据变更图纸实时更新结构模型，提供给机电人员调整管综模型。

(二)构件命名

确定好模型建模精度后，模型的命名方式也确定了。根据图纸，对模型构件一一对应命名，方便后期图纸变更对模型修改，更好地查找构件位置，也能方便后续技术人员快速识别构件信息，有利于 BIM 人员和其他专业人员协同工作。结构梁构件信息如图 2-6-2 所示。

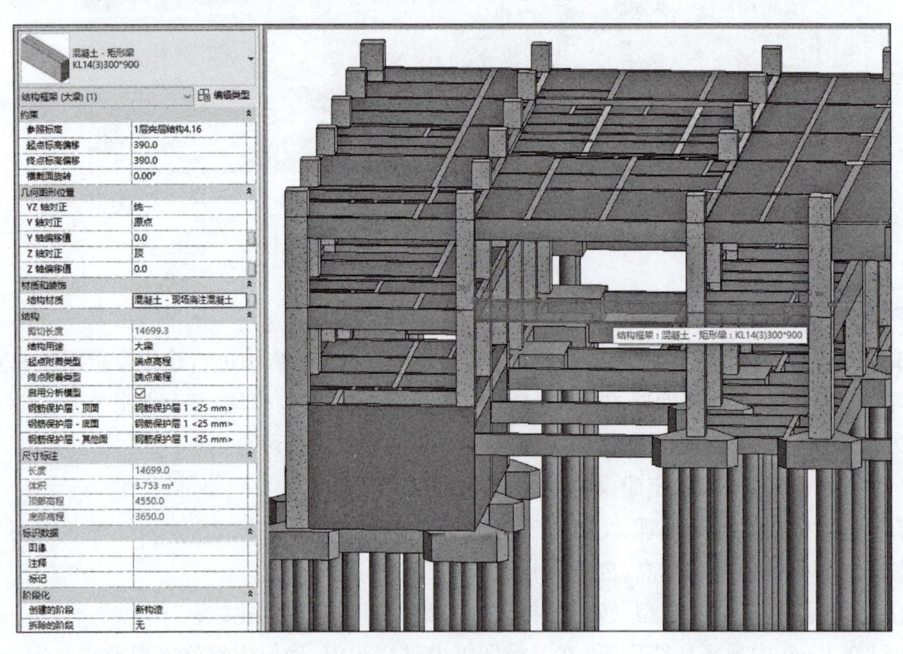

图 2-6-2

(三)样板创建

为保证后续各专业建模定位准确，模型创建前先创建样板文件。标高和轴网是样板文件中必须包含的内容，在此基础上，可以将模型创建过程中所需要的族类型导入样板中，方便后续建模。

(四)构件参数化分析及创建

针对 Revit 族库中没有的构件，需要重新建族。分析构件的特性，尽量采用参数化建族的方式，方便在项目文件中修改族参数，减少构件创建的数量，提升建模的整体效率。

高铁站中需要创建参数化族的地方不多，主要在基础建模阶段，三角承台基础及方形承台基础分别有多种尺寸类型。通过承台形状区分创建参数化基础构件，给变化的尺寸设置

学习笔记

可变参数,其余少数多边形承台,尺寸单一没有多种类型的承台,可采取单独创建基础族的方式,不用再设置可变参数。灵活选择建族方式,有效提高建模效率。

基础族创建时,还需根据 BIM 应用需求添加其他参数类型,比如材质参数,文字等,少数的应用会使用到共享参数。

(五)模型创建

房建工程建模顺序遵循“从下到上,逐层建模”的原则。考虑硬件条件及软件运行能力,对于大型建筑工程,可根据建筑特性,分层、分区块建模单独保存。通过导入的 CAD 底图,准确定位每一层构件的位置,在只有施工蓝图的情况下,通过构件与轴网之间的间距尺寸对每一层的构件位置定位放置。放置构件过程中随时检查构件信息,防止构件信息错误或遗漏。

本次建模项目高铁站,建筑体量小,选择在项目中整体建模。

(六)模型校验

模型创建完成后,应对创建完的结构模型检查校核,主要校核内容一般有:

(1)结构模型与结构图纸一一对应,是否存在遗漏的构件;

(2)分层的结构模型链接到同一个文件里,是否能对应上;

(3)同一根结构梁每一段梁构件尺寸是否正确;

(4)预留洞口是否有遗漏;

(5)降板,降梁位置,梁和板的顶标高是否正确。

完成校验后,即可将结构模型交付给下一阶段建模使用。

四、技术要点总结

BIM 工作开展前,要先明确项目应用方向,了解建模需求,确定建模精度,建模精度依据企业应用的相关标准确定。根据项目 BIM 应用需求对建筑进行建模区域划分,有的工程项目会根据 BIM 应用情况划分不同的建模精度和区域。

建模前先创建样板,确定好项目标高轴网,再对需要单独创建的基础族进行参数化建模,提高整体建模效率。建模时遵循建模原则,按照图纸逐层建模,不遗漏构件。模型创建完成后应对模型进行检查校核。

建筑BIM建模

项目概述

视频

项目三 图纸

一、项目描述

基于给出的建筑图纸，使用 Revit 软件完成房屋建筑 BIM 模型的创建。

二、学习目标

知识目标：

- 掌握定义墙体构造编辑及创建方法；
- 掌握定义门窗及创建方法；
- 掌握楼板、屋顶的创建方法；
- 掌握楼梯创建方法；
- 熟知墙体、门窗的类型；
- 了解墙体、门窗、楼板、屋顶、楼梯等建筑物的作用。

技能目标：

- 能够进行建筑图的识读；
- 能够进行不同类型墙体的创建；
- 能够进行门窗的创建；
- 能够进行楼板、屋顶的创建；
- 能够进行楼梯的创建。

素质目标：

- 培养规范、标准意识；
- 养成脚踏实地、认真负责的工作作风。

三、德技领航

高铁车站，全称高速铁路车站，是配合高速铁路系统正常运作的火车站。一般情况下，中国的高铁车站以停靠动车组为主，包括高速动车组、普通动车组或城际动车组，将来还可能服务于市域动车组（车次分别以大写字母 G、D、C 和 S 开头）。高铁车站站房一般包括站前广场、进站厅、候车厅、站台、出站厅，还包括人流疏散的楼梯、电梯以及扶梯等。其建筑构建，包括车站的墙体、幕墙系统、门窗、楼梯坡道等样式，随地域文化和建筑风格不尽相同，利用 BIM 技术在设计与施工阶段，通过建立模型都可以实现车站整体及构建模型的可视化。

视频

项目三
德技领航

本项目从一套简单的建筑模型开始，通过完成标高、轴网、墙体、门窗、楼板、屋顶、楼梯及其他常用构件的创建，培养学生建筑建模的能力和基本技能。

学习笔记

任务一　墙体创建

任务工单

在画好的标高与轴网基础上，按照任务书中给定的墙体要求将建筑模型的墙体样式创建出来，如图 3-1-1 所示。

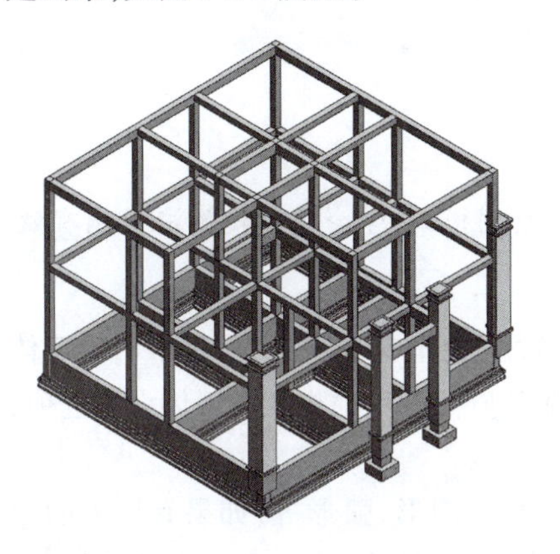
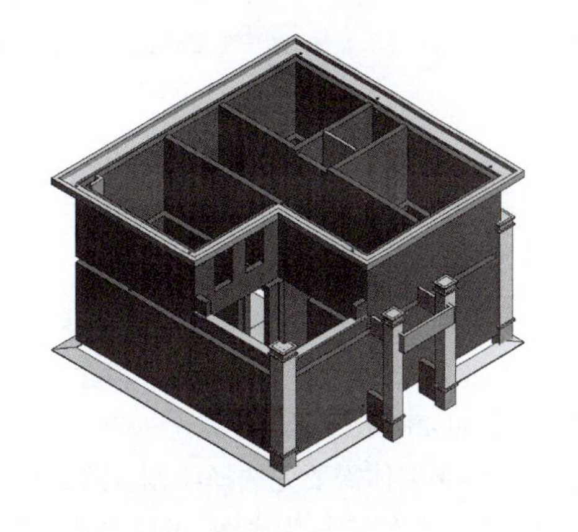

图　3-1-1

知识链接

（1）墙体的定义：墙体（或称壁、墙壁）在建筑学上是指一种垂直向的空间隔断结构。

（2）分类：

①按墙体的位置和方向分类：墙体按所处位置分为外墙和内墙；根据建筑平面的方向分为纵墙和横墙。

②墙体按受力情况分为承重墙和非承重墙。

③墙体按构造方式可分为实体墙、空体墙和组合墙。

④按墙体所用的材料不同可分为土墙、石墙、砖墙、砌块墙和混凝土墙等。

⑤墙体按施工方式分为砌筑墙、板筑墙和板材墙。

（3）墙体的作用：墙体是建筑物的重要组成部分，起着承重、围护和分隔等作用。

任务实施

一、墙体的创建

进入平面视图，单击“建筑”选项卡→“构建”面板→“墙”的下拉按钮，如图 3-1-2 所示。下拉列表中包括“墙：建筑”“墙：结构”“面墙”“墙：饰条”“墙：分隔条”五种选择。“墙饰条”和“墙分隔条”只有在三维视图下才能激活，用于墙体绘制完成后添加。其他墙可以从字面上来理解，建筑墙主要用于分割空间，不承重；结构墙用于承重以及抗剪作用；面墙主要用于体量或常规模型创建墙面。

学习笔记

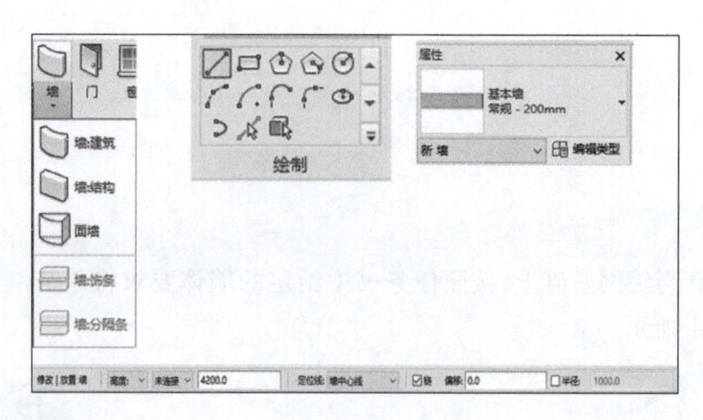

图 3-1-2

【操作技巧】快捷键【W】+【A】可快速进入建筑墙体的绘制模式,学会快捷键的应用能有效提高建模效率。

单击选择"建筑墙"后,在选项卡中出现"修改|放置墙"上下文选项卡,面板中出现墙体的绘制方式,属性栏将由视图"属性" 框转变为墙"属性",以及选项栏也变为墙体设置选项,如图3-1-2所示。

绘制墙体需要先选择绘制方式,如直线、矩形、多 边形、圆形、弧形等,如果有导入的二维 . dwg 平面图作 为底图,可以先选择"拾取线/边"命令,鼠标拾取 . dwg 平面图的墙线,自动生成 Revit 墙体。除此以外,还可利用"拾取面"功能拾取体量的面生成墙。

二、选项栏参数设置

在完成绘制方式的选择后,要设置有关墙体的参数属性:

(1)在"选项栏"中,"高度"与"深度"分别指从当前视图向上还是向下延伸墙体。

(2)"未连接"选项中还包含各个标高楼层;"4200"为该墙体的底部,是以该视图墙顶部距底部 4 200 mm。

(3)勾选"链"复选框表示可以连续绘制墙体。

(4)"偏移量"表示绘制墙体时,墙体距离捕捉点的距离,如图 3-1-3 所示,设置的偏移量设置为 200 mm, 则绘制墙体时捕捉绿色虚线(即参照平面),绘制的墙体距离参照平面 200 mm。

(5)"半径"表示两面直墙的端点相连接处不是折线,而是根据设定的半径值自动生成圆弧墙,如图 3-1-4 所示,设定的半径为 1 000 mm。

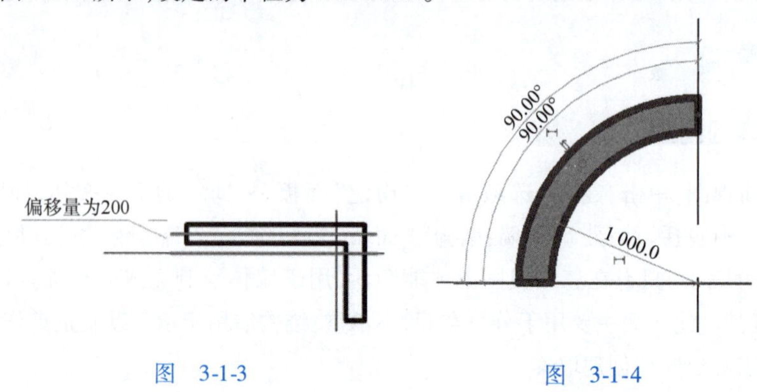

图 3-1-3　　图 3-1-4

三、实例参数设置

学习笔记

如图 3-1-5 所示，墙体实例属性主要设置墙体的墙体定位线、底部和顶部的约束与偏移等，有些参数为暗显，可在更换为三维视图、选中构件、附着时或改为结构墙等情况下亮显。

(1)定位线：共分为墙中心线、核心层、面层面与核心面四种定位方式。在 Revit 术语中，墙的核心层是指其主结构层。在简单的砖墙中，“墙中心线”和“核心层中心线”平面将会重合，然而它们在复合墙中可能会不同。顺时针绘制墙时，其外部面(面层面：外部)默认情况下位于顶部。

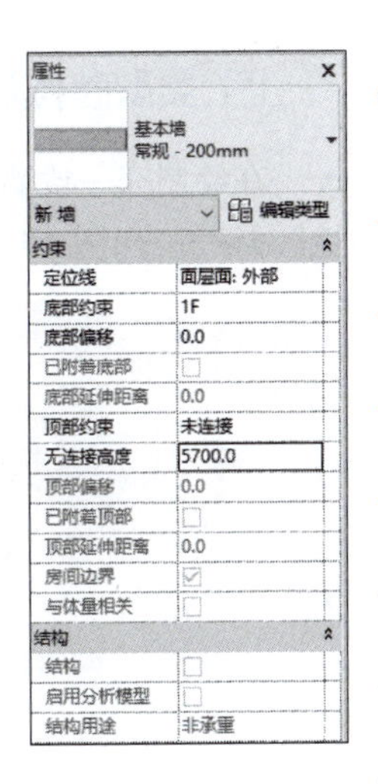

图　3-1-5

【提示】放置墙后，其定位线便永久存在，即使修改其类型的结构或修改为其他类型亦如此。修改现有墙的“定位线”属性值，不会改变墙的位置。

图 3-1-6 所示为一基本墙，右侧为基本墙的结构构造。通过选择不同的定位线，从左向右绘制出的墙体与参照平面的相交方式是不同的，如图 3-1-7 所示。选中绘制好的墙体，单击“翻转控件”按钮(⇆)可调整墙体的方向。

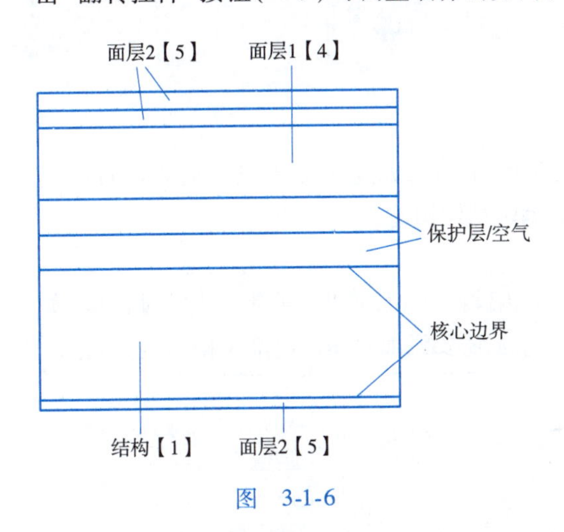

图　3-1-6

	功能	材质	厚度	包络	结构材质
1	面层 2 [5]	涂层-外部	25.0	☑	☐
2	面层 2 [5]	涂层-外部	25.0	☑	☐
3	面层 1 [4]	砖石建筑	102.0	☑	☐
4	保温层/空气层	其他通风层	50.0	☑	☐
5	保温层/空气层	隔热层/热障	50.0	☑	☐
6	涂膜层	防潮层/防水	0.0	☑	☐
7	核心边界	包络上层	0.0		
8	结构 [1]	砖石建筑	190.0	☐	☑
9	核心边界	包络下层	0.0		
1	面层 2 [5]	涂层-内部	12.0	☑	☐

图　3-1-7

【提示】Revit 中的墙体有内、外之分，因此绘制墙体选择顺时针绘制，保证外墙侧朝外。

(2) 底部限制条件/顶部约束：表示墙体上下的约束范围。

(3)底/顶部偏移：在约束范围的条件下，可上下微调墙体的高度，如果同时偏移100 mm，表示墙体高度不变，整体向上偏移 100 mm。+100 mm 为向上偏移，-100 mm 为向下偏移。

(4)无连接高度：表示墙体顶部在不选择“顶部约束”时高度的设置。

(5)房间边界：在计算房间的面积、周长和体积时，Revit 会使用房间边界。可以在平面和剖面视图中查看房间边界。墙则默认为房间边界。

(6)结构：结构表示该墙是否为结构墙，勾选后则可用于做后期受力分析。

学习笔记

四、类型参数设置

在绘制完一段墙体后，选择该面墙，单击“属性”栏中的“编辑属性”按钮，弹出“类型属性”对话框，如图 3-1-8 所示。

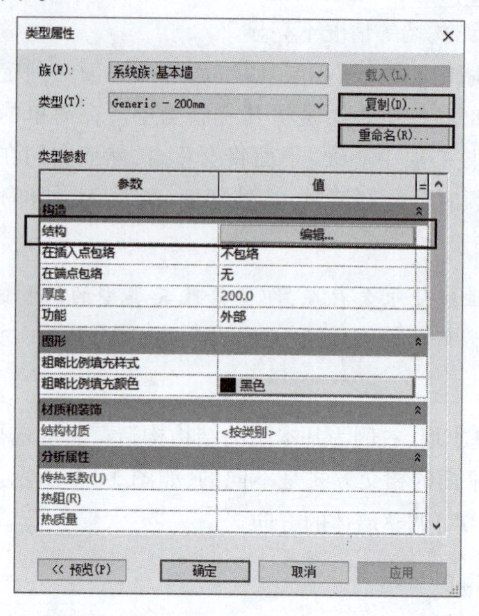

图　3-1-8

(1)复制：可复制“系统族：基本墙”下不同类型的墙体，如复制新建：普通砖 200 mm，复制出的墙体为新的墙体。新建的不同墙体还需编辑结构构造。

(2)重命名：可修改“类型”中的墙名称。

(3)结构：用于设置墙体的结构构造，单击“编辑”按钮，弹出“编辑部件”对话框，如图 3-1-9所示。内/外部边表示墙的内外两侧，可根据需要添加墙体的内部结构构造。

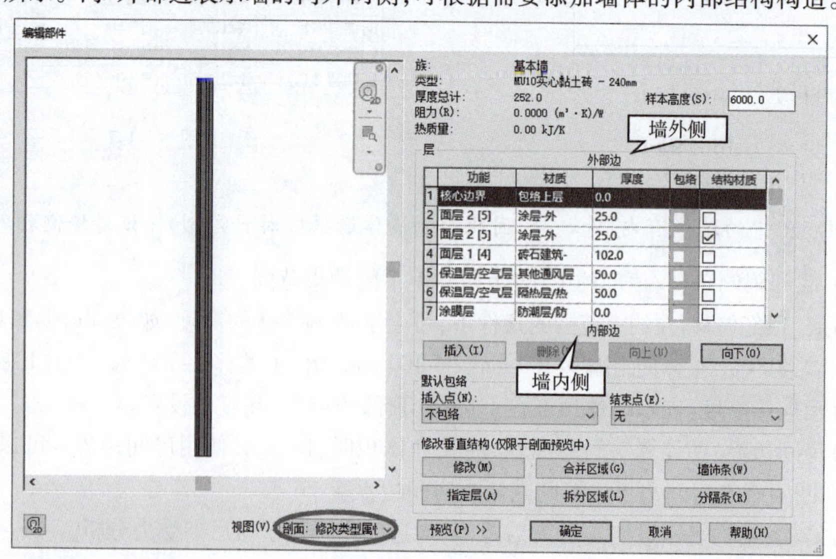

图　3-1-9

①默认包络:“包络”指墙非核心构造层在断开点处的处理办法,仅是对编辑部件中勾选了“包络”的构造层进行包络,且只在墙开放的断点处进行包络。

②修改垂直结构:主要用于复合墙、墙饰条与分隔条的创建。

a. 复合墙:在“编辑部件”对话框中添加一个面层,“厚度”改为 20 mm。创建复合墙,使用“拆分区域”按钮拆分面层,放置在面层上会有一条高亮显示的预览拆分线,放置好高度后单击。在“编辑部件”对话框中再次插入新建面层,修改面层材质。单击该新建面层前的数字,选中新建的面层,单击“指定层”按钮,在视图中单击拆分后的某一段面层,选中的面层蓝色显示。单击“修改”按钮,新建的面层指定给了拆分后的某一段面层。

【提示】拆分区域后,选择拆分边界会显示蓝色控制箭头↑,可调节拆分线的高度。

b. 墙饰条:墙饰条主要是用于绘制的墙体在某一高度处自带墙饰条,单击“墙饰条”,在弹出的“墙饰条”对话框中单击“添加”轮廓,可选择不同的轮廓族;如果没有所需的轮廓,可通过“载入轮廓”载入轮廓族,设置墙饰条的各参数,则可实现绘制出的墙体直接带有墙饰条,如图 3-1-10 所示。

c. 分隔条类似于墙饰条,只需添加分隔条的族并编辑参数即可,在此不再赘述。

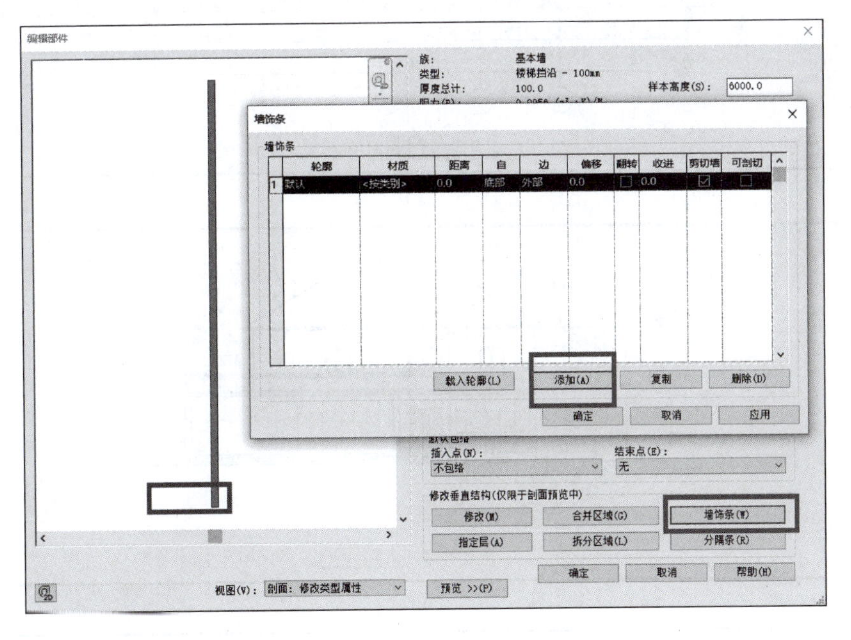

图　3-1-10

巩固练习

2021 年第一期“1 + X”建筑信息模型(BIM)职业技能等级考试——初级

实操试题三(节选部分,真题请扫描“附件 1”二维码下载)

墙体参数如下:

外墙:240 mm,10 mm 厚灰色涂料、220 mm 厚混凝土砌块、10 mm 厚白色涂料;

内墙:120 mm,10 mm 厚灰色涂料、100 mm 厚混凝土砌块、10 mm 厚白色涂料。

根据图纸(图 3-1-11),创建墙体。

视频

任务一
墙体创建
(巩固练习)

一层平面图 1:100

（a）

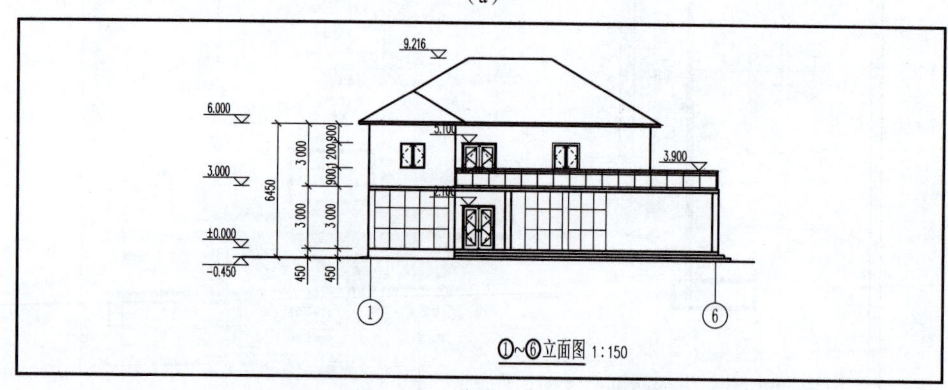

①~⑥立面图 1:150

（b）

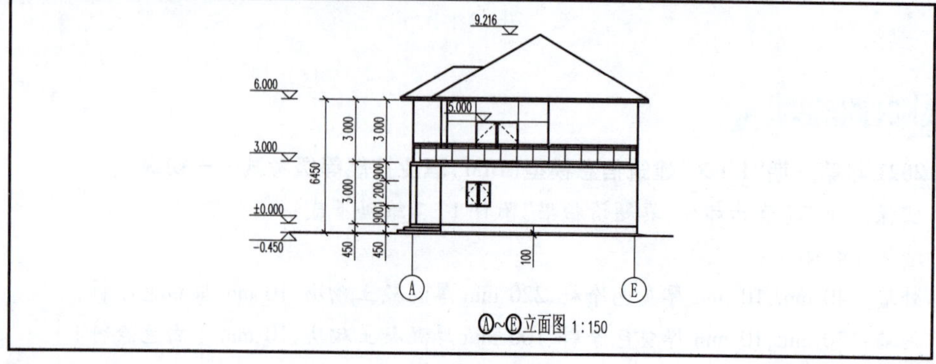

Ⓐ~Ⓔ立面图 1:150

（c）

图　3-1-11（单位：mm）

任务测评

学习笔记

"任务一　墙体创建"测评记录表

学生姓名		班级		任务评分	
实训地点		学号		完成日期	
考核内容				标准分	评　分
知识(40 分)	墙体材料填写			13	
	墙体构造填写			13	
	国标规定内容			14	
技能(40 分)	墙体的完成数目			12	
	墙体的位置正确度			13	
	墙体属性设置			15	
素质(20 分)	实训管理:纪律、清洁、安全、整理、节约等			5	
	工艺规范:国际样式、完整、准确、规范等			5	
	团队精神:沟通、协作、互助、自主、积极等			5	
	学习反思:技能点表述、反思内容等			5	
教师评语					

导图互动

结合国家在线精品课程"BIM 建模技术"模块二项目三中任务 1 的基础准备，在学习房屋建筑的墙分类、功能及性能要求、材料组成及尺寸等相关知识后，完成以下导图内容。

- 墙　体
  - 概　述
    - 墙体类型、作用和要求
      - 强度（承载力）要求
    - 砖墙的材料及强度
      - 常用砌墙砖的品种与规格：普通砖、空心砖、砌块
    - 墙体的尺寸
  - 隔　墙
    - 板材隔墙
  - 填充墙

任务二　门窗创建

学习笔记

任务工单

根据给定的乡村别墅的图纸，在已完成墙体任务的 BIM 模型中创建所有的门窗，如图 3-2-1 所示。

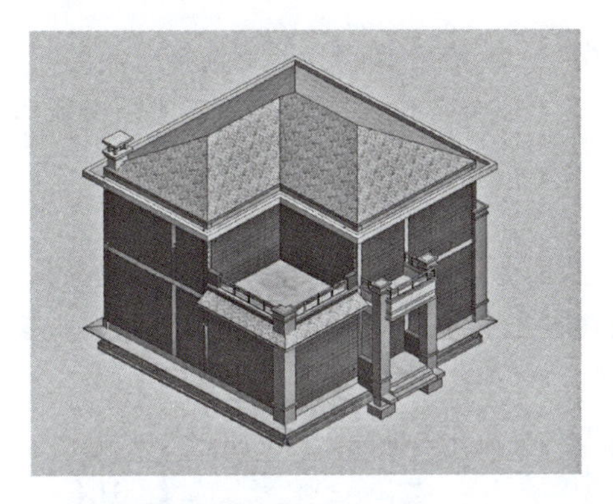

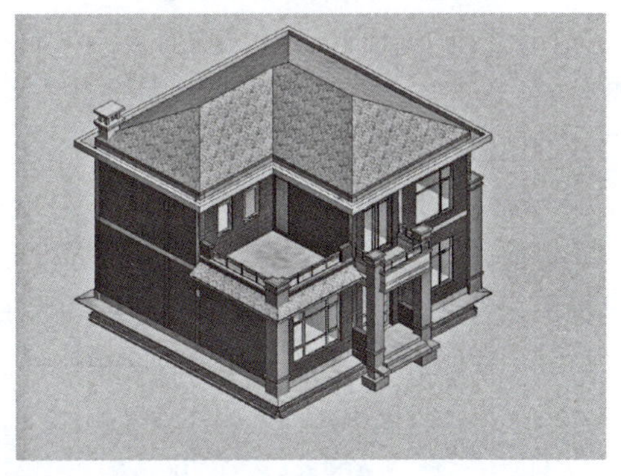

图　3-2-1

知识链接

（1）定义：门窗，在建筑学上是指墙或屋顶上建造的洞口，是房屋建筑中非常重要的两个围护配件。

（2）分类：

①门的分类。

a. 按门在建筑物所处位置可分为：内门和外门。

b. 按使用材料可分为：木门、铝合金门、塑钢门、玻璃门等。

c. 按开启方式可分为：平开门、弹簧门、推拉门、折叠门、转门、卷帘门、升降门等。

②窗的分类。

a. 按窗的材料可分为：木窗、钢窗、铝合金窗和塑钢窗等。

b. 按窗扇的开启方式可分为：固定窗、平开窗、悬窗、立转窗、推拉窗和百叶窗等。

（3）作用：门在建筑中的主要作用是交通联系、紧急疏散，并兼具采光、通风的功能；窗在建筑中的主要作用是通风采光、接受日照和供人眺望。在构造上，门窗还有保温、隔热、隔声、防火、防盗等功能。

任务实施

在三维模型中，门窗的模型与它们的平面表达并不是对应的剖切关系，在平面图中可与 CAD 图一样表达，这说明门窗模型与平立面表达可以相对独立。在 Revit 中的门窗可直接放置已有的门窗族，对于普通门窗可直接通过修改族类型参数，如门窗的宽和高、材质等，形成新的门窗类型。

任务二
门窗创建1
（任务实施）

视频

任务二
门窗创建2
（任务实施）

视频

任务二
门窗创建3
（任务实施）

学习笔记

楼板的创建不仅可以是楼面板，还可以是坡道、楼梯休息平台等，对于有坡度的楼板，通过“修改子图元”命令修改楼板的空间形状，设置楼板的构造层找坡，实现楼板的内排水和有组织排水的分水线建模绘制。

一、插入门、窗

门、窗是基于主体的构件，可添加到任何类型的墙体，并在平、立、剖以及三维视图中均可添加门，且门会自动剪切墙体放置。

选择“建筑”选项卡→“构建”面板→“门”“窗”命令，在类型选择器下选择所需的门、窗类型，如果需要更多的门、窗类型，通过“载入族”命令从族库载入或者和新建墙一样新建不同尺寸的门窗。

（一）标记门、窗

放置前，在选项栏中选择“在放置时进行标记”命令，软件会自动标记门窗，选择“引线”可设置引线长度，如图3-2-2所示。门窗只有在墙体上才会显示，在墙主体上移动光标，参照临时尺寸标注，当门位于正确的位置时单击确定。

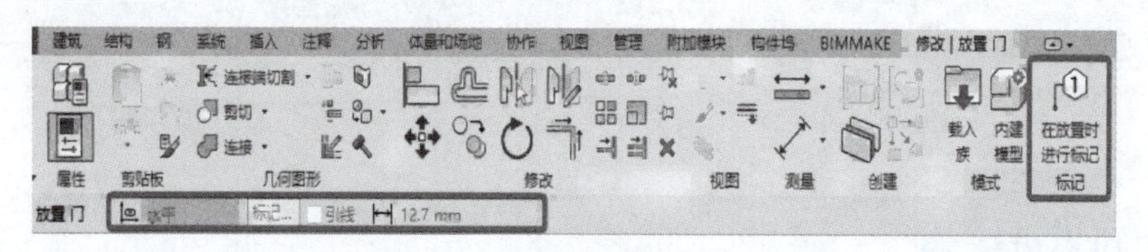

图 3-2-2

【操作技巧】在放置门窗时，还可通过第二种方式对门窗进行标记。选择“注释”选项卡中的“标记”面板，单击“按类别标记”按钮，将光标移至放置标记的构件上，待其高亮显示时，单击则可直接标记；或者单击“全部标记”按钮，在弹出的“标记所有未标记的对象”对话框中选中所需标记的类别后，单击“确定”按钮即可，如图3-2-3所示。

图 3-2-3

（二）尺寸标注

放置门窗时，根据临时尺寸可能很难快速定位放置，则可通过大致放置后，调整临时尺寸标注或尺寸标注来精准定位；如果放置门窗时，开启方向放反了，则可和墙一样，选中门窗，通过“翻转控件”来调整。

进行门窗放置时，还可调节临时尺寸的捕捉点。选择“管理”选项卡→“设置”面板→“其他设置”下拉列表→“临时尺寸标注”命令，弹出“临时尺寸标注属性”对话框，如图3-2-4所示。对于“墙”，选择“中心线”单选按钮后，则在墙周围放置构件时，临时尺寸标注会自动捕捉“墙中心线”；“门和窗”则设置成“洞口”，表示放置“门和窗”时，临时尺寸捕捉的为到门、窗洞口的距离。

临时尺寸标注属性

临时尺寸标注测量自：

墙

◉中心线(C)　○面(F)

○核心层中心(E)　○核心层的面(A)

门和窗

○中心线(L)　◉洞口(O)

确定　取消

图　3-2-4

【技巧】在放置门窗时输入“SM”，可自动捕捉到中点插入。

【常见问题剖析】一面墙上，则门、窗会默认地拾取该面墙体，但是如果门窗放置在两面不同厚度(如 100 mm 与 200 mm)的墙中间，那门窗附着主体是谁呢？

提示：门窗只能附着在单一主体上，但可替换主体。因此以窗为例，需要选中“窗”，在“修改|窗”的上下文选项卡中，选择“主体”面板中的“拾取新主体”命令，可更换放置窗的主体，如图 3-2-5所示。

图 3-2-6 所示即表示窗在不同厚度墙体中间，通过“拾取主要主体”功能，既可以左边墙体又可以右边墙体为主体。

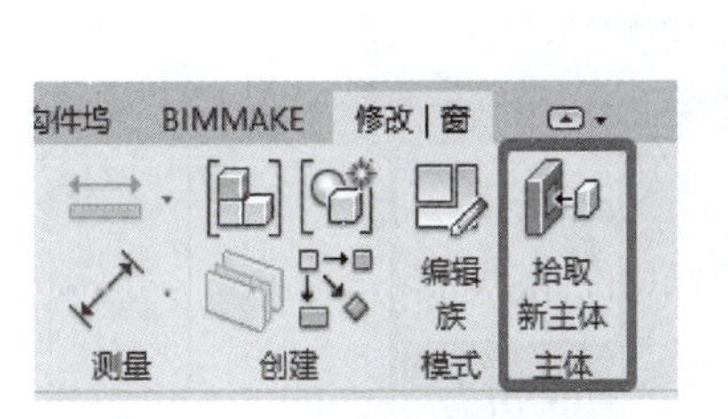

图　3-2-5

图　3-2-6

【提示】“拾取新主体”则可使门窗脱离原本放置的墙，重新捕捉到其他的墙上。

二、编辑门窗

（一）实例属性

在视图中选择门、窗后，视图“属性”框则自动转成门/窗“属性”，如图 3-2-7 所示，在“属性”框中可设置门、窗的“标高”以及“底高度”，该底高度即为窗台高度，顶高度为门窗高度 +

学习笔记

底高度。该“属性”框中的参数为该扇门窗的实例参数。

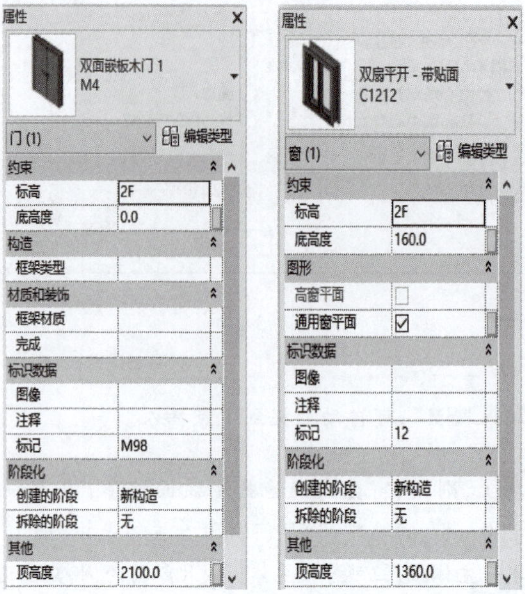

属性	
双面嵌板木门 1 M4	
门 (1)	编辑类型
约束	
标高	2F
底高度	0.0
构造	
框架类型	
材质和装饰	
框架材质	
完成	
标识数据	
图像	
注释	
标记	M98
阶段化	
创建的阶段	新构造
拆除的阶段	无
其他	
顶高度	2100.0

属性	
双扇平开 - 带贴面 C1212	
窗 (1)	编辑类型
约束	
标高	2F
底高度	160.0
图形	
高窗平面	☐
通用窗平面	☑
标识数据	
图像	
注释	
标记	12
阶段化	
创建的阶段	新构造
拆除的阶段	无
其他	
顶高度	1360.0

图 3-2-7

(二)类型属性

在“属性”框中单击“编辑类型”按钮,在弹出的“类型属性”对话框中,可设置门、窗的高度、宽度、材质等属性,在该对话框中可同墙体复制出新的墙体一样,复制出新的门、窗,以及对当前的门、窗重命名。

对于窗如果有底标高,除了在类型属性处修改,还可切换至立面视图,选择窗,移动临时尺寸界线,修改临时尺寸标注值。如图 3-2-8 所示,有一面东西走向墙体,则进入项目浏览器,单击“立面(建筑立面)”,双击“南立面”进入南立面视图。在南立面视图中,如图 3-2-9 所示,选中该扇窗,移动临时尺寸控制点至 ±0 标高线,修改临时尺寸标注值为“900”后,按【Enter】键确认修改。

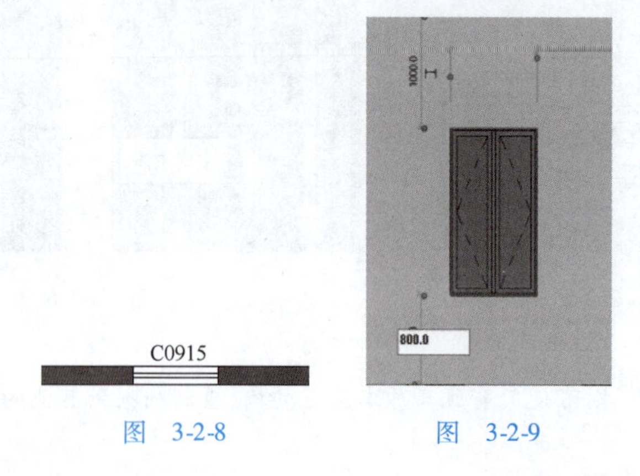

图 3-2-8　　图 3-2-9

三、案例操作

(一)复制的功能

实际工程中包括多个标准层,建模过程需要分层绘制,则可利用复制功能快速生成楼层,提高整体建模效率。

除了“修改”选项卡中的“复制”命令外,还有“修改”选项卡“剪切板”面板中的“复制到剪切板”工具,二者的功能是不一样的:

(1)“复制”命令:其可在同一视图中将选中的单个或多个构件,从 A 处复制后放置在同一视图的 A 或 B 处。

(2)“复制/剪切到剪切板”命令:其类似于 Word 中的文本/图片的复制/剪切,其是在 A 视图或项目中选中单个或多个构件,可粘贴至 A、B 或其他视图、其他项目中。即如果需要在放置副本之前切换视图时,“复制到剪贴板”工具可将一个或多个图元复制到剪贴板中,然后使用“从剪贴板中粘贴”工具将图元的副本粘贴到其他项目或视图中,从而实现多个图元的传递。

因此可以看出复制的两种方式使用范围不同,“复制”适用于同一视图中,“复制/剪切到剪切板”命令适用于粘贴至不同项目、视图中的任意位置。

由此如果要将下一层的全部构件复制到上一层去,要通过“复制到剪切板”命令来实现。

(二) 过滤器的使用

过滤器顾名思义是在选择的一批构件中,过滤出所需的构件。

过滤器是按构件类别快速选择一类或几类构件最方便、快捷的方法。过滤选择集时,当类别很多,需要选择的很少时,可以先单击“放弃全部”按钮,再勾选“墙”等需要的类别,当需要选择的很多,而不需要选择的相对较少时,可以先单击“选择全部”按钮,再取消勾选不需要的类别,提高选择效率。

(三) 创建首层门窗

建模思路:选择“建筑”选项卡→“构建”面板→“门、窗”命令,放置门窗,编辑门、窗位置与高度使用“楼板建筑”:命令绘制楼板,编辑楼板。

创建过程:

(1)接上节练习,打开“IF”视图,选择“建筑”选项卡→“门”命令,或使用快捷键【D】+【R】,在类型选择器下拉列表中选择“硬木装饰门 M1”类型。

(2)在“修改|放置门”选项卡中选择“在放置时进行标记”命令,便对门进行自动标记。要引入标记引线,选择“引线”并指定长度 12.7 mm,如图 3-2-10 所示。

图　3-2-10

(3)将光标移动到 B 轴线 3、4 号轴线之间的墙体上,此时会出现门与周围墙体距离的灰色相对临时尺寸,如图 3-2-11 所示。这样可以通过相对尺寸大致捕捉门的位置。在平面视图中放置门之前,按空格键控制门的开启方向。

(4)在墙上合适位置单击以放置门,调整临时尺寸标注蓝色的控制点,拖动蓝色控制点移动到 4 轴,修改距离值为“615”,得到“大头角”的距离,如图 3-2-12 所示。“硬木装饰门 M1”修改后的位置如图 3-2-13 所示。

学习笔记

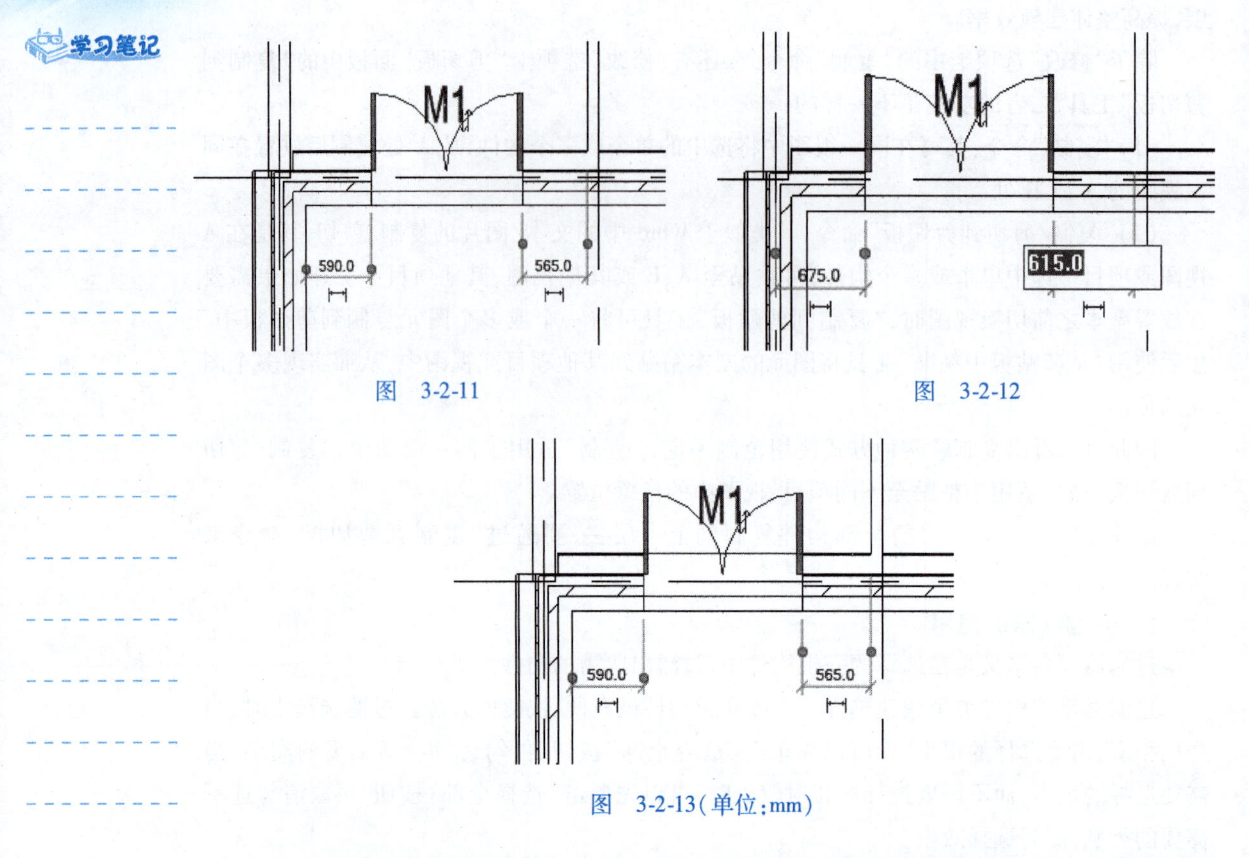

图 3-2-11

图 3-2-12

图 3-2-13(单位:mm)

(5)同理,在类型选择器中分别选择“硬木装饰门 M1”“铝合金玻璃推拉门 1”“装饰木门 M2”“装饰木门 M3”门类型,按图 3-2-14 所示位置插入首层墙上。

(6)继续在“1F”视图,选择“建筑”选项卡→“窗”命令或按快捷键【W】+【N】。在类型选择器中分别选择“组合窗 C1”“玻璃推拉窗 C4”“双扇组合窗 C2”类型,按图 3-2-14 所示窗 C1 、C2 、C4 的位置,在墙上单击将窗放置在对应位置。

(7)本案例中窗台底高度不全一致,因此在插入窗后需要手动调整窗台高度。几个窗的底高度值:C1 为 600 mm、C4 为 900 mm。在任意视图中选择“组合窗 C1”,“属性”框中直接修改“底高度”值为“600”,如图 3-2-15 所示。

(8)同样编辑其他窗的底高度,编辑完成后的首层门窗,如图 3-2-16 所示,保存文件。

(四)创建二层门窗

门窗的插入和编辑方法同前述首层门窗的创建相同。

(1)放置门:接前面练习,在“项目浏览器”→“楼层平面”项下双击“2F”,打开二层楼层平面。选择“建筑”选项卡→“门”命令,在类型选择器中分别选择门类型“装饰木门 M2”“装饰木门 M3”“双扇推拉门 M4”,按图 3-2-17 所示位置移动光标到墙体上单击放置门,并编辑临时尺寸,按图 3-2-17 所示尺寸位置精确定位。

学习笔记

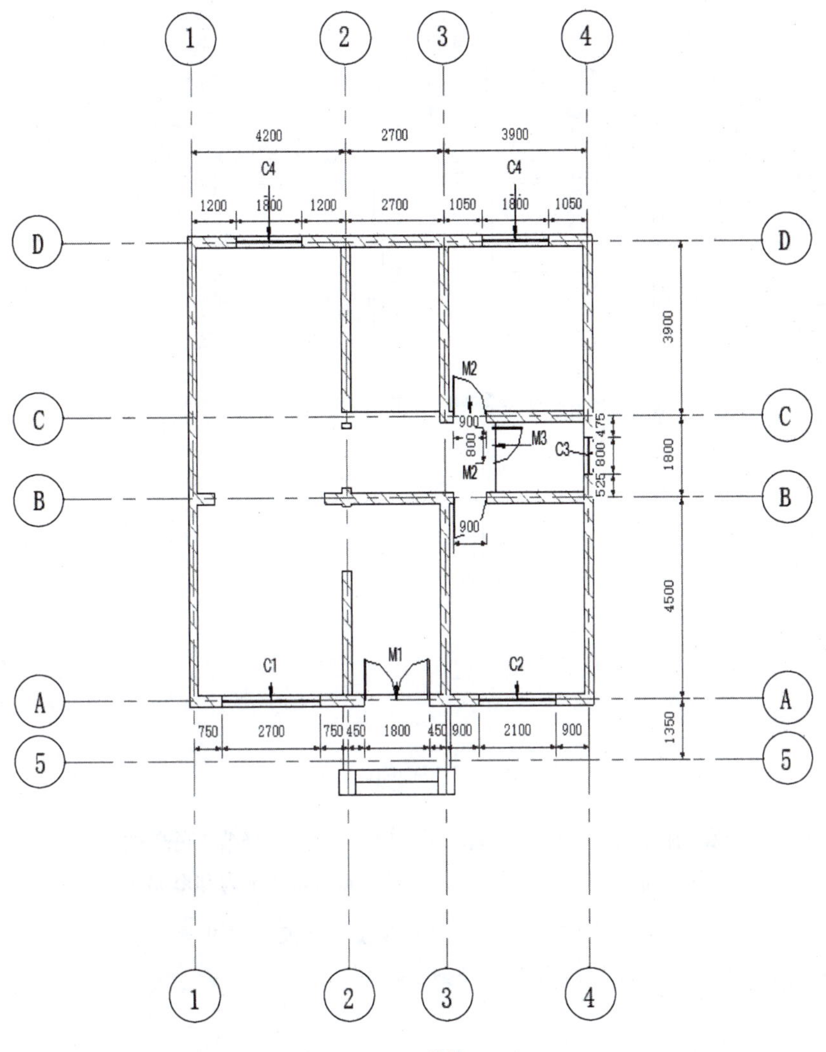

图　3-2-14(单位:mm)

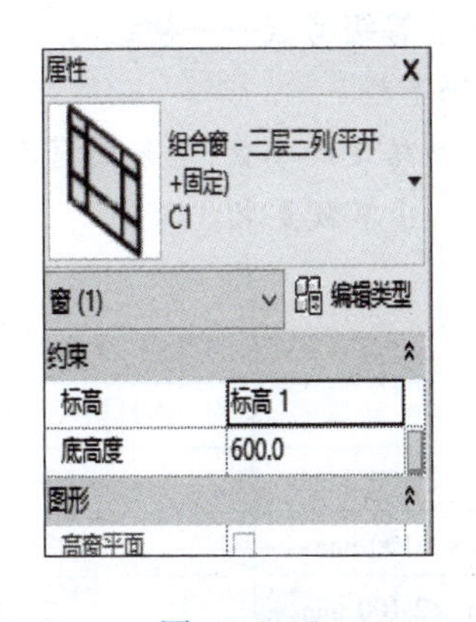

图　3-2-15

图　3-2-16

(2)放置窗:选择“建筑”选项卡→“窗”命令,在类型选择器中分别选择窗类型“双扇组合窗 C2”“单扇平开窗窗 C3”“组合窗 C5”,按图 3-2-17 所示位置移动光标到墙体上单击放置窗,并编辑临时尺寸,按图 3-2-17 所示尺寸位置精确定位。

学习笔记

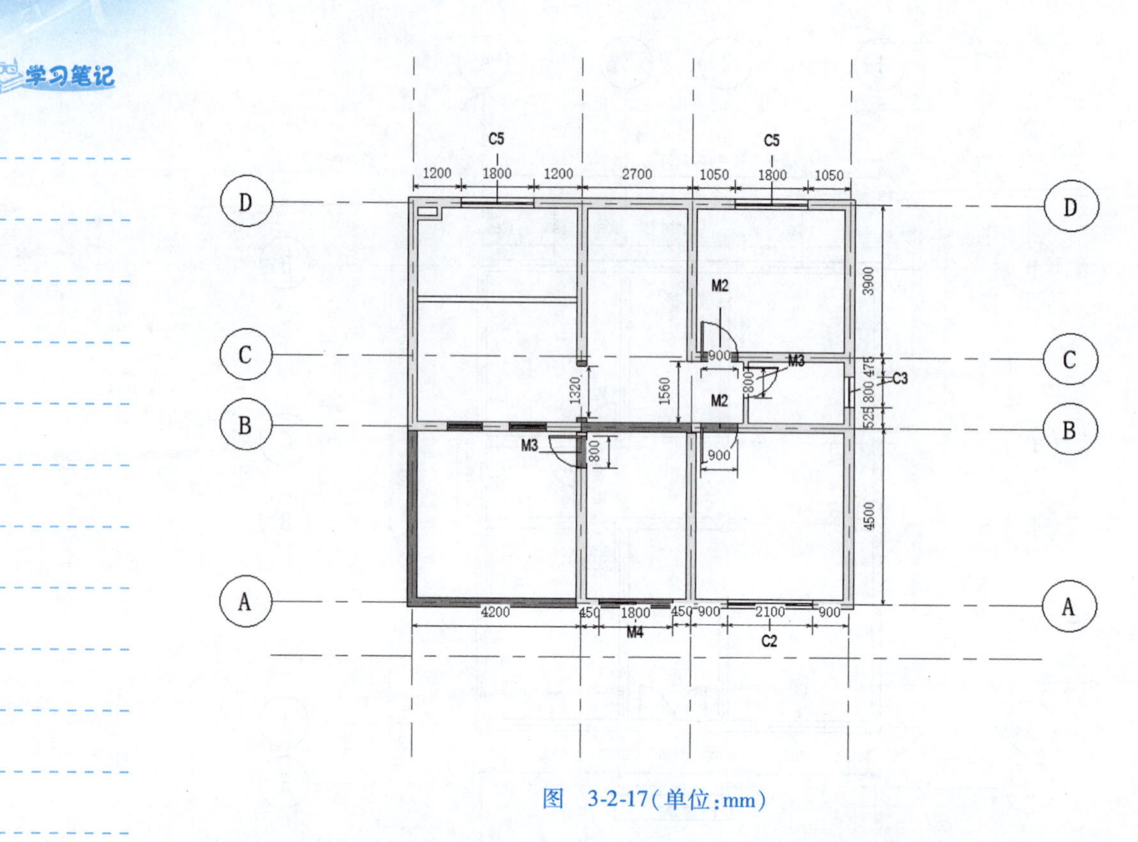

图 3-2-17(单位:mm)

(3)编辑窗台高:在平面视图中选择窗,在“属性”栏中,修改“底高度”参数值,调整窗户的窗台高。各窗的窗台高:C2 为 300 mm、C3 为 1 200 mm、C5 为 900 mm。

【技巧】放置门窗前可选择“管理”选项卡 →“设置”面板→“其他设置”→“临时尺寸标注”命令,墙选择到“中心线”,门和窗选择到“洞口”。

巩固练习

视频
任务二
门窗创建
(巩固练习)

2021 年第一期“1+X”建筑信息模型(BIM)职业技能等级考试——初级

实操试题三(节选部分,真题请扫描“附件 1”二维码下载)

在任务一墙体创建的基础之上,根据题目要求及图纸给定的参数,进行门窗的创建。

① 门窗需按门窗表尺寸完成,窗台自定义,未标明尺寸不做要求。

② 门窗要求见表 3-2-1,图纸参数如图 3-2-18 所示。

表 3-2-1

类　型	设计编号	洞口尺寸	数　量
单扇木门	M0820	800 mm×2 000 mm	2
	M0921	900 mm×2 100 mm	8
双扇木门	M1521	1 500 mm×2 100 mm	2
玻璃嵌板门	M2120	2 100 mm×2 000 mm	1
双扇窗	C1212	1 200 mm×1 200 mm	10
固定窗	C0512	500 mm×1 200 mm	2

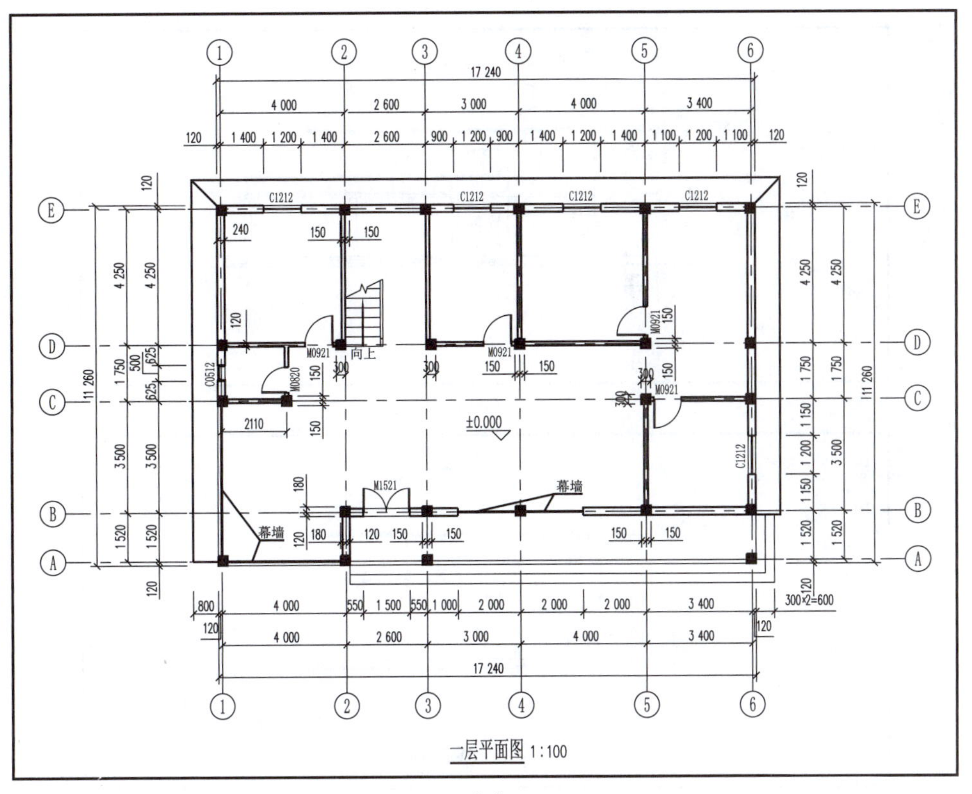

（a）

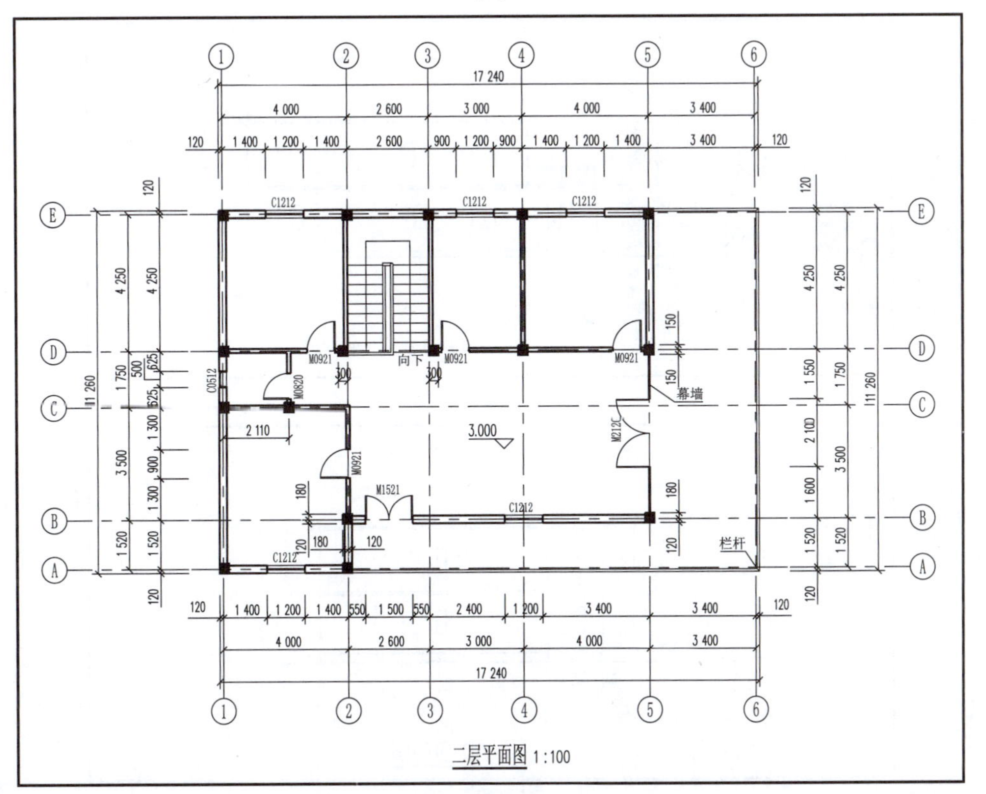

（b）

图　3-2-18（单位：mm）

学习笔记

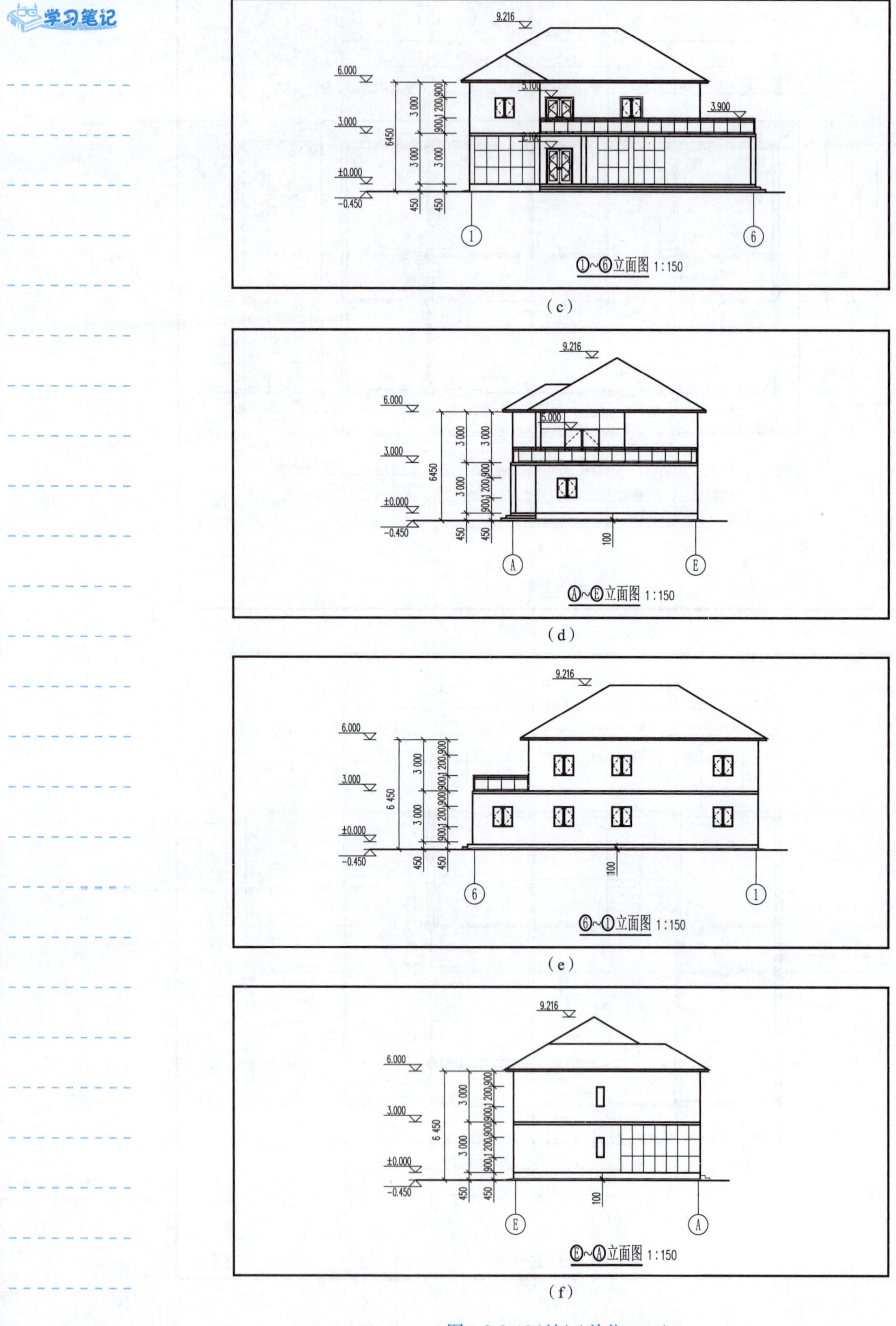

（c）

（d）

（e）

（f）

图 3-2-18(续)(单位:mm)

任务测评

学习笔记

"任务二　门窗创建"测评记录表

学生姓名		班级		任务评分	
实训地点		学号		完成日期	
考核内容				标准分	评　分
知识(40 分)	门的种类填写			13	
	窗的种类填写			13	
	国标规定内容			14	
技能(40 分)	门窗的完成数目			12	
	门窗安装的位置正确度			13	
	门窗属性设置			15	
素质(20 分)	实训管理:纪律、清洁、安全、整理、节约等			5	
	工艺规范:国际样式、完整、准确、规范等			5	
	团队精神:沟通、协作、互助、自主、积极等			5	
	学习反思:技能点表述、反思内容等			5	
教师评语					

导图互动

结合国家在线精品课程“BIM 建模技术”模块二项目三中任务 2 的基础准备，在学习门窗的构造组成、分类及开启方式等相关知识后，完成以下导图内容。

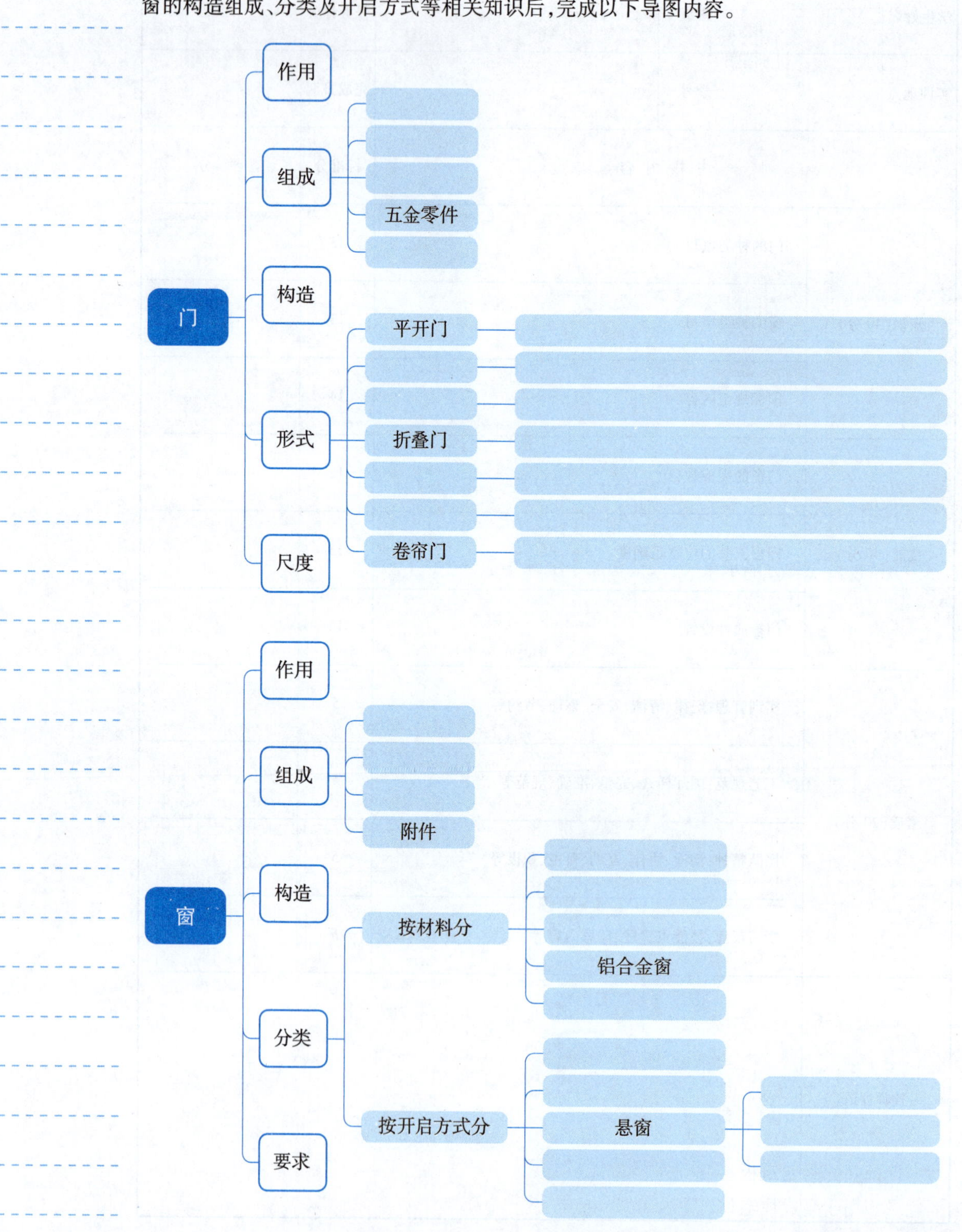

任务三　楼板与洞口的创建

学习笔记

任务工单

根据给定的乡村别墅的图纸，在已完成墙体任务的 BIM 模型中创建所有的楼板，如图 3-3-1 所示。

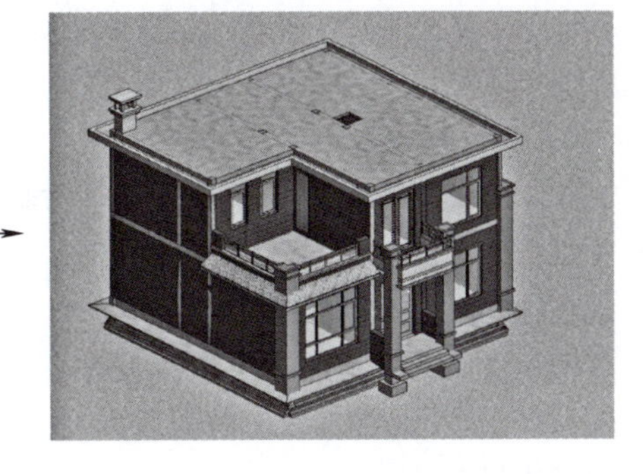

图　3-3-1

视 频

任务三 楼板与洞口的创建（任务速递）

知识链接

(1)定义：

①楼板是一种分隔承重构件，楼板层中的承重部分。

②洞口指在建筑房屋时，为后期安装门窗所预留的结构洞口。

(2)分类：

①楼板。

a. 按结构形式分为：板式楼板、梁板式楼板、无梁楼板。

b. 按使用材料分为：木楼板、砖拱楼板、钢筋混凝土楼板、压型钢衬板组合楼板。

c. 按施工方法分为：现浇钢筋混凝土楼板、预制钢筋混凝土楼板、装配式钢筋混凝土楼板。

②洞口。

建筑洞口主要按照其功能和构造进行分类，包括门窗洞口、通风洞口及其他特殊用途洞口等。

(3)作用：

①楼板：承重、分隔、支撑、保温隔热和隔声等。

②洞口：通行、分隔、装饰、采光和通风等。

视 频

任务三 楼板与洞口的创建1（任务实施）

视 频

任务三 楼板与洞口的创建2（任务实施）

任务实施

一、创建楼板

楼板共分为建筑板、结构板以及楼板边缘，建筑与结构同样在于是否进行结构分析。楼板边缘多用于生成住宅外的小台阶。

视 频

任务三 楼板与洞口的创建3（任务实施）

学习笔记

选择“建筑”选项卡→“构建”面板→“楼板”→“楼板:建筑”命令,在打开的“修改|创建楼层边界”上下文选项卡中可选择楼板的绘制方式,如图 3-3-2 所示。本书以“直线”与“拾取墙”两种方式来讲解。

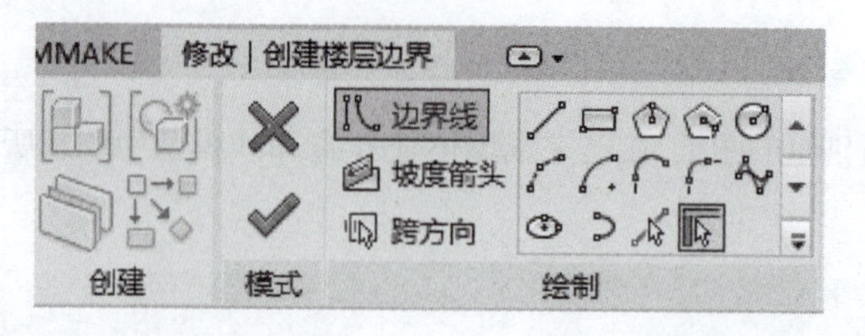

图 3-3-2

使用“直线”命令绘制楼板边界则可绘制任意形状的楼板,“拾取墙”命令可根据已绘制好的墙体快速生成楼板。

(一)属性设置

在使用不同的绘制方式绘制楼板时,在选项栏中也有不同的绘制选项。如图 3-3-3 所示,“偏移”功能也是提高效率的有效方式,通过设置偏移值,可直接生成距离参照线一定偏移量的板边线。

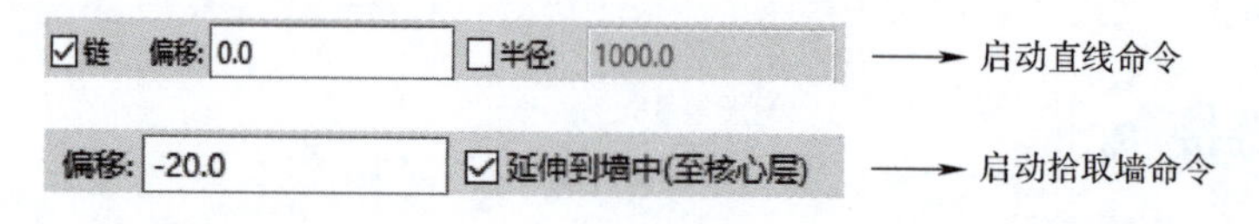

图 3-3-3

【提示】顺时针绘制板边线时,偏移量为正值,在参照线外侧;负值则在内侧。

楼板的实例与类型属性主要设置板的厚度、材质以及楼板的标高与偏移值。

(二)绘制楼板

偏移量设置为 200 mm,用“直线”命令方式绘制出图 3-3-4 所示的矩形楼板,标高为“2F”,内部为“200 mm”厚的常规墙,高度为 1 ~ 2F,绘制时捕捉墙的中心线,顺时针绘制楼板边界线。

【提示】如果用“拾取墙”命令来绘制楼板,则生成的楼板会与墙体发生约束关系,墙体移动,楼板会随之发生相应变化。

【技巧】使用【Tab】键切换选择,可一次选中所有外墙,单击生成楼板边界。如出现交叉线条,使用“修剪”命令编辑成封闭楼板轮廓。

边界绘制完成后,单击“√”按钮完成绘制,此时会弹出提示框,如图 3-3-5 所示,如果单击“是”按钮,将高达此楼层标高的墙附着到此楼层的底部;单击“否”按钮,则将高达此楼层标高的墙将未附着,与楼板同高度,如图 3-3-6 所示。

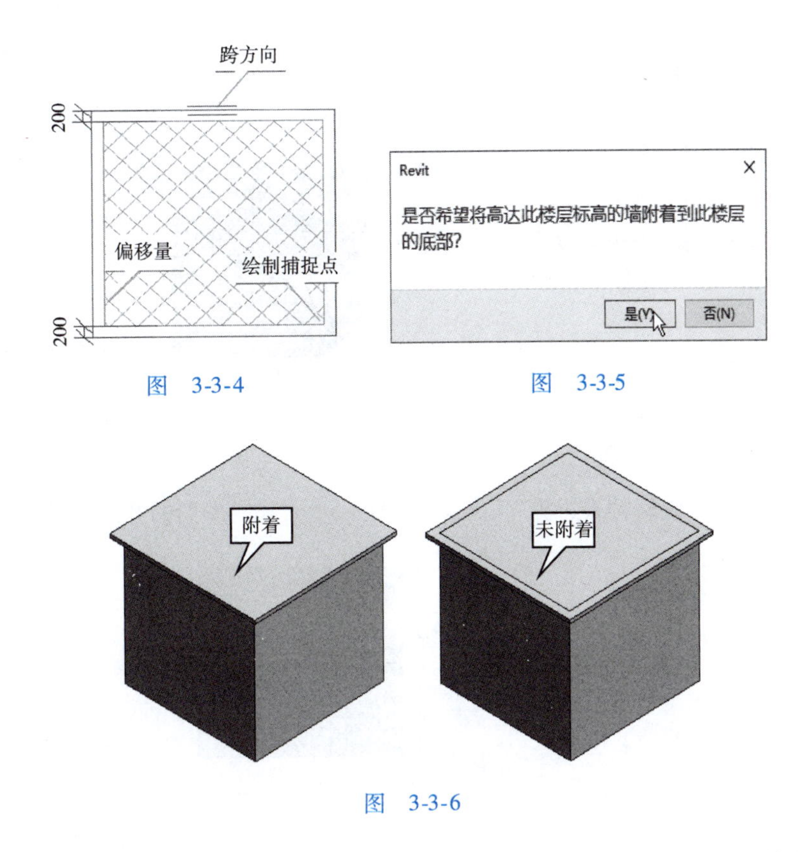

图　3-3-4　　　　图　3-3-5

图　3-3-6

通过“边界线”绘制完楼板后，在“绘制”面板中还有“坡度箭头”的绘制，其主要用于斜楼板的绘制，可在楼板上绘制一条坡度箭头，如图 3-3-7(a)所示，并在“属性”框中设置该坡度线的“最高/低处的标高”，如图 3-3-7(b)所示。

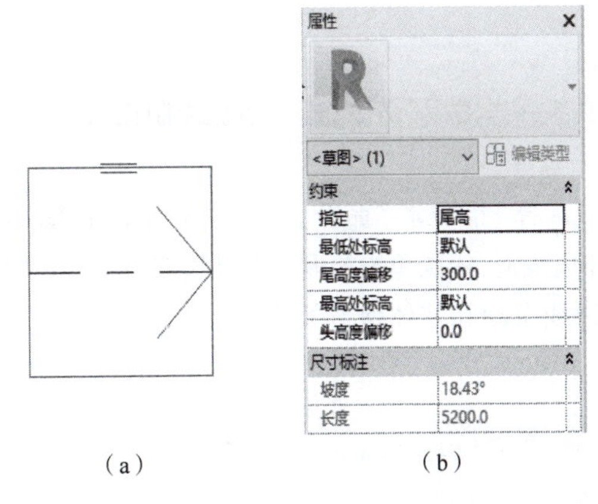

(a)　　　　(b)

图　3-3-7

二、编辑楼板

(一)形状编辑

除了可编辑边界，还可通过“形状编辑”命令编辑楼板的形状，同样可绘制出斜楼板，如图 3-3-8 所示。单击“修改子图元”选项后，进入编辑状态，单击视图中的绿点，出现“0”文本框，其可设置该楼板边界点的偏移高度，如 500，则该板的此点向上抬升 500 mm。

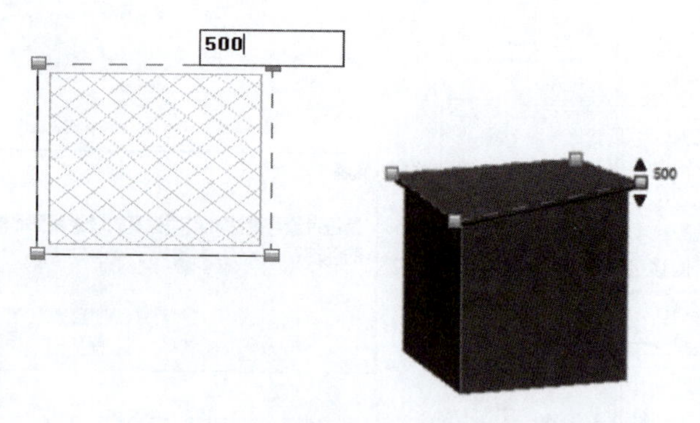

图 3-3-8

(二)楼板洞口

楼板开洞,除了“编辑楼板边界”可开洞外(图 3-3-9),还有专门的开洞方式。

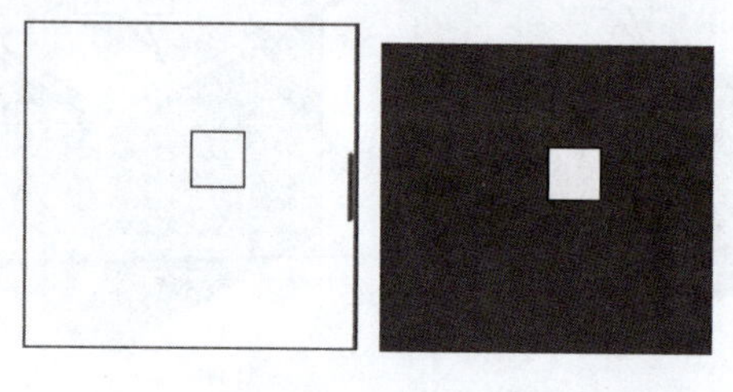

图 3-3-9

在“建筑”选项卡中的“洞口”面板,有多种“洞口”挖取方式,有“按面”“竖井”“墙”“垂直”“老虎窗”几种方式,针对不同的开洞主体选择不同的开洞方式,在选择后,只需在开洞处绘制封闭洞口轮廓,单击完成,即可实现开洞。

三、案例操作

(1)选择“建筑”选项卡→ “楼板”命令,进入楼板绘制模式。在“属性”中选择楼板类型为“楼板常规-200 mm”。

(2)在“绘制”面板中选择“拾取墙”命令,在选项栏中设置偏移为“ - 20”,如图 3-3-10 所示。移动光标到外墙外边线上,依次单击拾取外墙外边线,自动创建楼板轮廓线,如图 3-3-11 所示。拾取墙创建的轮廓线自动和墙体保持关联关系。

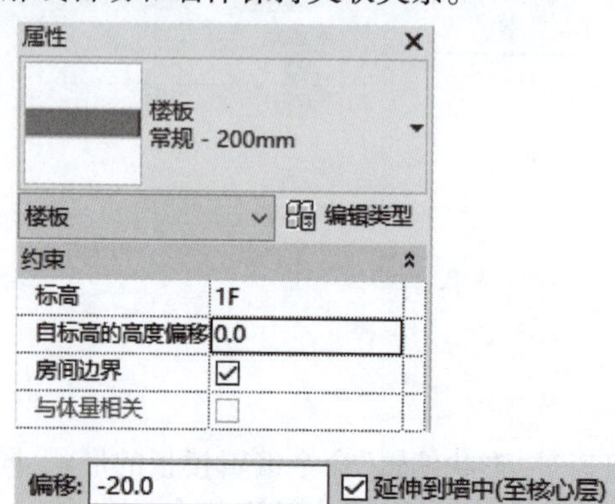

图 3-3-10

学习笔记

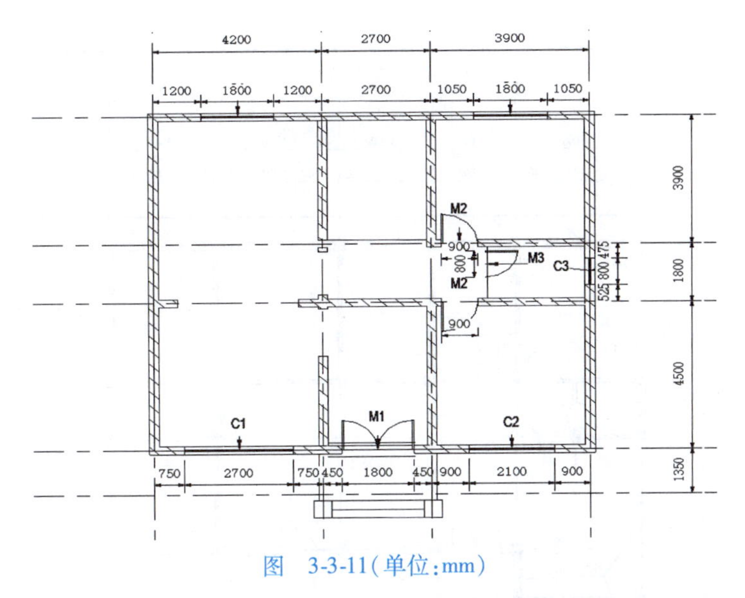

图　3-3-11(单位:mm)

(3)单击“√”按钮,完成创建首层楼板。如图 3-3-12 所示,在弹出的对话框中选择“否”按钮。创建的首层板如图 3-3-13 所示。

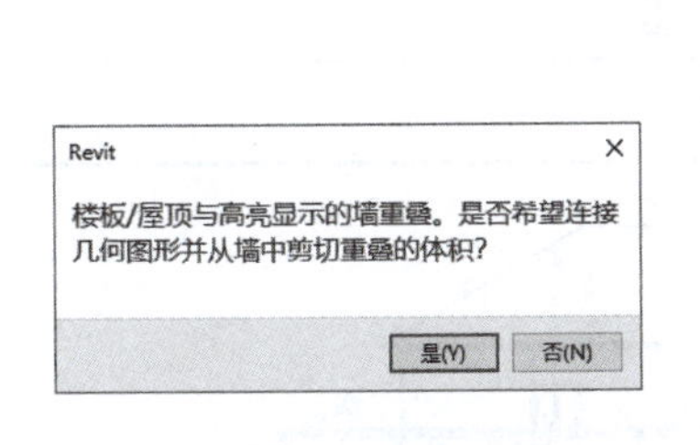

图　3-3-12

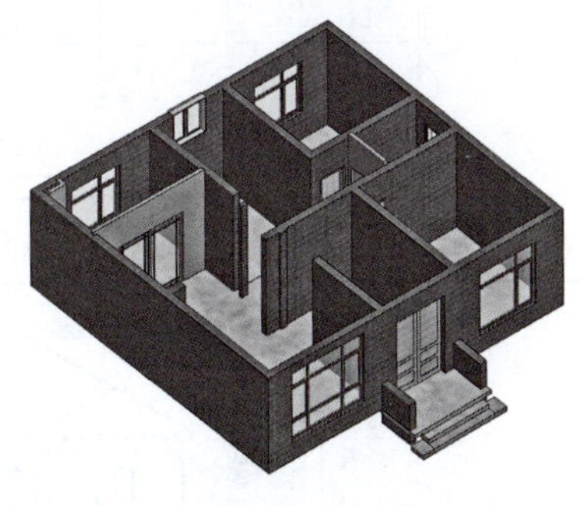

图　3-3-13

【提示】连接几何图形并剪切重叠体积后,在剖面图上可看到墙体和楼板的交接位置将自动处理。

【技巧】当使用拾取墙时,可以在选项栏勾选“延伸到墙中(至核心层)”,设置到墙体核心的“偏移”量参数值,然后再单击拾取墙体,直接创建带偏移的楼板轮廓线。这与绘制好边界后再使用偏移工具的作用是一样的。

巩固练习

2021 年第一期“1 + X”建筑信息模型(BIM)职业技能等级考试——初级

实操试题三(节选部分,真题请扫描“附件 1”二维码下载)

在任务二门窗创建的基础之上,根据题目要求及图纸(图 3-3-14)给定的参数,进行楼板的创建。

楼板的参数为:

楼板:150 mm 厚混凝土;一楼底板 450 mm 厚混凝土。

视频

任务三　楼板与洞口的创建(巩固练习)

学习笔记

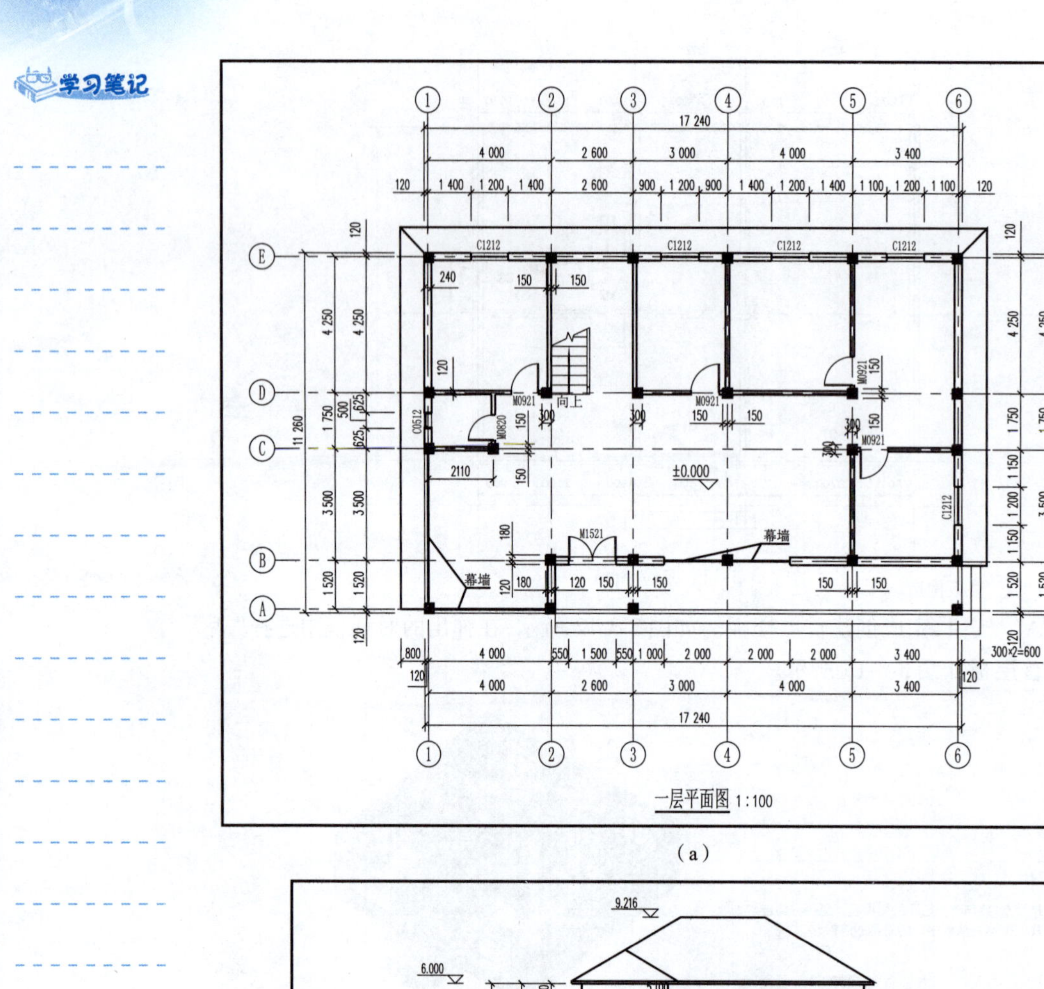

（a）

①~⑥立面图 1:150

（b）

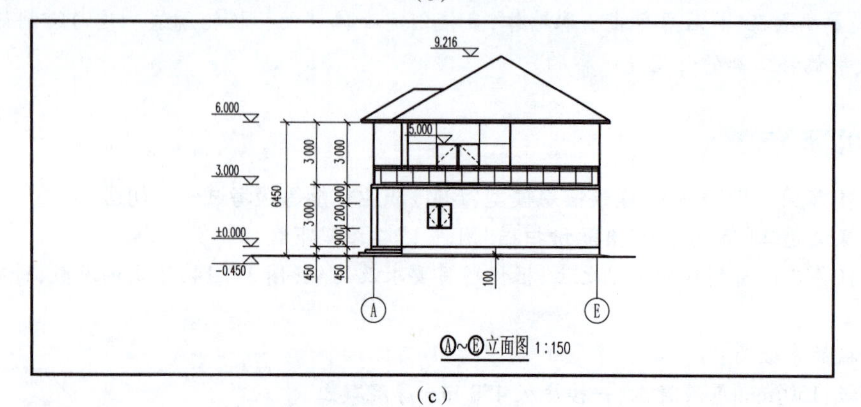

（c）

图 3-3-14（单位：mm）

任务测评

学习笔记

"任务三　楼板创建"测评记录表

学生姓名		班级		任务评分	
实训地点		学号		完成日期	
考核内容				标准分	评　分
知识(40分)	楼板材料填写			13	
	楼板构造填写			13	
	国标规定内容			14	
技能(40分)	楼板、洞口的完成数目			12	
	楼板、洞口的位置正确度			13	
	楼板、洞口属性设置			15	
素质(20分)	实训管理:纪律、清洁、安全、整理、节约等			5	
	工艺规范:国际样式、完整、准确、规范等			5	
	团队精神:沟通、协作、互助、自主、积极等			5	
	学习反思:技能点表述、反思内容等			5	
教师评语					

学习笔记

导图互动

结合国家在线精品课程“BIM 建模技术”模块二项目三中任务 3 的基础准备，在学习楼板的组成与类型、作用与要求等相关知识后，完成以下导图内容。

任务四　幕 墙 创 建

学习笔记

任务工单

根据给定的乡村别墅的图纸，在已完成楼板与洞口任务的 BIM 模型中创建所有的幕墙，如图 3-4-1 所示。

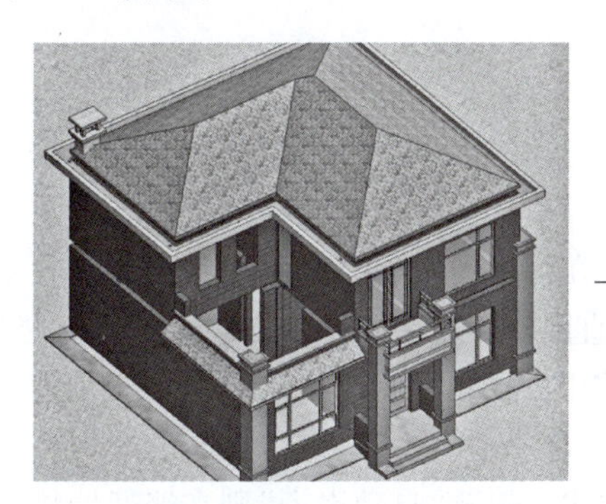

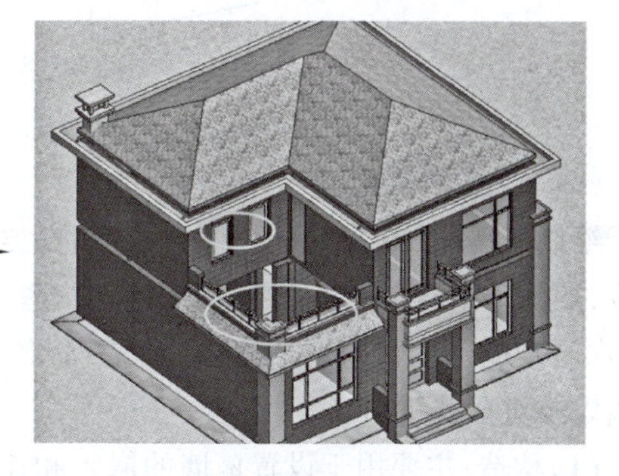

图　3-4-1

知识链接

（1）定义：

建筑幕墙是建筑物不承重的外墙围护结构，它通常由面板和背后的支承结构组成，能相对主体结构有一定位移能力，不分担主体结构所受的作用。

（2）分类：

①按用途可分为：建筑幕墙、构件式建筑幕墙、单元式幕墙等。

②按镶嵌板材质可分为：玻璃幕墙、石材幕墙、金属板幕墙等。

③按构件可分为：框架式（元件式）幕墙等。

④按是否开放可分为：全玻幕墙和点支承玻璃幕墙。

⑤其他特殊类型：吊挂式全玻幕墙、点接驳式全玻幕墙等。

（3）作用：

作为建筑物的外墙护围，建筑幕墙主要起到围护和装饰的作用，它不承担建筑物的主体结构载荷。

任务实施

一、创建玻璃幕墙、跨层窗

幕墙四种默认类型：幕墙、外部玻璃、店面与扶手，如图 3-4-2 所示。

对于上述四种类型的幕墙类型，均可通过幕墙网络、竖梃以及嵌板三大组成元素来进行设置，本节主要以幕墙为例。在“建筑”选项卡 →“构建”面板→“墙：建筑”→“属性”框中选择“幕墙”类型，绘制并编辑幕墙。幕墙的绘制方式和墙体绘制相同，但是幕墙比普通墙多了部分参数的设置。

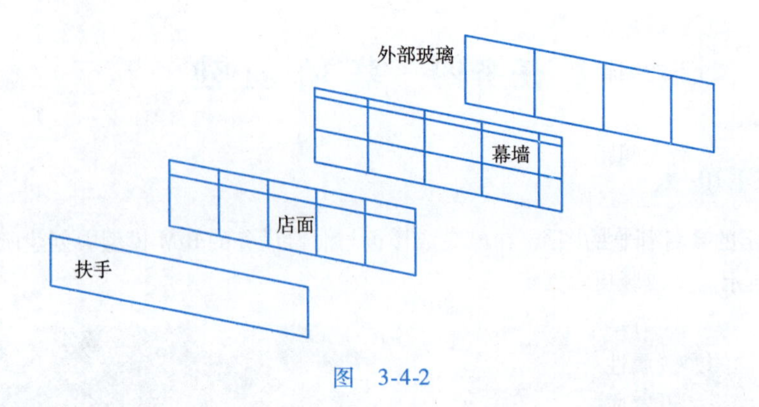

图 3-4-2

(一)类型属性

绘制幕墙前,单击“属性”框中的“编辑类型”,在弹出的“类型属性”对话框中设置幕墙参数,如图 3-4-3 所示。主要需要设置“构造”“垂直网格样式”“水平网格样式”“垂直竖梃”和“水平竖梃”几大参数。“复制”和“重命名”的使用方式和其他构件一致,可用于创建新的幕墙以及对幕墙重命名。

(1)构造:主要用于设置幕墙的嵌入和连接方式。勾选“自动嵌入”则在普通墙体上绘制的幕墙会自动剪切墙体,如图 3-4-4 所示。

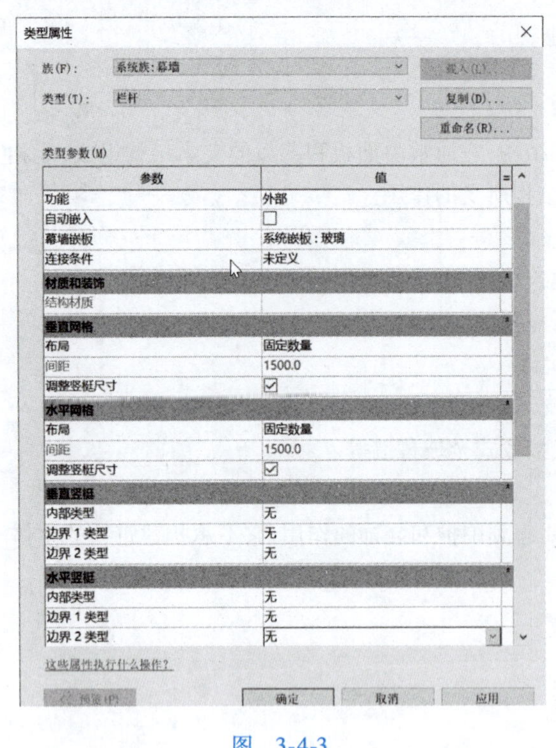

图 3-4-3

图 3-4-4

“幕墙嵌板”中,在“无”的下拉列表框中可选择绘制幕墙的默认嵌板,一般幕墙的默认选择为“系统嵌板:玻璃”。

(2)垂直网格与竖直网格样式:用于分割幕墙表面,用于整体分割或局部细分幕墙嵌板。根据其“布局方式”可分为“无”“固定数量”“固定距离”“最大间距”“最小间距”五种方式。

学习笔记

①无：绘制的幕墙没有网格线，可在绘制完幕墙后，在幕墙上添加网格线。

②固定数量：不能编辑幕墙“间距”选项，可直接利用幕墙“属性”框中的“编号”来设置幕墙网格数量。

③固定距离、最大间距、最小间距：三种方式均是通过“间距”来设置，绘制幕墙时，多用“固定数量”与“固定距离”两种。

(3)垂直竖梃与水平竖梃：设置的竖梃样式会自动在幕墙网格上添加，如果该处没有网格线，则该处不会生成竖梃。

(二)实例属性

玻璃幕墙的实例属性与普通墙类似，只是多了垂直/水平网格样式，如图 3-4-5 所示。编号只有当网格样式设置成“固定距离”时才能被激活，编号值即等于网格数。

垂直网格	
编号	
对正	
角度	
偏移	
水平网格	
编号	4
对正	起点
角度	0.00°
偏移	0.0

图　3-4-5

二、编辑玻璃幕墙

(一)编辑幕墙网格线段

在三维或平面视图中，绘制一段带幕墙网格与竖梃的玻璃幕墙，样式自定，转到三维视图中，如图 3-4-6 所示。

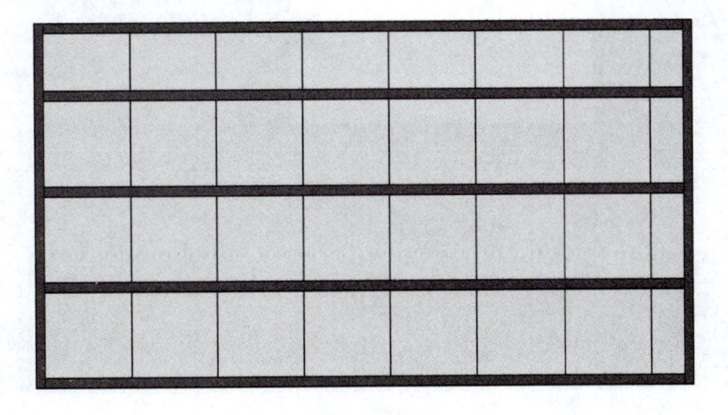

图　3-4-6

将光标移至某根幕墙网格处，待网格虚线高亮显示时，单击，选中幕墙网格，则出现“修改|幕墙网格”上下文选项卡，单击“幕墙网格”面板中的“添加/删除线段”。此时，单击选中幕墙网格中需要断开的该段网格线，再单击删除网格线的地方又可添加网格线，如图 3-4-7 所示。类型属性中设置了幕墙竖梃后，添加或删除幕墙网格线，会同步添加/删除幕墙竖梃。

如果不选中幕墙，同样可以添加幕墙网格，选择“建筑”选项卡→“构建”面板→“幕墙

学习笔记

网格”或“竖梃”命令，在弹出的“修改|放置幕墙网格(竖梃)”上下文选项卡的“放置”面板中，如图 3-4-8 所示，可以选择网格或竖梃的放置方式。

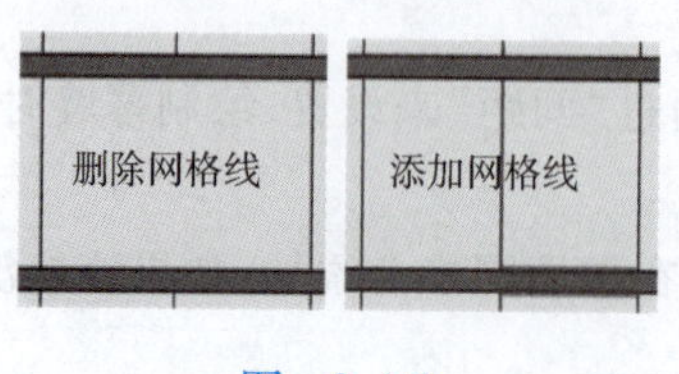

图 3-4-7

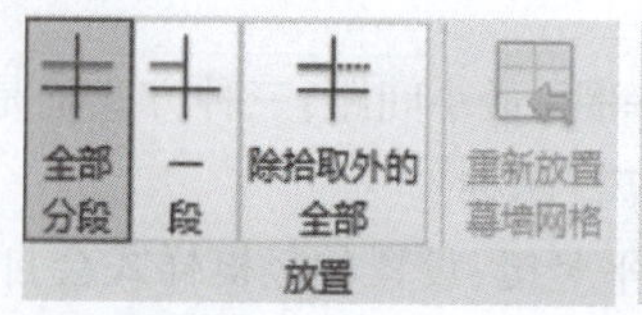

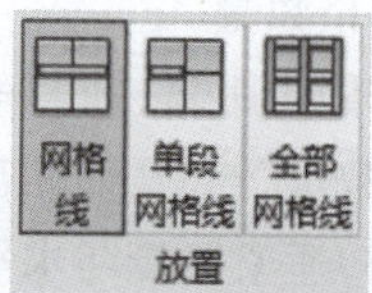

图 3-4-8

1. 放置幕墙网格

(1)全部分段：单击添加整条网格线。

(2)一段：单击添加一段网格线，从而拆分嵌板。

(3)除拾取外的全部：单击先添加一条红色的整条网格线，再单击某段删除，其余的嵌板添加网格线。

2. 放置幕墙竖梃

(1)网格线：单击一条网格线，则整条网格线均添加竖梃。

(2)单段网格线：在每根网格线相交后，形成的单段网格线处添加竖梃。

(3)全部网格线：全部网格线均加上竖梃。

(二)编辑幕墙嵌板

将鼠标指针放在幕墙网格上，通过多次切换【Tab】键选择幕墙嵌板，选中后，在“属性”框中的“类型选择器”，可直接修改幕墙嵌板类型，如果没有所需类型，可通过载入族库中的族文件或新建族载入项目中，如图 3-4-9 所示。

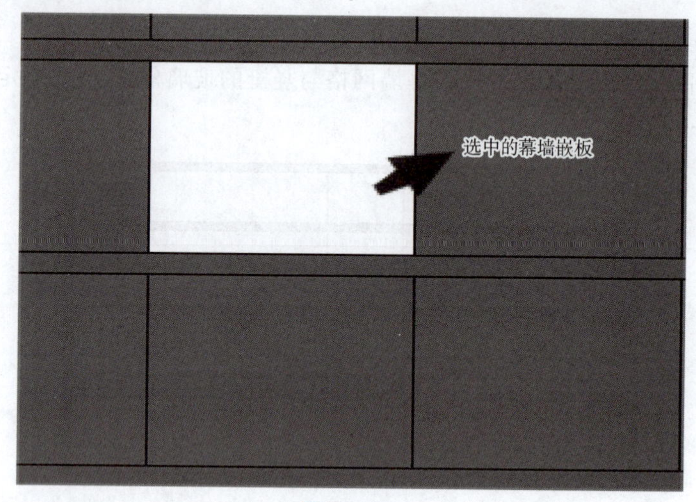

图 3-4-9

视频

任务四
幕墙创建
(巩固练习)

巩固练习

2021 年第一期“1+X”建筑信息模型(BIM)职业技能等级考试——初级

实操试题三(节选部分，真题请扫描“附件 1”二维码下载)

在任务三楼板与洞口创建的基础之上，根据题目要求及图纸(图 3-4-10)给定的参数，进行幕墙的创建，幕墙划分与立面图近似即可。

学习笔记

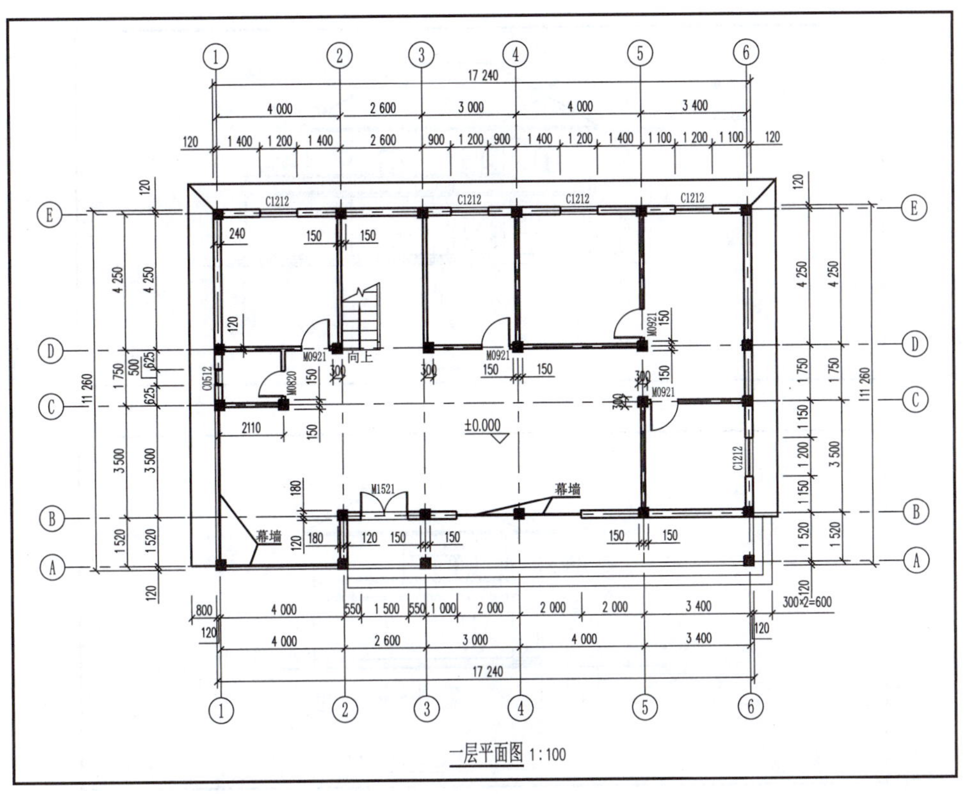

(a)

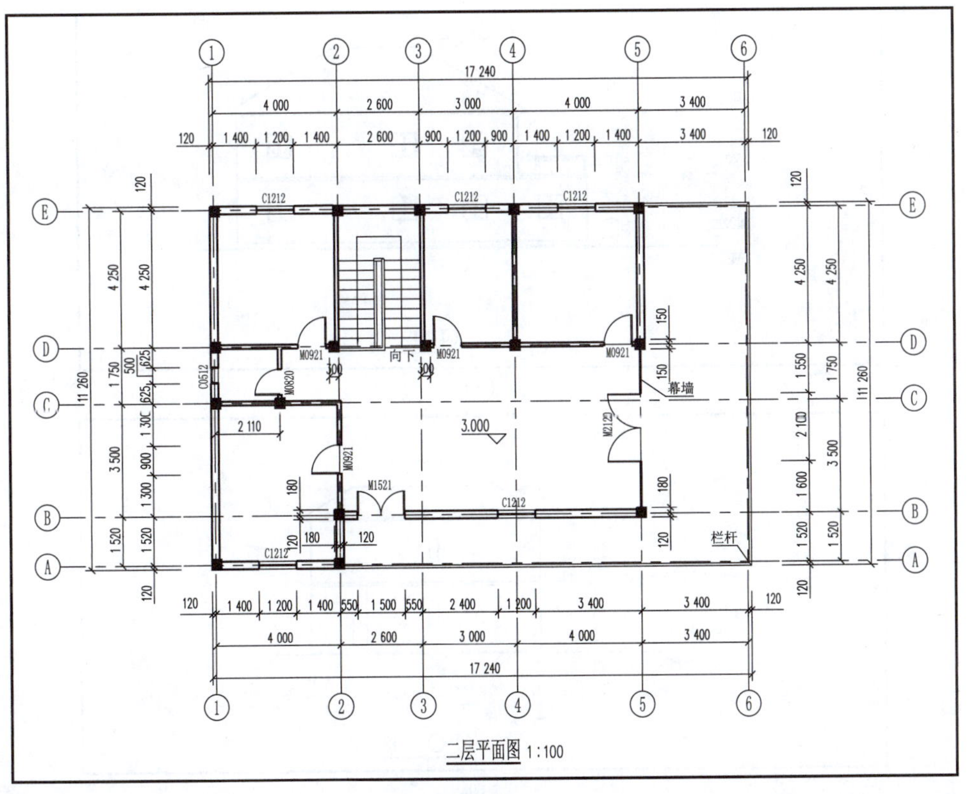

(b)

图　3-4-10(单位:mm)

学习笔记

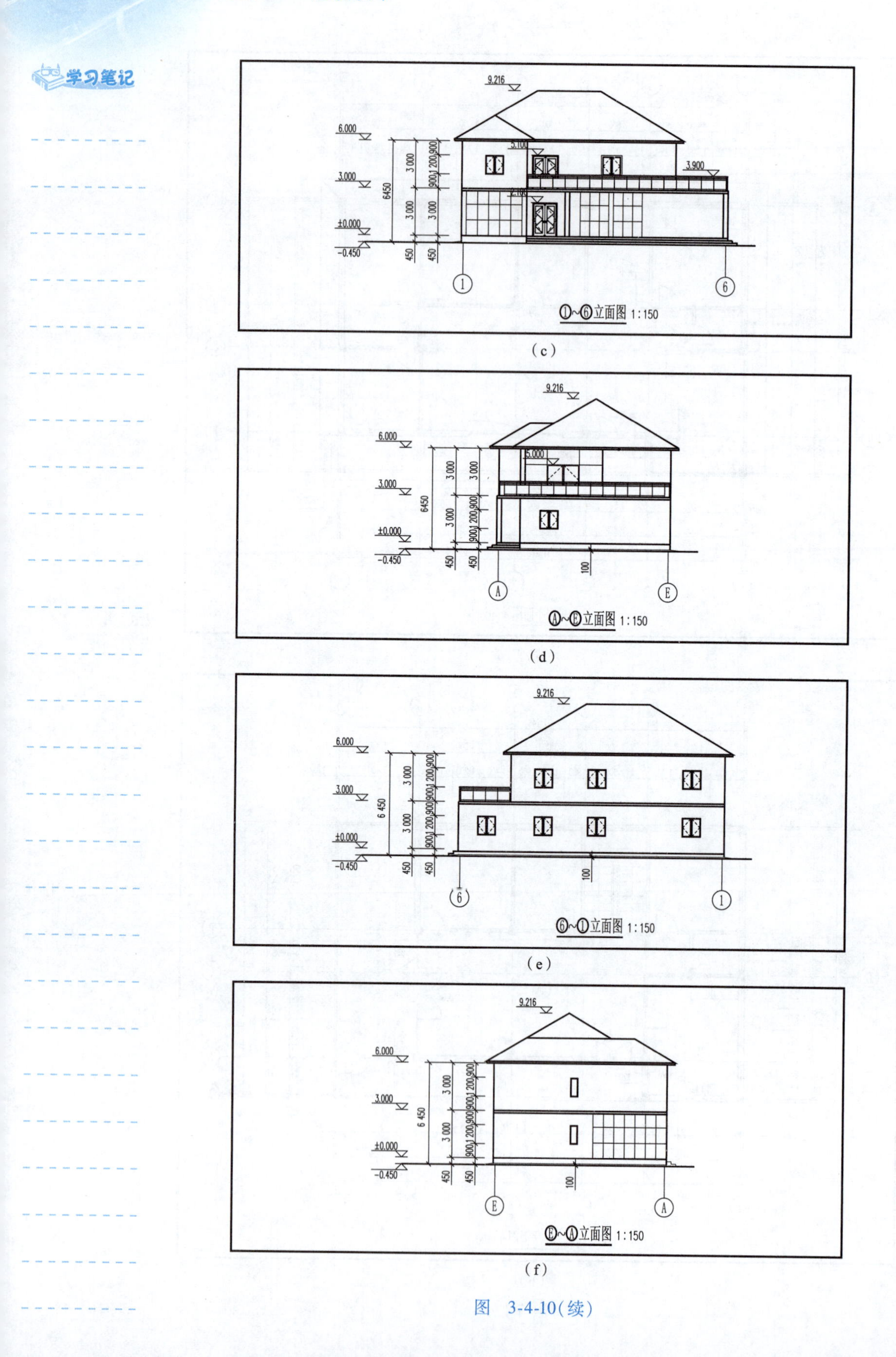

9.216
6.000
5.100
3.900
3.000
2.100
±0.000
−0.450
6450
3 000
900
1 200
450
①~⑥立面图 1:150
(c)
9.216
6.000
5.000
3.000
±0.000
−0.450
6450
100
Ⓐ~Ⓔ立面图 1:150
(d)
9.216
6.000
3.000
±0.000
−0.450
6 450
100
⑥~①立面图 1:150
(e)
9.216
6.000
3.000
±0.000
−0.450
6 450
100
Ⓔ~Ⓐ立面图 1:150
(f)

图 3-4-10(续)

任务测评

学习笔记

"任务四 幕墙创建"测评记录表

学生姓名		班级		任务评分	
实训地点		学号		完成日期	
考 核 内 容				标准分	评 分
知识(40 分)	幕墙材料填写			13	
	幕墙构造填写			13	
	国标规定内容			14	
技能(40 分)	幕墙的完成数目			12	
	幕墙的位置正确度			13	
	幕墙属性设置			15	
素质(20 分)	实训管理:纪律、清洁、安全、整理、节约等			5	
	工艺规范:国际样式、完整、准确、规范等			5	
	团队精神:沟通、协作、互助、自主、积极等			5	
	学习反思:技能点表述、反思内容等			5	
教师评语					

学习笔记

导图互动

结合国家在线精品课程“BIM 建模技术”模块二项目三中任务 4 的基础准备，在学习幕墙的特征、优点与性能等相关知识后，完成以下导图内容。

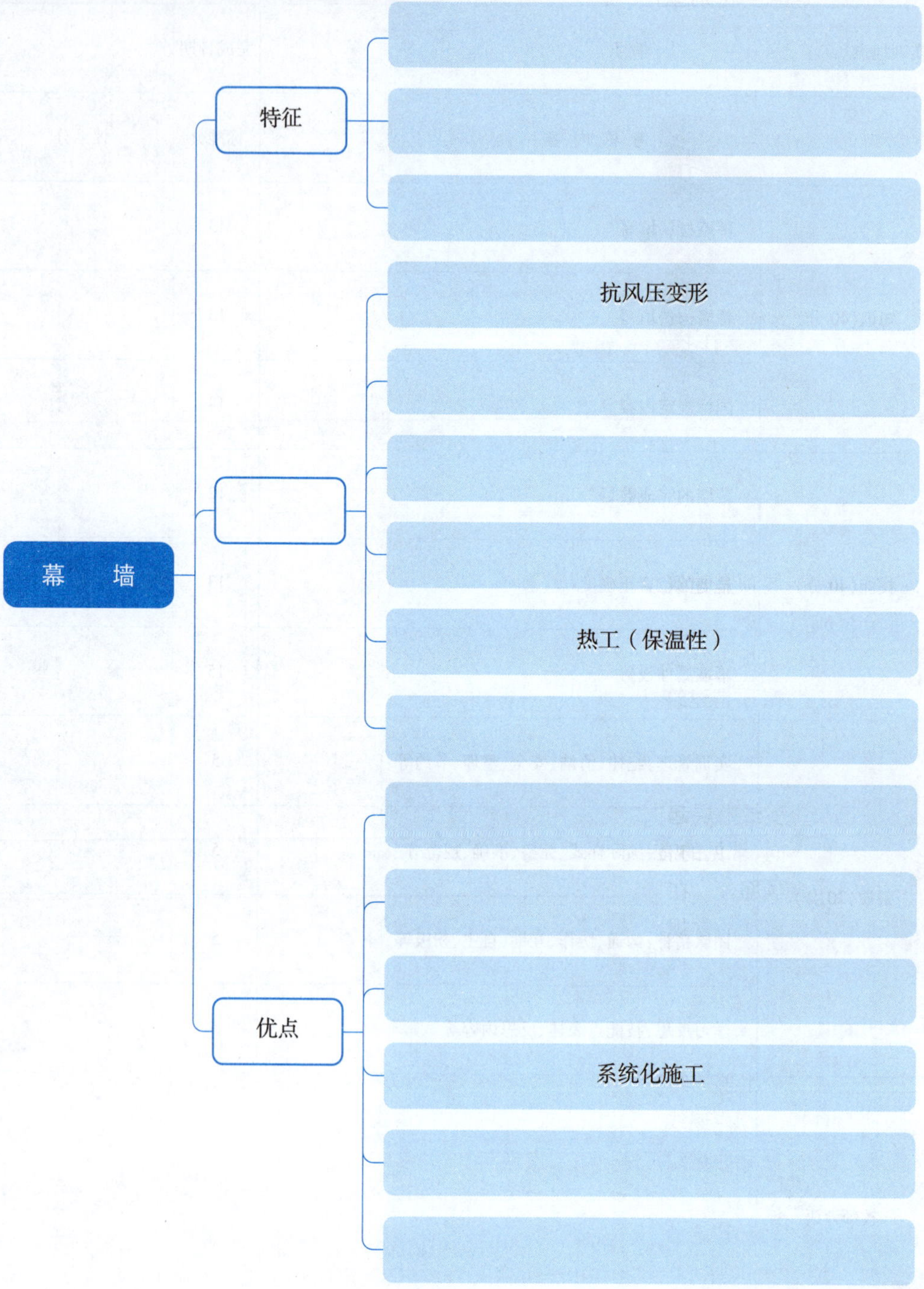

幕墙

特征

抗风压变形

热工（保温性）

优点

系统化施工

任务五　屋顶创建

任务工单

根据给定的乡村别墅的图纸，在已完成幕墙任务的 BIM 模型中创建所有的屋顶，如图 3-5-1所示。

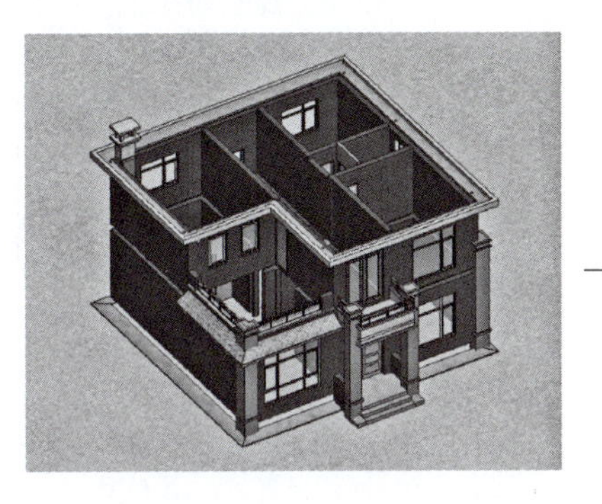

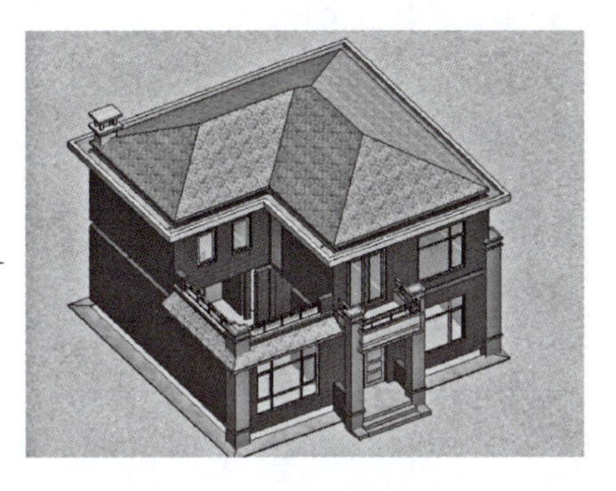

图　3-5-1

视频

任务五
屋顶创建
（任务速递）

知识链接

（1）定义：屋顶是建筑顶部的承重和围护构件，一般由屋面、保温（隔热）层和承重结构三部分组成。

（2）分类：屋顶可分为坡屋顶、平屋顶、其他形式的屋顶、特殊类型的屋顶。

（3）作用：屋顶是建筑物最上层的承重围护构件，其作用主要有保护、承重和造型。

任务实施

屋顶是房屋最上层起覆盖作用的围护结构，目前多用于别墅或住宅建筑中。根据屋顶排水坡度的不同，常见的有平屋顶、坡屋顶两大类，坡屋顶也具有很好的排水效果。屋顶是建筑的重要组成部分。在 Revit 中提供了多种建模工具，如迹线屋顶、拉伸屋顶、面屋顶、玻璃斜窗等创建屋顶的常规工具。此外，对于一些特殊造型的屋顶，还可以通过内建模型的工具来创建。

视频

任务五
屋顶创建
（任务实施）

一、迹线屋顶的创建和编辑

对于大部分屋顶的绘制，均是通过“建筑”选项卡 → “构建”面板→ “屋顶”下拉列表选择绘制命令，其包括“迹线屋顶”“拉伸屋顶”“面屋顶”三种屋顶的绘制方式。选择“迹线屋顶”，迹线屋顶即是通过绘制屋顶的各条边界线，为各边界线定义坡度的过程。

（一）上下文选项卡设置

选择“迹线屋顶”命令后，进入绘制屋顶轮廓草图模式。绘图区域自动跳转至“创建屋顶迹线”上下文选项卡，其绘制方式除了边界线的绘制，还包括坡度箭头的绘制。

1. 边界线绘制方式

选项栏设置：屋顶的边界线绘制方式和其他构件类似，在绘制前，在选项栏中勾选“定义

学习笔记

坡度”复选框，则绘制的每根边界线都定义了坡度值，可在“属性”中选中边界线，单击角度值，设置坡度值。“偏移量”是相对于拾取线的偏移值；“悬挑”是用于“拾取墙”命令，是对于拾取墙线的偏移，如图 3-5-2 所示。

【技巧】使用“拾取墙”命令时，使用【Tab】键切换选择，可一次选中所有外墙绘制楼板边界。

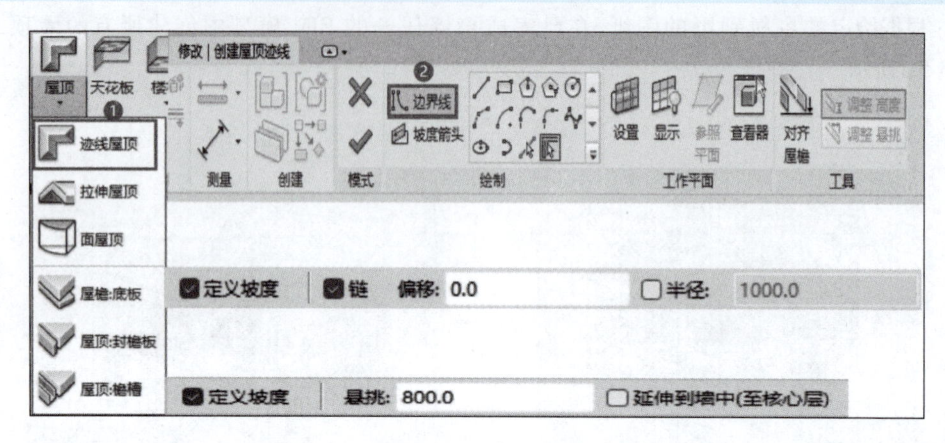

图 3-5-2

2. 坡度箭头绘制方式

除了通过边界线定义坡度束绘制屋顶，还可通过坡度箭头绘制、其边界线绘制方式和上述所讲的边界线绘制一致，但用坡度箭头绘制前需取消勾选“定义坡度”复选框，通过坡度箭头的方式来指定屋顶的坡度，绘制的坡度箭头，需在坡度“属性”框中设置坡度的“最高/低处标高”以及“头/尾高度偏移”，完成后勾选“完成编辑模式”，完成后的顶平面与三维视图如图 3-5-3所示。

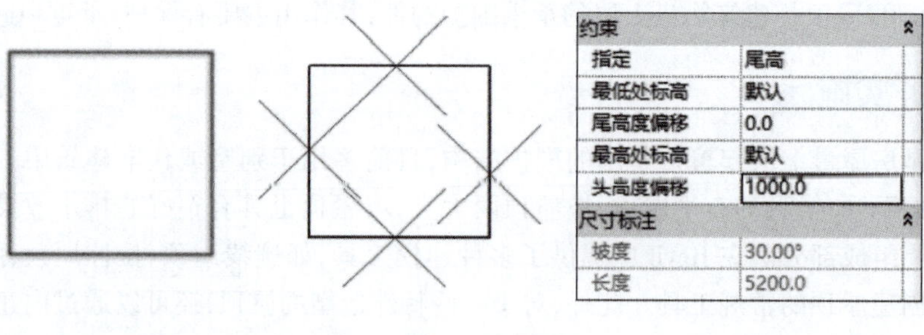

图 3-5-3

（二）实例属性设置

对于用“边界线”方式绘制的屋顶，在“属性”框中与其他构件不同的是，多了截断标高、截断偏移、椽截面以及坡度四个概念，如图 3-5-4 所示。

（1）截断标高：指屋顶的顶标高到达该标高截面时，屋顶会被该截面剪切出洞口，如 2F 标高处截断。

（2）截断偏移：截断面在该标高处向上或向下的偏移值，如 100 mm。

（3）椽截面：指屋顶边界处理方式，包括垂直截面、垂直双截面与正方形双截面。

（4）坡度：各根带坡度边界线的坡度值，如 1∶1.73。

绘制的屋顶边界线，单击坡度箭头可调整坡度值，如图 3-5-5 所示。根据整个屋顶的生

学习笔记

成过程可以看出，屋顶是根据所绘制的边界线，按照坡度值形成一定角度向上延伸而成。

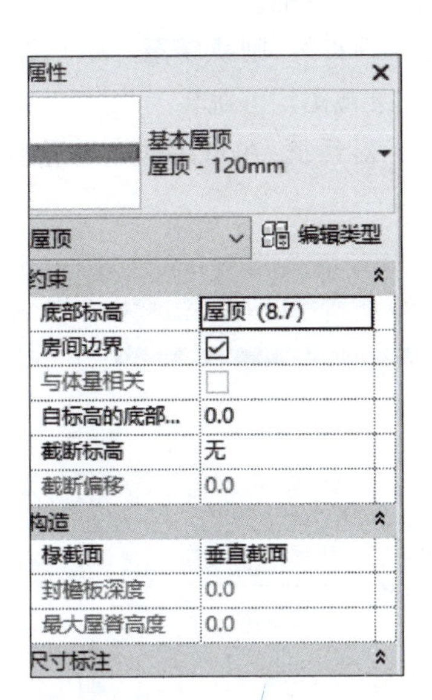

图　3-5-4

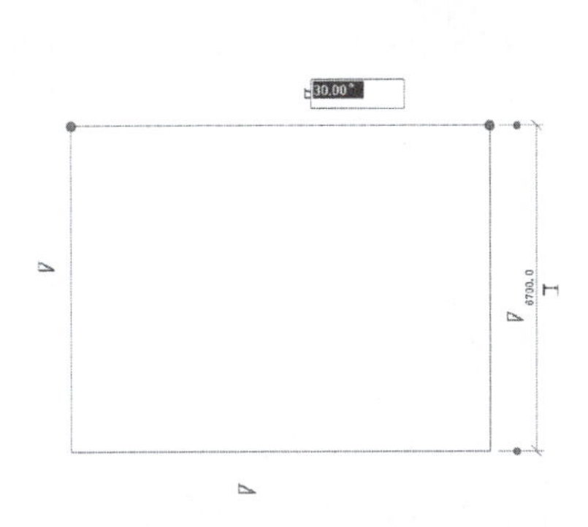

图　3-5-5

(三) 编辑迹线屋顶

绘制完屋顶后，还可选中屋顶，在弹出的“修改|屋顶”上下文选项卡中的模式面板中，选中“编辑迹线”命令，可再次进入屋顶的迹线编辑模式。对于屋顶的编辑，还可利用“修改”选项卡→“几何图形”面板→“连接/取消连接屋顶”命令，连接屋顶到另一屋顶或墙上，如图 3-5-6 所示。

图　3-5-6

【提示】 需先选中需要去连接的屋顶边界，再去选择连接到的屋顶面。

二、拉伸屋顶的创建和编辑

(一) 创建拉伸屋顶

拉伸屋顶主要是通过在立面上绘制拉伸形状，按照拉伸形状在平面上拉伸而形成拉伸屋顶的轮廓是不能在楼层平面上进行绘制的。

建模思路：绘制参照平面→选择拉伸屋顶命令→选择工作平面→绘制屋顶形状线→完成屋顶→修剪屋顶。

选择“建筑”选项卡→“构建”面板→“屋顶”下拉列表→“拉伸屋顶”命令，如果初始视图是平面，则选择“拉伸屋顶”后，会弹出“工作平面”对话框，如图 3-5-7 所示。

学习笔记

拾取平面中的一条直线，则软件自动跳转至“转到视图”界面，如图 3-5-8 所示。如在平面中选择不同的线，软件弹出的“转到视图”中的选择立面是不同的。

如果选择水平直线，则跳转至“南、北”立面；如果选择垂直线，则跳转至“东、西”立面；如果选择的是斜线，则跳转至“东、西、南、北”立面，同时三维视图均可跳转。

选择完立面视图后，软件弹出“屋顶参照标高和偏移”对话框，在对话框中设置绘制屋顶的参标高以及参照标高的偏移值，如图 3-5-9 所示。

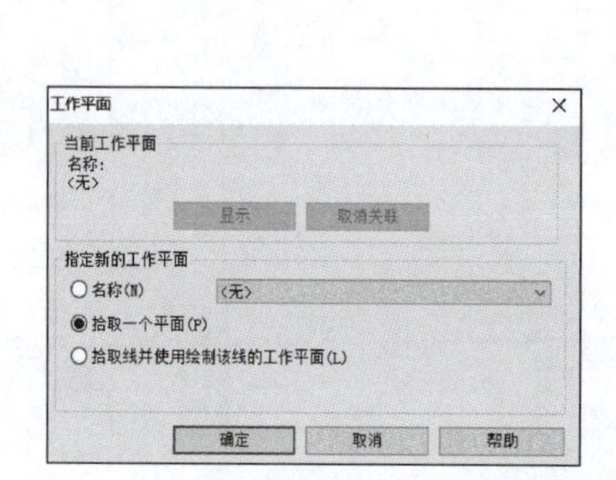

图 3-5-7

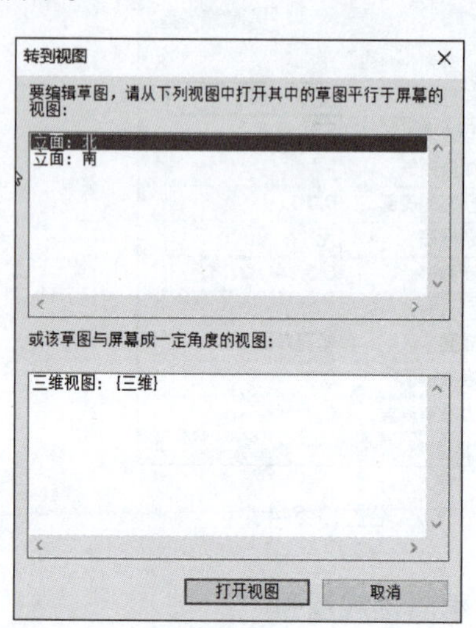

图 3-5-8

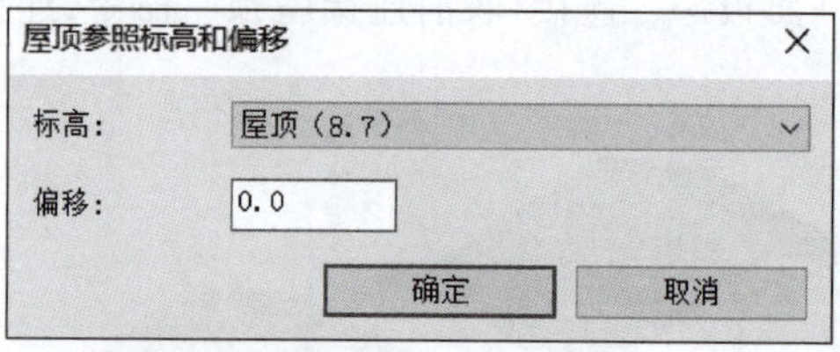

屋顶参照标高和偏移

标高： 屋顶（8.7）

偏移： 0.0

确定　取消

图 3-5-9

此时，可以开始在立面或三维视图中绘制屋顶拉伸截面线，无须闭合，如图 3-5-10 所示。绘制完后，需在“属性”框中设置“拉伸的起点/终点”（其设置的参照与最初弹出的“工作平面”选取有关，均是以“工作平面”为拉伸参照）、椽截面等，如图 3-5-11 所示。同时在“编辑类型”中设置屋顶的构造、材质、厚度、粗略比例填充样式等类型属性，完成后的屋顶平面图如图 3-5-12 所示。

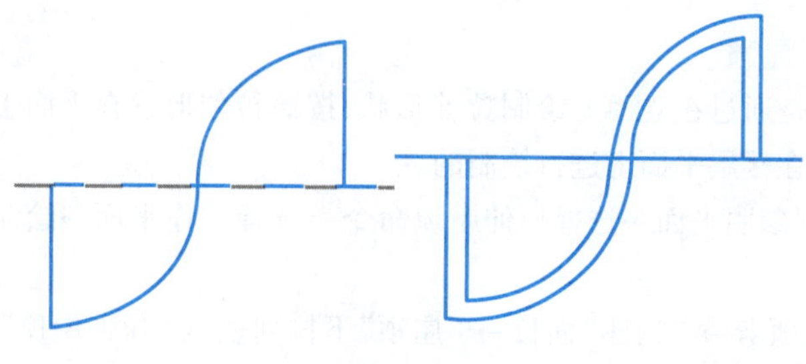

图 3-5-10

学习笔记

约束	
工作平面	楼板：常规 - 90...
房间边界	☑
与体量相关	☐
拉伸起点	400.0
拉伸终点	4000.0
参照标高	屋顶（8.7）
标高偏移	0.0

图　3-5-11

图　3-5-12

（二）编辑拉伸屋顶

修剪屋顶主要是屋顶会延伸到最远处的墙体处，此时需要修剪墙体至一定长度，则需选择“连接/取消连接屋顶”命令，调整屋顶的长度，如图 3-5-13 所示。

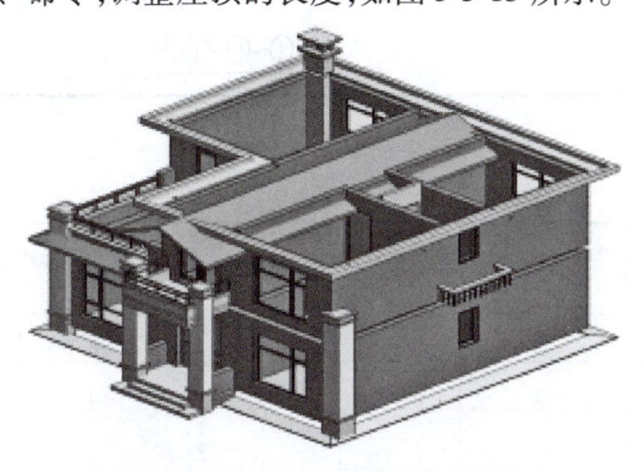

图　3-5-13

巩固练习

2021 年第一期“1 + X”建筑信息模型（BIM）职业技能等级考试——初级

实操试题三（节选部分，真题请扫描“附件 1”二维码下载）

在任务四幕墙创建的基础之上，根据题目要求及图纸（图 3-5-14）给定的参数，创建屋顶，屋顶 100 mm 厚混凝土。

视频

任务五
屋顶创建
（巩固练习）

学习笔记

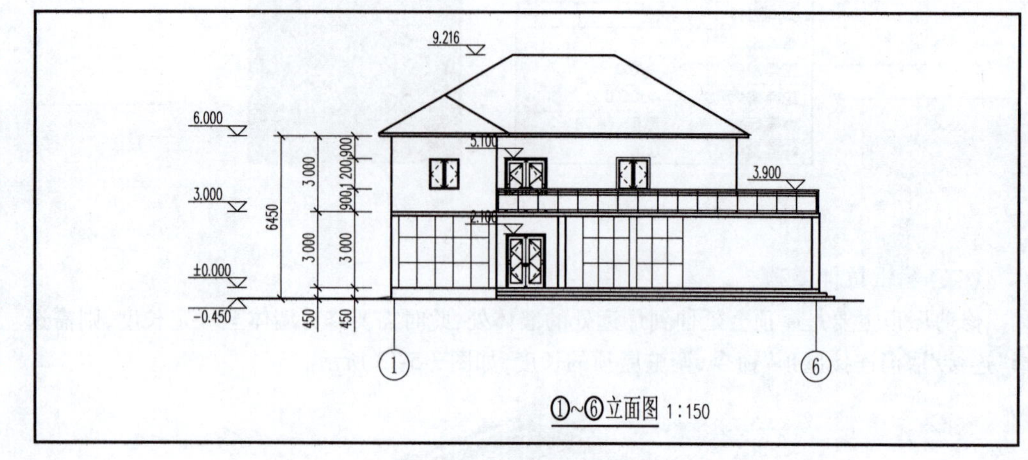

(a)

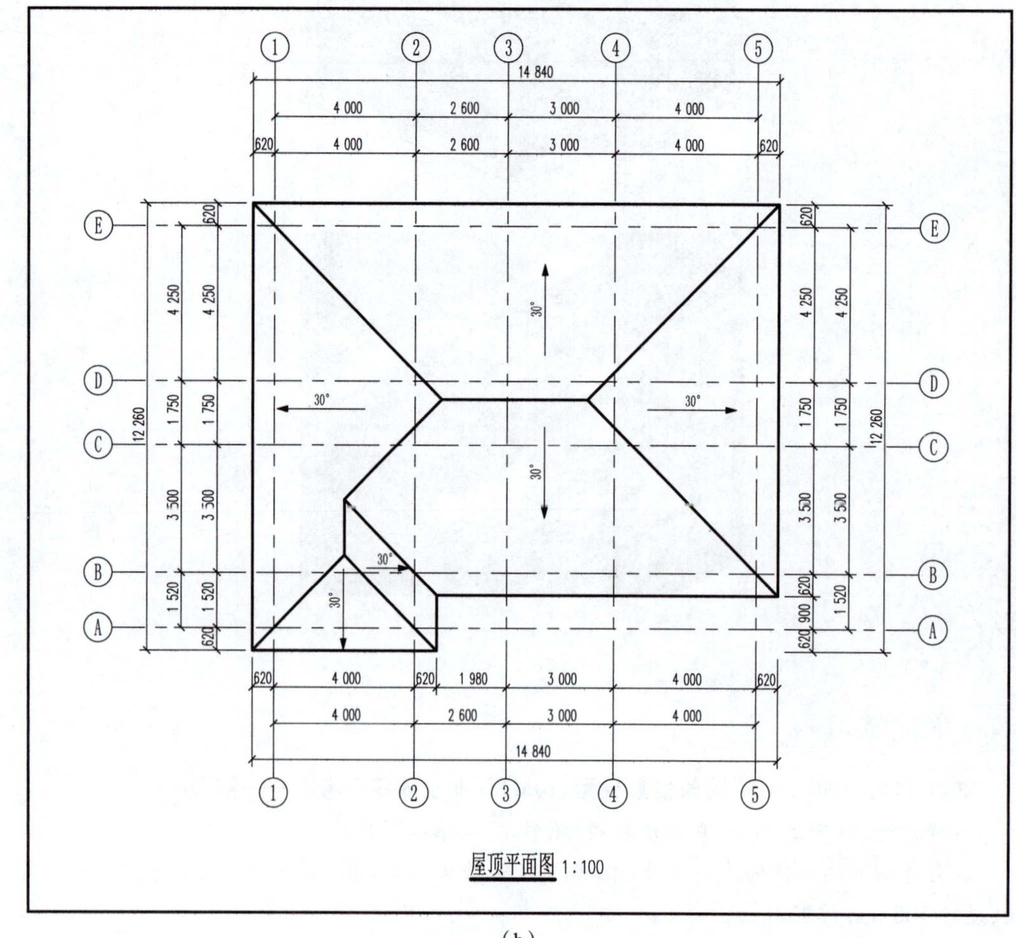

(b)

图 3-5-14(单位:mm)

任务测评

学习笔记

"任务五 屋顶创建"测评记录表

学生姓名		班级		任务评分	
实训地点		学号		完成日期	
考核内容				标准分	评　分
知识(40 分)	幕墙材料填写			13	
	幕墙构造填写			13	
	国标规定内容			14	
技能(40 分)	幕墙的完成数目			12	
	幕墙的位置正确度			13	
	幕墙属性设置			15	
素质(20 分)	实训管理:纪律、清洁、安全、整理、节约等			5	
	工艺规范:国际样式、完整、准确、规范等			5	
	团队精神:沟通、协作、互助、自主、积极等			5	
	学习反思:技能点表述、反思内容等			5	
教师评语					

学习笔记

导图互动

结合国家在线精品课程"BIM 建模技术"模块二项目三中任务 5 的基础准备，在学习屋顶构造组成与形式、排水方式等相关知识后，完成以下导图内容。

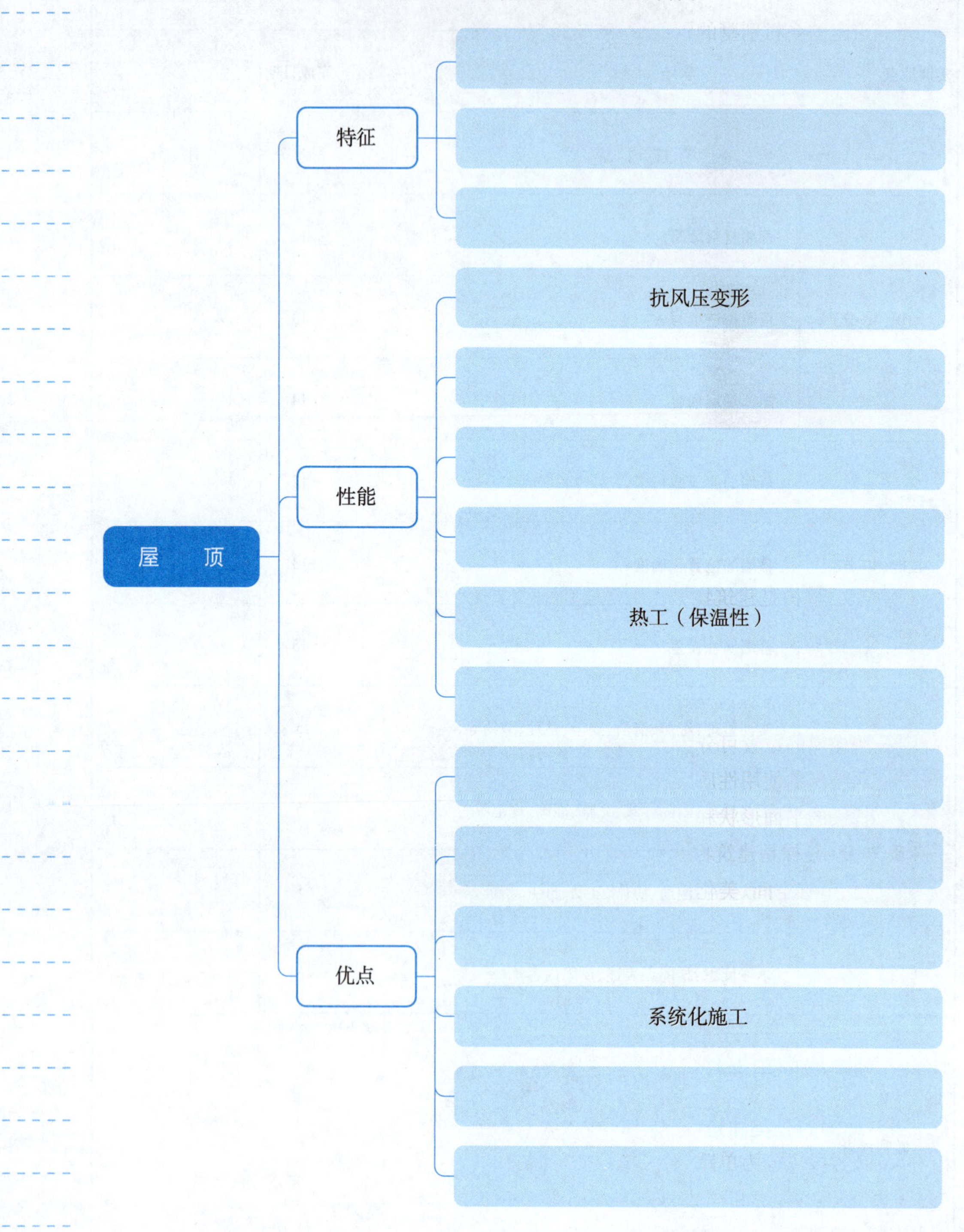

任务六　楼梯及栏杆创建

任务工单

根据给定的乡村别墅的图纸，在已完成墙体任务的 BIM 模型中创建所有的楼梯、栏杆，如图 3-6-1 所示。

视频

任务六 楼梯及栏杆创建：楼梯（任务速递）

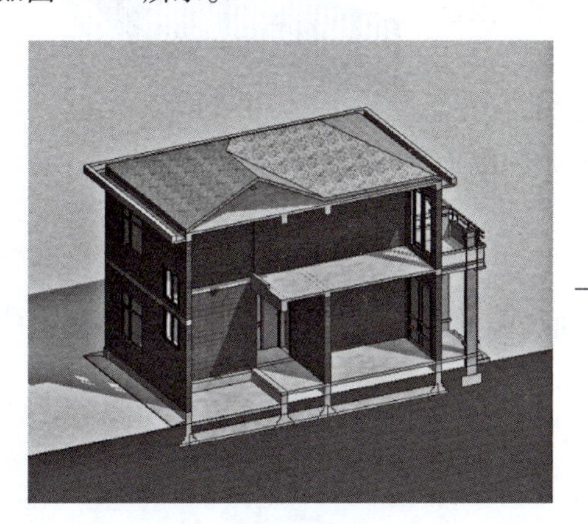

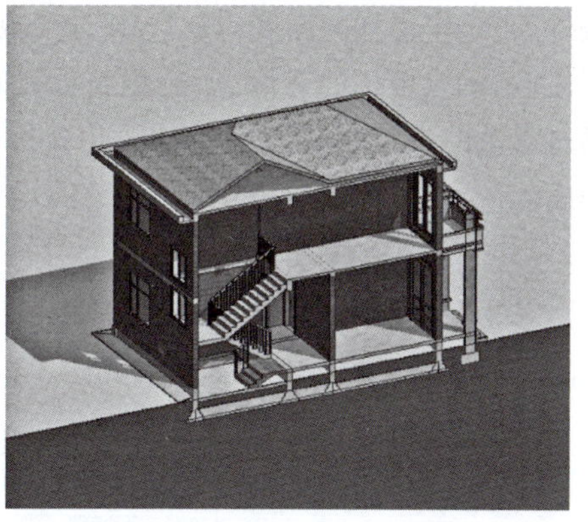

图　3-6-1

视频

任务六 楼梯及栏杆创建：栏杆（任务速递）

知识链接

(1)定义：楼梯是建筑物中作为楼层间垂直交通用的构件，用于楼层之间和高差较大时的交通联系。

(2)分类：

①按结构材料可分为：钢筋混凝土楼梯、钢楼梯、木楼梯、组合材料楼梯。

②按照楼梯的位置可分为：室内楼梯和室外楼梯。

③按照楼梯的使用性质可分为：主要楼梯、辅助楼梯、疏散楼梯和消防楼梯。

④按梯段的平面形状和数量可分为：单跑楼梯、双跑楼梯和多跑楼梯。

(3)作用：楼梯是建筑物中作为楼层间垂直交通用的构件，有连接不同楼层、提供安全的垂直交通、节省空间、美化室内环境、作为紧急逃生通道以及分散人流压力等多个方面的重要作用。

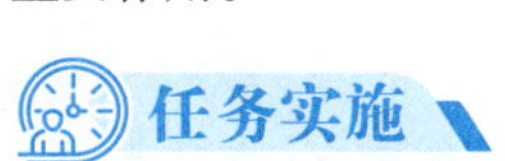

任务实施

视频

任务六 楼梯及栏杆创建：楼梯（任务实施）

一、创建楼梯和栏杆扶手

(一)楼梯的分类和进入草图的模式

楼梯按梯段可分为单跑楼梯、双跑楼梯和多跑楼梯；梯段的平面形状有直线的、折线的和曲线的，楼梯的种类和样式多样。楼梯主要由踢面、踏面、扶手、梯边梁以及休息平台组成，如图 3-6-2 所示。

视频

任务六 楼梯及栏杆创建：栏杆（任务实施）

选择“建筑”选项卡→“楼梯坡道”面板→“楼梯”下拉列表→“楼梯(按草图)”命令

学习笔记

（按草图相比按构件绘制的楼梯修改更灵活），进入绘制楼梯草图模式，自动激活“修改丨创建楼梯草图”上下文选项卡，选择“绘制”面板中的“梯段”命令，即可开始直接绘制楼梯。

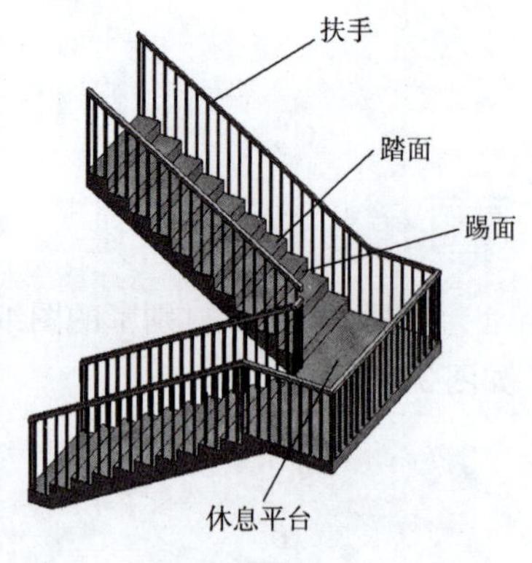

图 3-6-2

（二）实例属性

在“属性”框中，主要需要确定“楼梯类型”“限制条件”“尺寸标高”三大内容，如图 3-6-3 所示。根据设置的“限制条件”可确定楼梯的高度（1F 与 2F 间高度为 4 m），“尺寸标注”可确定楼梯的宽度、所需踢面数以及实际踏板深度，通过参数的设定软件可自动计算出实际的踏步数和踢面高度。

（三）类型属性

单击“属性”框中的“编辑类型”按钮，在弹出的“类型属性”对话框中，主要设置楼梯的“踏板”“踢面”“梯边梁”等参数，如图 3-6-4 所示。

属性

组合楼梯
190mm 最大踢面
250mm 梯段

楼梯 编辑类型

参数	值
约束	
底部标高	标高 1
底部偏移	0.0
顶部标高	标高 2
顶部偏移	0.0
所需的楼梯高度	3000.0
尺寸标注	
所需踢面数	20
实际踢面数	1
实际踢面高度	150.0
实际踏板深度	250.0
踏板/踢面起始...	1
标识数据	
图像	
注释	
标记	
阶段化	
创建的阶段	新构造
拆除的阶段	无

图 3-6-3

类型属性

族(F)：系统族：组合楼梯 载入(L)...

类型(T)：190mm 最大踢面 250mm 梯段 复制(D)...

重命名(R)...

类型参数(M)

参数	值
计算规则	
最大踢面高度	190.0
最小踏板深度	250.0
最小梯段宽度	1200.0
计算规则	编辑...
构造	
梯段类型	50mm 踏板 13mm 踢面
平台类型	非整体休息平台
功能	内部
支撑	
右侧支撑	梯边梁(闭合)
右侧支撑类型	梯边梁 - 50mm 宽度
右侧侧向偏移	0.0
左侧支撑	梯边梁(闭合)
左侧支撑类型	梯边梁 - 50mm 宽度
左侧侧向偏移	0.0
中部支撑	☐
中部支撑类型	<无>
中部支撑数量	0
图形	
剪切标记类型	单锯齿线
标识数据	
类型图像	
注释记号	
型号	
制造商	
类型注释	
URL	
说明	
部件说明	
部件代码	
类型标记	
成本	

这些属性执行什么操作？

<< 预览(P) 确定 取消 应用

图 3-6-4

【提示】如果“属性”框中指定的实际踏板深度值小于“最小踏板深度”，将显示一条警告。

其中在“踢面”参数设置中“开始于踢面”与“结束于踢面”的区别主要在于：

（1）开始于踢面：如果选中，将向楼梯开始部分添加踢面。请注意，如果清除此复选框，则可能会出现有关实际踢面数超出所需踢面数的警告。要解决此问题，请选中“结束于踢面”，或修改所需的踢面数量。

（2）结束于踢面：如果选中，ZZ 则将向楼梯末端部分添加踢面。如果清除此复选框，则会删除末端踢面，勾选后需要设置“踢面厚度”才能在图中看到结束于踢面。

勾选与不勾选“开始/结束于踢面”对整个楼梯的绘制有很大的不同，以下四幅图中，板

学习笔记

1 和板 2 相距 3 500 mm,“最小踏板深度”为 250 mm,“最大踢面高度”为 160 mm,踢面数设为 22,在勾选或不勾选“开始/结束于踢面”的情况下,对楼梯的影响情况:

(1)最开始均不勾选,绘制有 23 个踏面,22 个踢面,楼梯可升至板 2,如图 3-6-5 所示。

(2)勾选“开始于踢面”,绘制有 22 个踏面,22 个踢面,楼梯第一个台阶则为踢面,楼梯升不到板 2 处,如图 3-6-6 所示。

(3)仅勾选“结束于踢面”,需要设置踢面和踏面的厚度,才能看到楼梯结束于踢面,绘制有 22 个踏面。其未升至板 2,原因是当前的踢面数已达到 22,如图 3-6-7 所示。

(4)勾选两者,楼梯第一个台阶则为踢面,最后以踢面结束,21 个踏面,22 个踢面,如图 3-6-8所示。

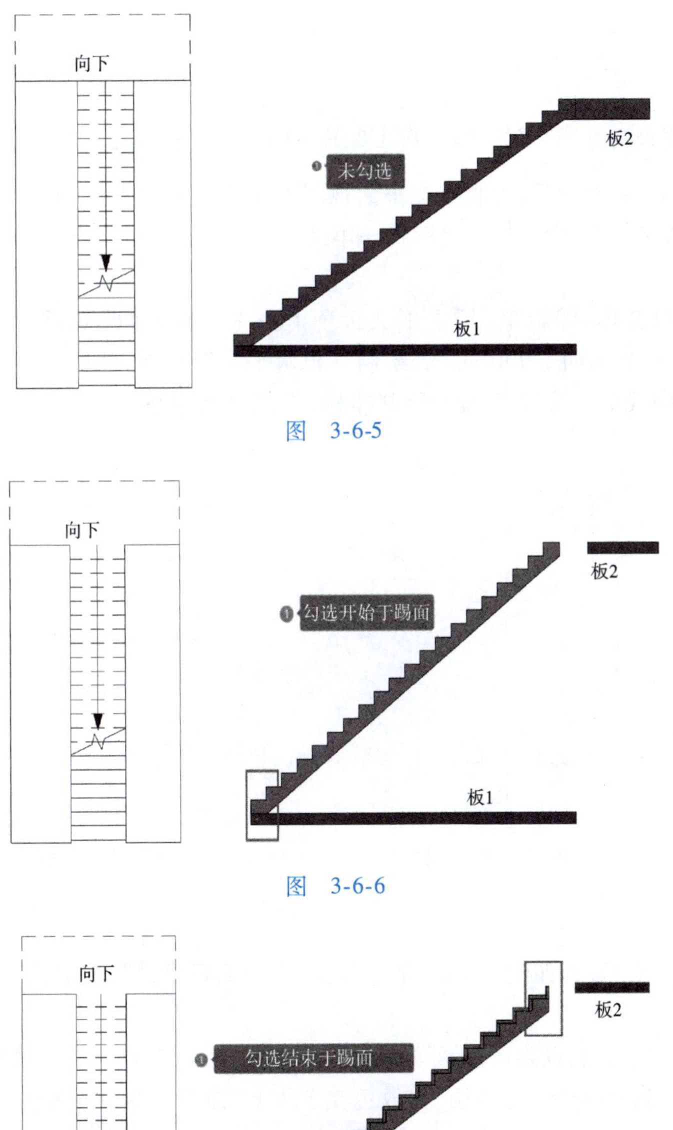

图 3-6-5

图 3-6-6

图 3-6-7

学习笔记

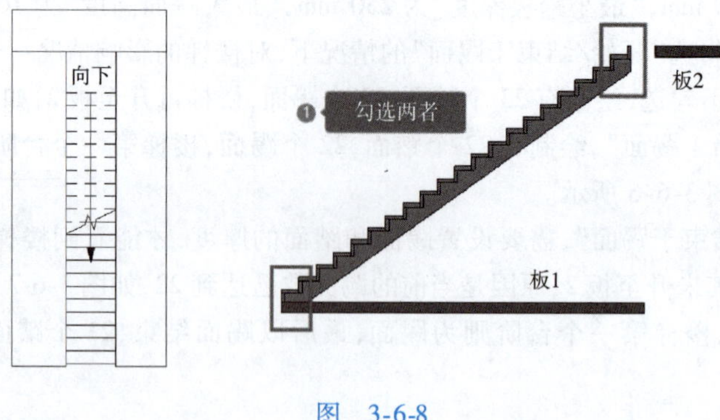

图 3-6-8

【提示】“最大踢面高度”设置不同时，所生成的楼梯踢面数也不同。

完成楼梯的参数设置后，可直接在平面视图中开始绘制。选择“梯段”命令，捕捉平面上的一点作为楼梯起点，向上拖动鼠标后，梯段草图下方会提示“创建了10个踢面，剩余13个”。

选择“修改|楼梯|编辑草图”上下文选项卡→“工作平面”面板→“参照平面”命令，在距离第10个踢面1 000 mm处绘制一根水平参照平面，如图3-6-9所示。捕捉参照平面与楼梯中线的交点继续向上绘制楼梯，直到梯段草图下方提示“创建了23个踢面，剩余0个”

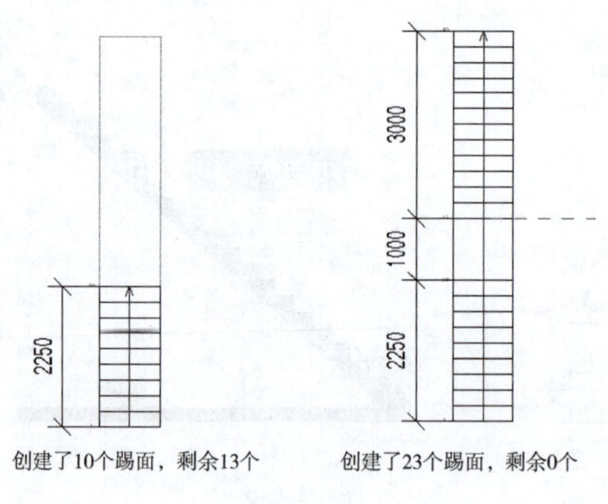

图 3-6-9

完成草图绘制的楼梯如图3-6-10所示，勾选“完成编辑模式”，楼梯扶手自动生成，即可完成楼梯。

楼梯扶手除了可以自动生成，还可单独绘制。选择“建筑”选项卡→“楼梯坡道”面板→“扶手栏杆”下拉列表→“绘制路径”/“放置在主体上”命令。其中放置在主体上主要是用于坡道或楼梯。

对于“绘制路径”方式，绘制的路径必须是一条单一且连接的草图，如果要将栏杆扶手分为几个部分，请创建两个或多个单独的栏杆扶手。但是对于楼梯平台处与梯段处的栏杆是要断开的，如图3-6-11所示。

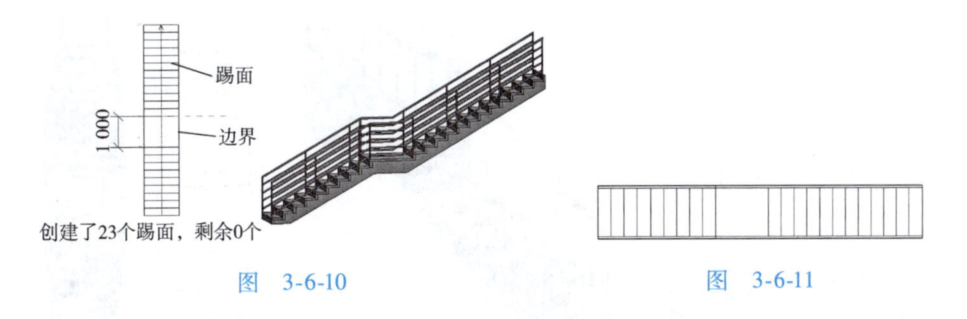

图　3-6-10　　　　图　3-6-11

对于绘制完的栏杆路径，需要选择“修改|栏杆扶手”上下文选项卡 →“工具”面板 →“拾取新主体”命令，或设置偏移值，才能使得栏杆落在主体上，如图 3-6-12 所示。

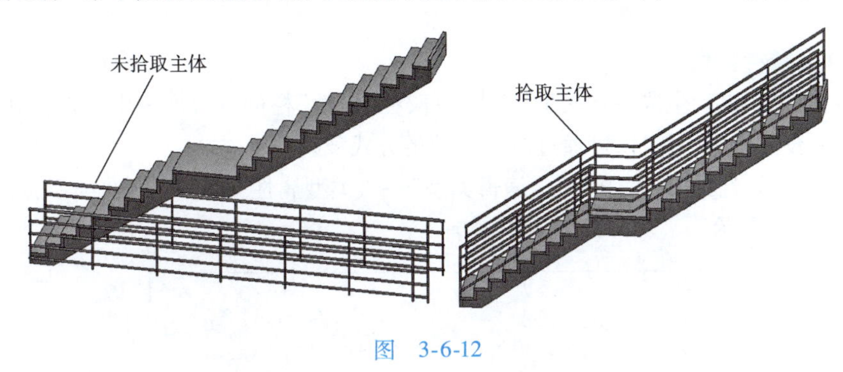

图　3-6-12

二、编辑楼梯和栏杆扶手

（一）编辑楼梯

选中“楼梯”后，单击“修改|楼梯”上下文选项卡 →“模式”面板 →“草图绘制”命令，又可再次进入编辑楼梯草图模式。

选择单击“绘制”面板→“踢面”→“起点-终点-半径弧”命令，单击捕捉第一跑梯段最右端的踢面线端点，再捕捉弧线中间一个端点绘制一段圆弧。

选择上述绘制的圆弧踢面，单击“修改”面板的“复制”按钮，在选项栏中勾选“约束”和“多个”复选框。选择圆弧踢面的端点作为复制的基点，水平向左移动鼠标，在之前直线踢面的端点处单击放置圆弧踢面，如图 3-6-13 所示。

在放置完第一跑梯段的所有圆弧踢面后，按住【Ctrl】键选择第二跑梯段所有的直线踢面，按【Delete】键删除，如图 3-6-14 所示。选择“完成编辑”命令，即创建圆弧踢面楼梯。

【提示】楼梯需要采用按草图的方法绘制，楼梯按踢面来计算台阶数，楼梯的宽度不包含梯边梁，边界线为绿线，可改变楼梯的轮廓，踏面线为黑色，可改变楼梯宽度。

对于楼梯边界，类似地选择“绘制”面板上的“边界”命令进行修改，如图 3-6-15 所示。

学习笔记

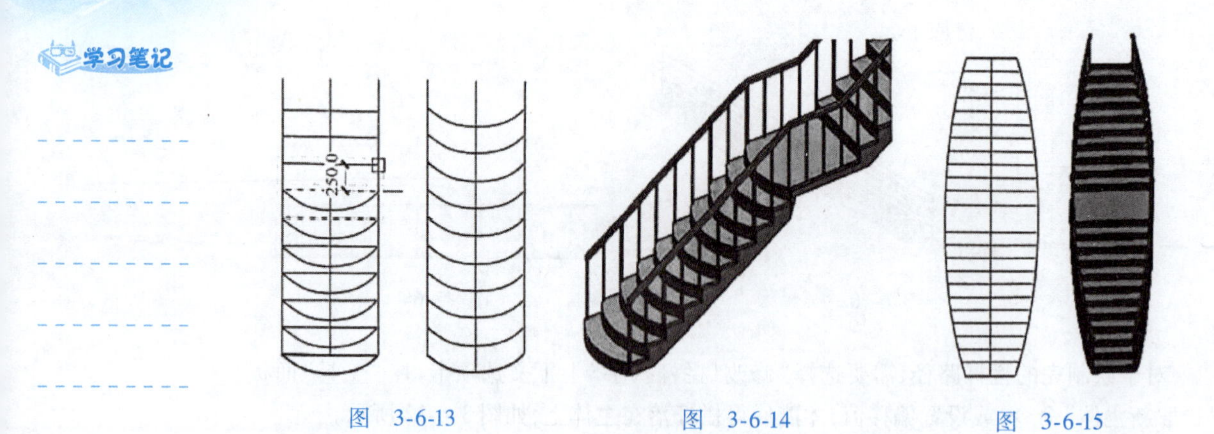

图 3-6-13　　图 3-6-14　　图 3-6-15

（二）编辑栏杆扶手

完成楼梯后，自动生成栏杆扶手，选中栏杆，在“属性”栏的下拉列表中可选择其他扶手替换。如果没有所需的栏杆，可通过“载入族”的方式载入。

选择扶手后，选择“属性”框→“编辑类型”→“类型属性”命令，弹出“类型属性”对话框，如图 3-6-16 所示。

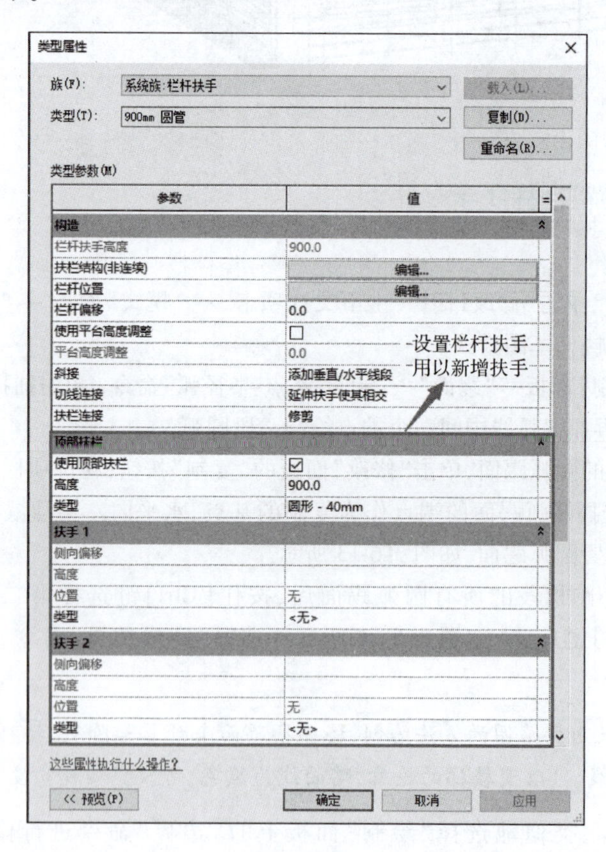

图 3-6-16

(1)扶栏结构（非结构）：单击扶栏结构的“编辑”按钮，打开“编辑扶手”对话框，如图 3-6-17所示。可插入新的扶手，“轮廓”可通过载入“轮廓族”载入选择，对于各扶手可设置其名称、高度、偏移、材质等。

学习笔记

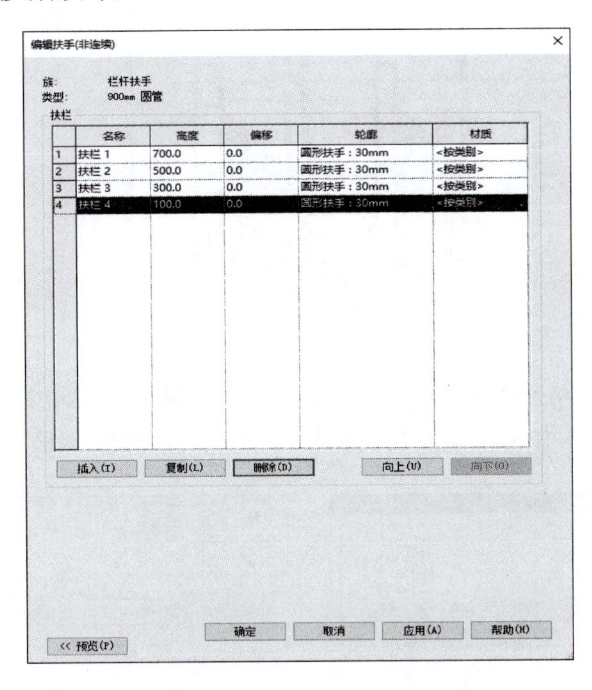

图 3-6-17

(2)栏杆位置:单击栏杆位置“编辑”按钮,打开“编辑栏杆位置”对话框,如图 3-6-18 所示。可编辑 1 100 mm 圆管的“栏杆族”的族轮廓、偏移等参数。

(3)栏杆偏移:栏杆相对于扶手路径内侧或外侧的距离。如果为 -25 mm, 则生成的栏杆距离扶手路径为 25 mm, 方向可通过“翻转箭头”控件控制,如图 3-6-19 所示。

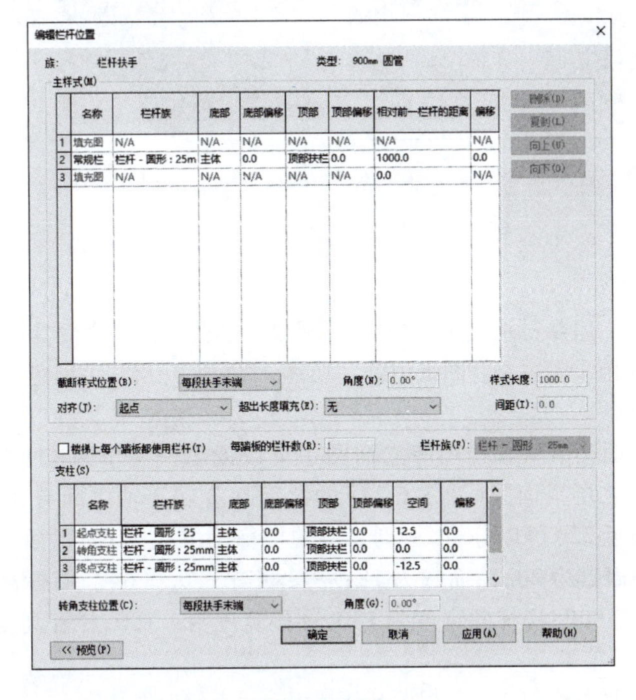

图 3-6-18

学习笔记

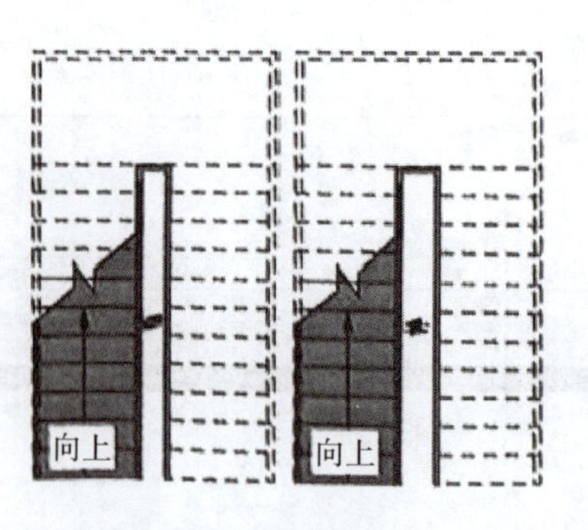

图 3-6-19

【操作技巧】当使用“构件楼梯”绘制带有休息平台的楼梯时，可能会出现无休息平台的状况，此时应注意在绘制梯段过程中，是否勾选“自动平台”复选框，如图3-6-20所示。

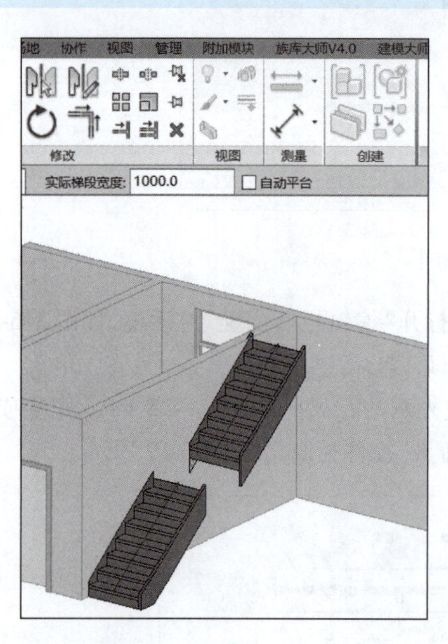

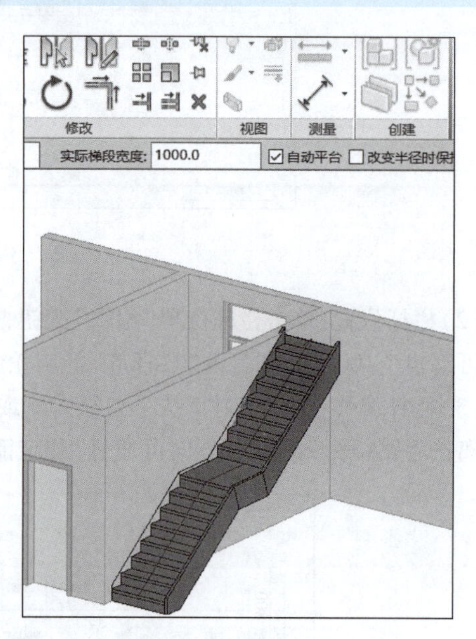

图 3-6-20

三、任务操作

该任务是创建一座乡村别墅的楼梯扶手，现以一层楼梯扶手为例具体讲解任务实施的主要内容。任务实施步骤主要有图纸识读、一层楼梯创建、一层扶手创建等。

(一)图纸识读

从一、二层平面图及楼梯详图等立面图中可以读出一层楼梯扶手的类型及相关尺寸。如楼梯间一、二层平面图(图3-6-21)的北面在2和3轴之间有楼梯，结合楼梯详图和剖面图(图3-6-22)可以分析，一到二层的楼梯是U型楼梯；踢面高度为150，踏面宽度为300，且踢面数为20，踏面数为18；一层标高±0.000，二层标高为3.600，中间休息平台标高为1.800；楼梯井宽度为100，梯段宽度为1 180；栏杆高度为900，栏杆间距为225。

请读者使用同样方法识读出一层中其他楼梯和扶手的类型及尺寸。

学习笔记

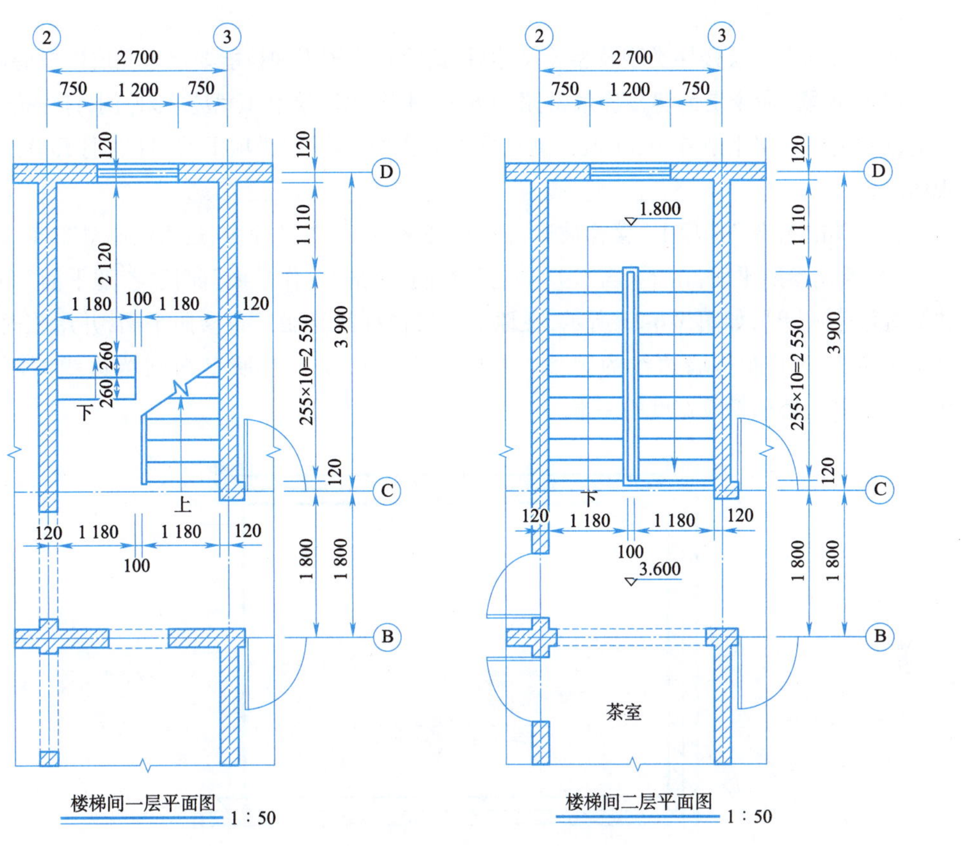

图　3-6-21

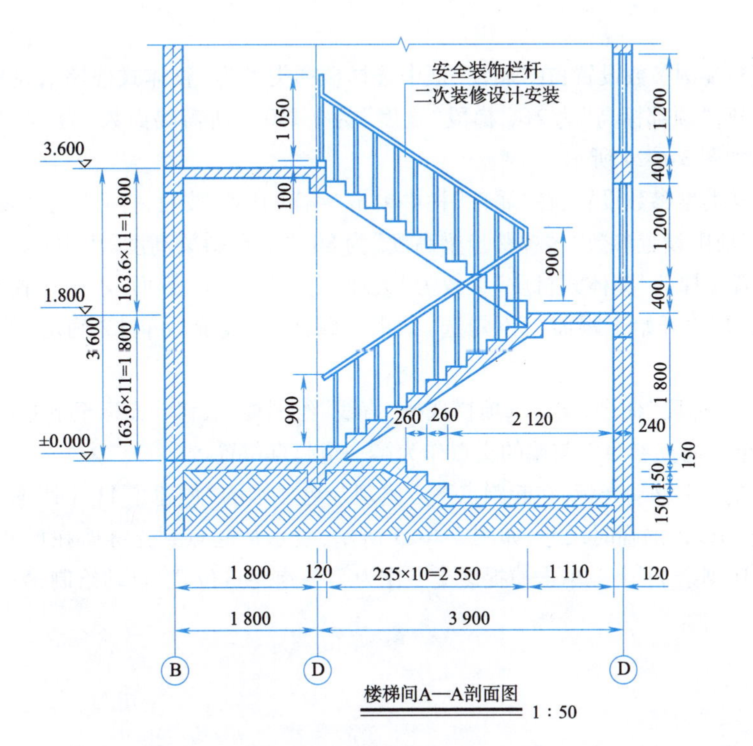

图　3-6-22(单位:mm)

学习笔记

（二）一层楼梯创建

从图纸读出一层楼梯类型及相关尺寸后，按照职业知识和技能要点来完成楼梯的创建。

（1）“梯段”命令是创建楼梯最常用的方法，本案例以绘制 U 型楼梯为例，详细介 绍楼梯的创建方法。接上节练习，在项目浏览器中双击“楼层平面”项下的“1F”，打开首层平面视图。

（2）单击“建筑”选项卡“楼梯坡道”面板“楼梯（按草图）”命令，进入绘制草图模式。

（3）绘制参照平面：在 2-3 与 C-D 轴之间绘制，单击“工作平面”面板“参照平面”命令或快捷键【R】+【P】，如图 3-6-23 所示，在地下一层楼梯间绘制三条参照平面，并用临时尺寸精确定位参照平面与墙边线的距离。其中上下两个水平参照平面到墙边线的距离为 590 mm，其为楼梯梯段宽度的一半。

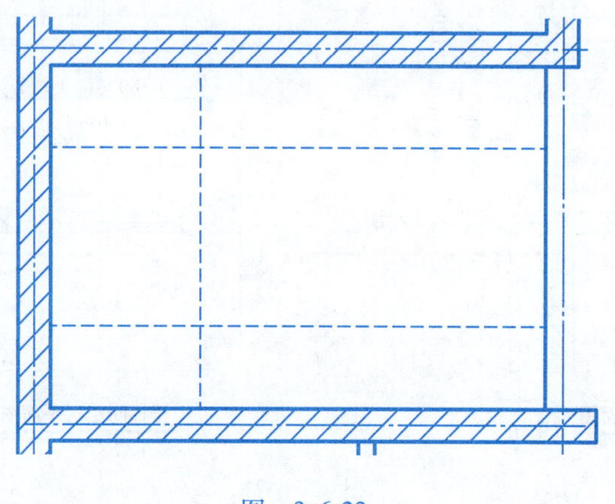

图 3-6-23

（4）楼梯实例参数设置：在“属性”框中选择楼梯类型为“整体式楼梯”，设置楼梯的“基准标高”为 IF，“顶部标高”为 2F，梯段“宽度”为 1 180，“所需踢面数”为 22，“实际踏板深度”为 260，如图 3-6-24 所示。

（5）楼梯类型参数设置：在“属性”栏中单击“编辑类型”按钮，打开“类型属性”对话框，在“梯边梁”项中设置参数“楼梯踏步梁高度”为 80，“平台斜梁高度”为 100。在“材质和装饰”项中设置楼梯的“整体式材质”参数为“大理石抛光”。在“踢面”项中设置“最大踢面高度”为 180，勾选“开始于踢面”，不勾选“结束于踢面”。完成后单击“确定”按钮。关闭对话框。

（6）单击“梯段”命令，默认选项栏选择“直线”绘图模式，移动光标至下方水平参照平面右端位置，单击捕捉参照面与墙的交点作为第一跑起点位置。

（7）向左水平移动光标，在起跑点下方出现灰色显示的“创建了 11 个踢面，剩余 11 个”的提示字样和蓝色的临时尺寸，如图 3-6-25 所示，表示从起点到光标所在尺寸位置创建了 11 个踢面，还剩余 11 个。单击捕捉该交点作为第一跑终点位置，自动绘制第一跑踢面和边界草图。

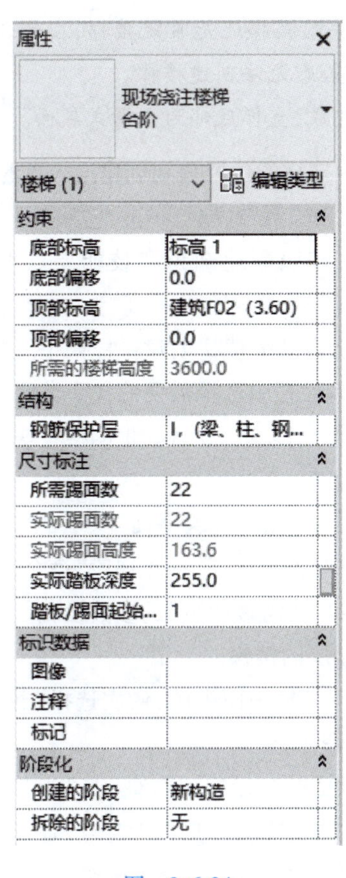

图 3-6-24

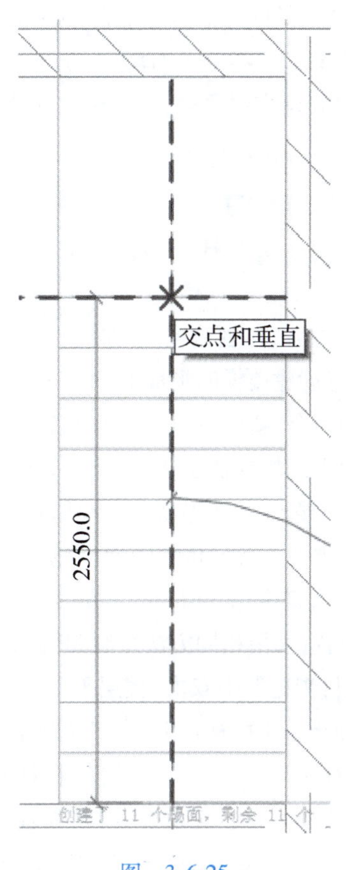

图 3-6-25

(8)垂直向上移动光标到上方水平参照平面左端位置(此时会自动捕捉与第一跑终点平齐的点),单击捕捉作为第二跑起点位置。向右水平移动光标到矩形预览图形之外单击捕捉一点,系统会自动创建休息平台和第二跑梯段草图,如图 3-6-26 所示。

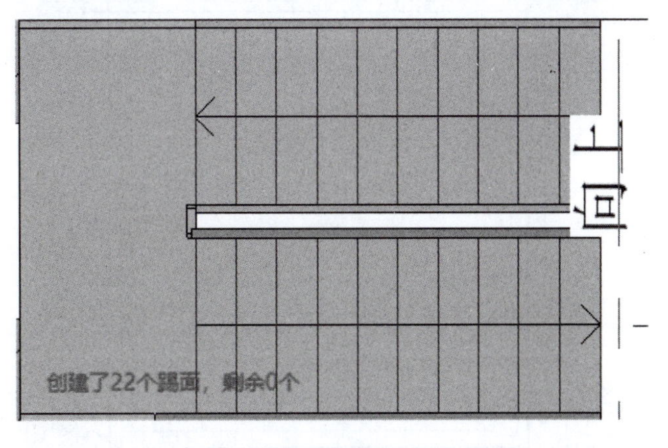

图 3-6-26

(9)单击选择楼梯顶部的绿色边界线,用鼠标拖动其和左边的墙体内边界重合。单击“完成编辑”按钮,创建 U 形等楼梯。

学习笔记

【注意】如果在楼梯中间带休息平台，则无论是异形楼梯还是常规楼梯，在平台与踏步交界处的楼梯边界线必须拆分为两段，或分开绘制，否则无法创建楼梯。

整体式楼梯没有梯边梁，主体由一种材质构成，直梯底部为平滑式底面。

(10)重复上述类似操作，按照一层平面图中楼梯的位置分别创建出入口的台阶。

(三)一层栏杆创建

从图纸读出一层栏杆类型及相关尺寸后，按照职业知识和技能要点来完成栏杆的创建。

(1)扶手类型。在创建楼梯的时候，Revit 会自动为楼梯创建栏杆扶手。要修改栏杆扶手，可选择上述创建楼梯时形成的栏杆扶手，从属性栏中选择需要的扶手类型(若没有，则可以用编辑类型命令，新建符合要求的类型)。这里直接选用默认附带的栏杆扶手。同时选择靠近墙体内边界的栏杆扶手，按【Delete】键删除。

(2)其他层楼梯：接上节练习，在项目浏览器中双击“楼层平面”项下的“2F”， 打开二层平面视图。类似于首层楼梯的创建，使用“楼梯(按草图)” → “梯段”命令，选择“楼梯整体式楼梯”类型，修改“底部标高”、“顶部标高”和“所需踢面数”的参数设置。在与首层楼梯相同的平面位置，采用相同方法绘制 2F 到 3F 楼层的楼梯。

(3)从项目浏览器中双击“楼层平面 2F”进入 2F 平面视图，依次选择“建筑”选项卡→“楼梯坡道”面板→ “栏杆扶手”→ “绘制路径”命令。

(4)从属性栏类型选择器中选择“栏杆扶手楼层”，设置“底部标高”为“2F”，底部偏移量为“510”。选择“直线”绘制命令，以 A 轴和 1 轴上墙段的交点为起点，垂直向上移动至 B 轴上墙面边界单击结束，如图 3-6-27 所示，单击绿色的“完成编辑”按钮。重复以上的操作，以 A 轴和 1 轴上墙段的交点为起点，垂直向上移动至 2 轴上墙面边界单击结束。完成后的三维图如图 3-6-28 所示。

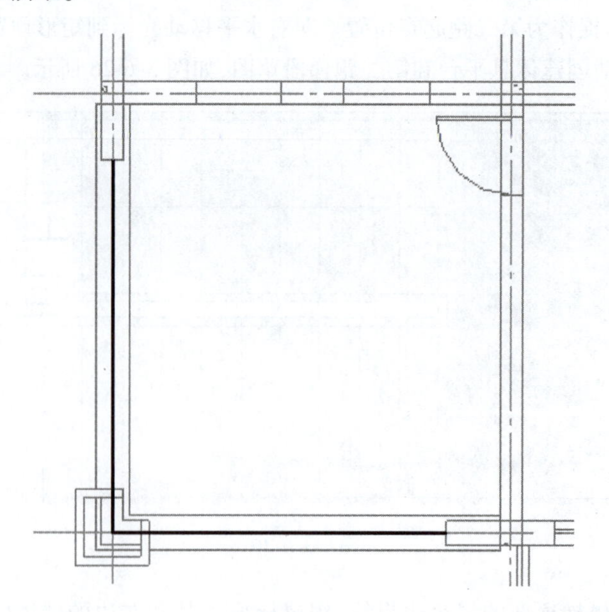

图 3-6-27

图　3-6-28

(5)切换到2F 楼层平面视图,依次选择“建筑”选项卡 →“楼梯坡道”面板→“栏杆扶手”→“绘制路径”命令,从“属性”框中的类型选择器中选择“栏杆扶手:中式扶手顶层”,设置“底部标高”为“2F”,在图 3-6-29 所示位置绘制直线(图中粗线线段)。完成后的效果如图 3-6-30所示。

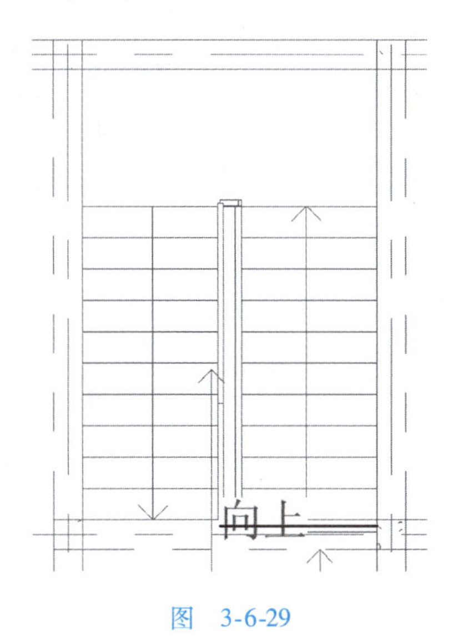

图　3-6-29

图　3-6-30

视频

任务六 楼梯及栏杆创建：楼梯（巩固练习）

视频

任务六 楼梯及栏杆创建：栏杆（巩固练习）

巩固练习

2021 年第一期“1 + X”建筑信息模型(BIM)职业技能等级考试——初级

实操试题三(节选部分,真题请扫描“附件 1”二维码下载)

1.(单选题)按构件创建楼梯由(　　)几个主要部分组成。

A. 梯段、平台和栏杆扶手　　B. 踢面、踏面和栏杆扶手

C. 梯段、踏面和踢面　　D. 梯段、路径和栏杆扶手

2.（单选题）在 Revit 中提供了按（　　）和按（　　）两种创建楼梯的方式。

A. 轮廓，构件　　B. 草图，轮廓　　C. 草图，构件

3.（单选题）Revit 中创建楼梯，在【修改\创建楼梯】→【构件】中不包含（　　）构件。

A. 支座　　B. 平台　　C. 梯段　　D. 梯边梁

在任务五屋顶创建的基础之上，根据题目要求及图纸（图 3-6-31）给定的参数，创建楼梯。

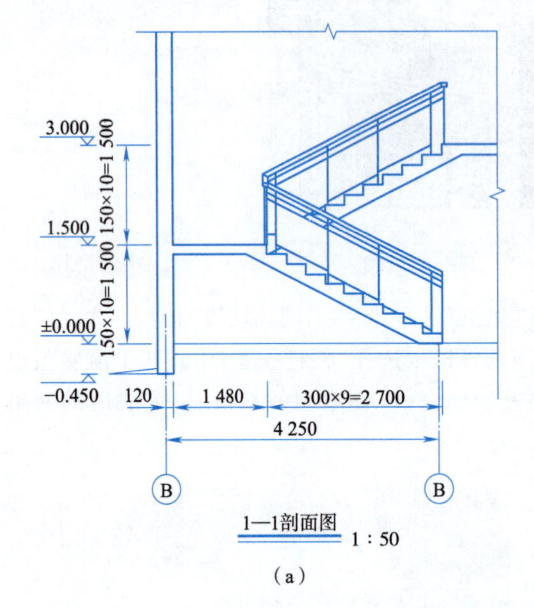

1—1剖面图 1 : 50

（a）

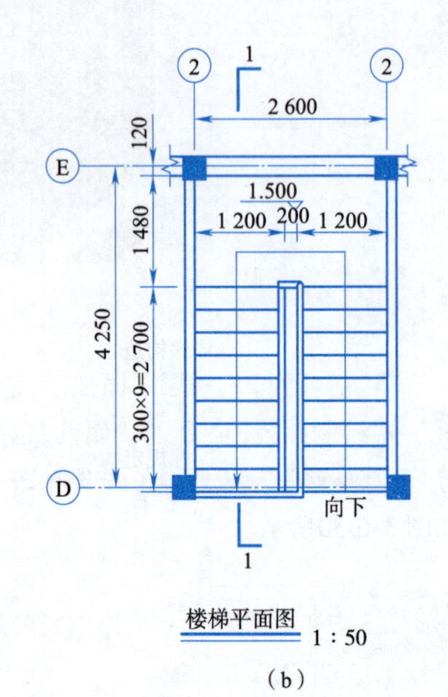

楼梯平面图 1 : 50

（b）

图 3-6-31（单位：mm）

任务测评

学习笔记

“任务六　楼梯创建”测评记录表

学生姓名		班级		任务评分	
实训地点		学号		完成日期	
考核内容				标准分	评　分
知识(40 分)	楼梯类型填写			13	
	楼梯构造填写			13	
	国标规定内容			14	
技能(40 分)	楼梯的完成数目			12	
	楼梯的位置正确度			13	
素质(20 分)	楼梯属性设置			15	
	实训管理:纪律、清洁、安全、整理、节约等			5	
	工艺规范:国际样式、完整、准确、规范等			5	
	团队精神:沟通、协作、互助、自主、积极等			5	
	学习反思:技能点表述、反思内容等			5	
教师评语					

学习笔记

导图互动

结合国家在线精品课程“BIM 建模技术”模块二项目三中任务 6 的基础准备，在学习楼梯的类型、材料与尺寸等相关知识后，完成以下导图内容。

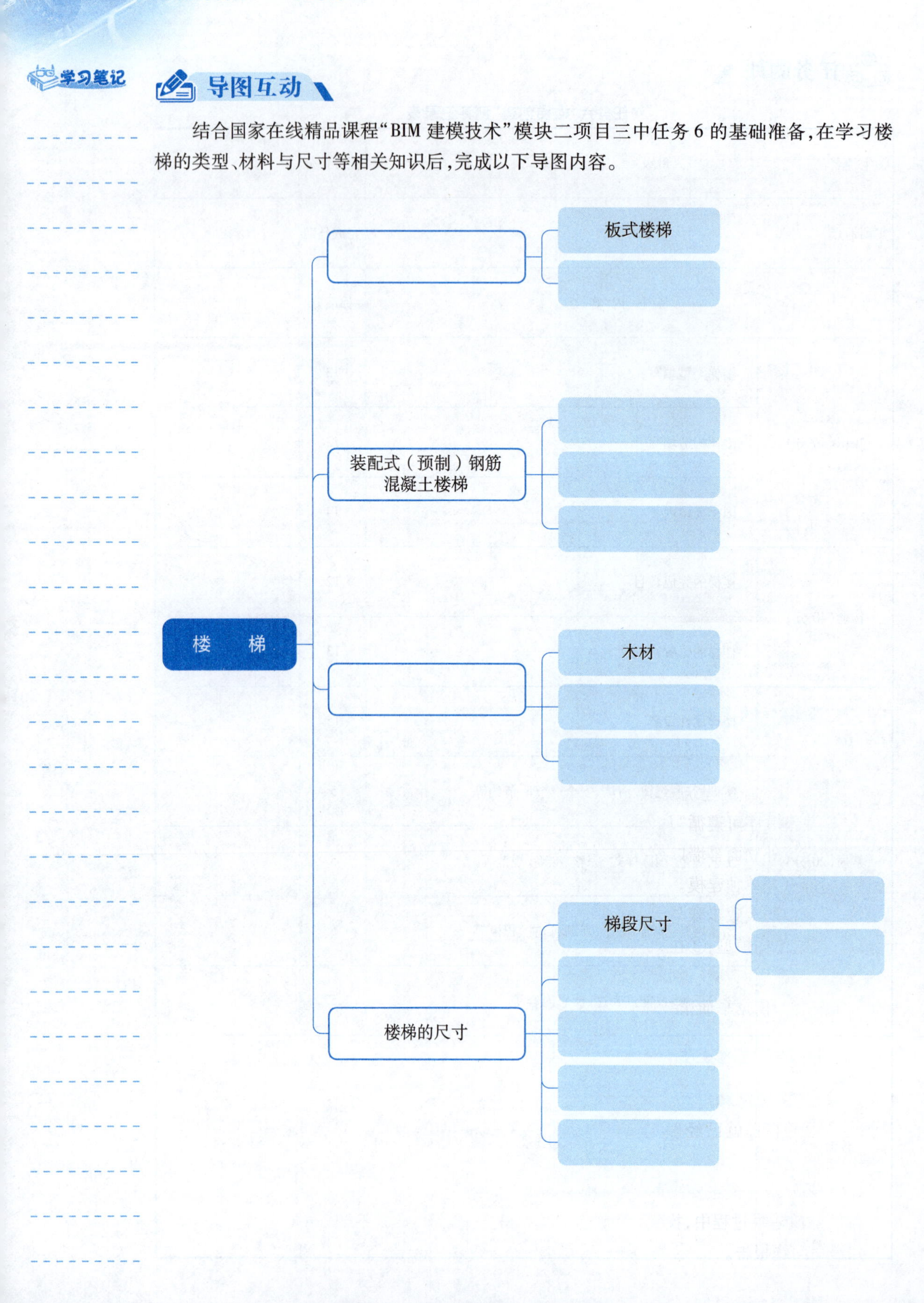

学习笔记

拓展案例——高铁站建筑

一、项目简介

本项目为新建潍坊至莱西铁路客运专线站点之一，站场为二台六线，站房面积 10 000m^2，站房形式为线侧下式，总面宽 128.5 m，总进深 40.2 m，采用钢筋混凝土框架结构，站房建筑内墙如图 3-7-1 所示。项目采用 BIM 建模指导施工，需要对高铁站进行 BIM 模型创建。

图　3-7-1

视频

项目三
拓展案例
高铁站建筑

二、建模总体思路

在有结构模型的前提下创建建筑模型，建筑模型一般有建筑墙、门、窗及一些附属构件，Revit 软件中有对应的建筑模块，有些不规则的附属构件需要通过建族或内建模型的方式创建。建筑建模顺序可遵循“从下到上，分层建模”的原则。除了建筑模型外还有外立面幕墙及精装建模。外立面幕墙以“立面为主，平面为辅”的方式建模，建筑模型、外立面幕墙及精装模型可以分开单独建模。

建筑建模的大致步骤与结构建模类似，主要分为：①分析图纸，拆分图纸；②通过样板创建项目，链接结构模型；③在项目中导入所需建模的图纸，分层建模；④新建项目，依据平面幕墙位置，参照立面图及各分块玻璃幕墙尺寸创建幕墙模型；⑤再次新建项目，通过链接结构及建筑模型，依据平面精装位置线，参照精装立面，在项目中创建精装模型。

三、模型创建的主要步骤

（一）确定模型精度和细度

在结构建模前就已经确定好整体建模精度标准，建筑建模精度与结构模型精度保持一致。

高铁站建筑建模主要注意以下两点：

（1）建筑建模过程中，找到设计图纸构件冲突的问题及建筑模型与结构模型碰撞的问题，并提交问题报告。

学习笔记

(2)根据变更图纸实时更新建筑模型,提供给机电人员调管综模型。

(二)构件命名

建筑建模过程中,墙体可根据墙厚及材质命名,门和窗依据图纸原位标注命名,玻璃幕墙通过标注的幕墙详图名称命名,石材幕墙及精装墙面没有具体的命名方式,可以根据材质命名,如图 3-7-2 所示。图纸中没有具体命名的构件,可通过其特性灵活选择命名方式,确保后期模型更改及模型交互使用中能快速了解构件信息,避免出现模型名称与图纸表达名称不相符的情况。

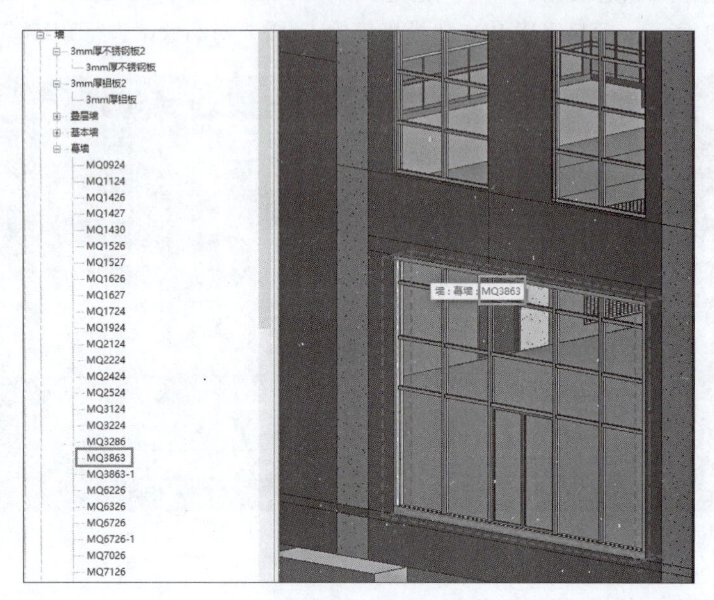

图 3-7-2　幕墙命名

(三)构件参数化分析及创建

建筑模型中需要建族的位置比较多,建模过程中根据需求随建随用,一般 Revit 自带族都能满足建模需求,对于 Revit 族库中没有的门窗族样式,可以在一些族库插件中查找。涉及墙边造型或者设备基础的构件,一般采用内建模型的方式创建。

在幕墙创建过程中,若有造型竖梃,依据幕墙位置标记的详图大样,创建竖梃轮廓族,使建模更准确。

在精装建模过程中,需要提前分析所需族的种类,分出需要建模的构件。例如,车站标识牌具有特殊性,只能用于本项目,所以在建族时依据图纸尺寸单独创建标识牌族,尺寸固定无须参数化。其他附属构件可通过族库插件搜索下载使用。

(四)模型创建

建筑可分开建模,通常分为建筑内墙、幕墙、精装三大部分图(3-7-3)。考虑到软硬件运行能力,对于大型工程建筑建模,建筑内墙及精装还需分层建模单独保存。

通过导入每层的建筑平面图,准确定位内墙、门、窗的平面位置,逐层建模。幕墙需要导入对应的建筑立面图,在平面确定幕墙边线的情况下,再通过立面确定石材幕墙分割线位置,玻璃幕墙则需确定窗扇开启位置及竖梃位置是否与详图一致,使幕墙建模的准确性更趋近于图纸,分割线及竖梃不恰当的位置,再通过后期模型深化修改。精装与幕墙类似,需要导入精装平面图和部分房间立面图,对于有分格的墙地顶,则采用玻璃斜窗创建地面和顶

面，幕墙创建墙面，再通过替换嵌板和修改竖梃来完成墙地顶的精装建模，此类情况最典型的案例是卫生间精装。

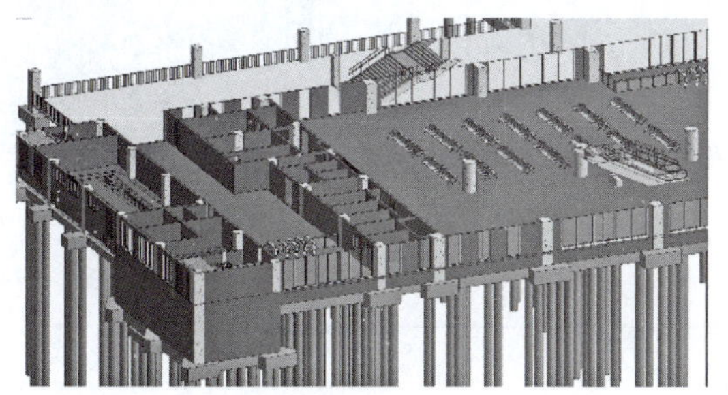

（a）内墙模型

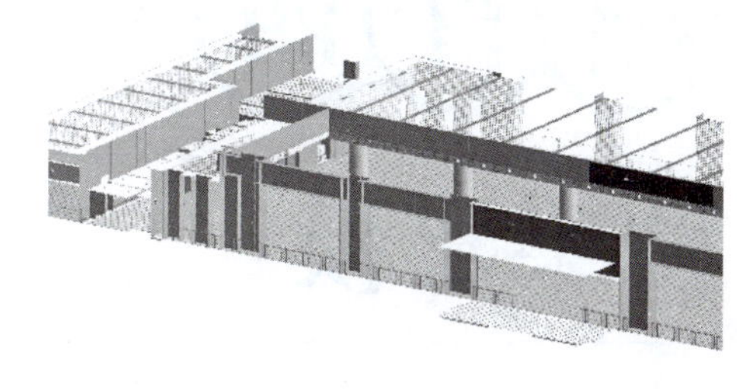

（b）精装模型

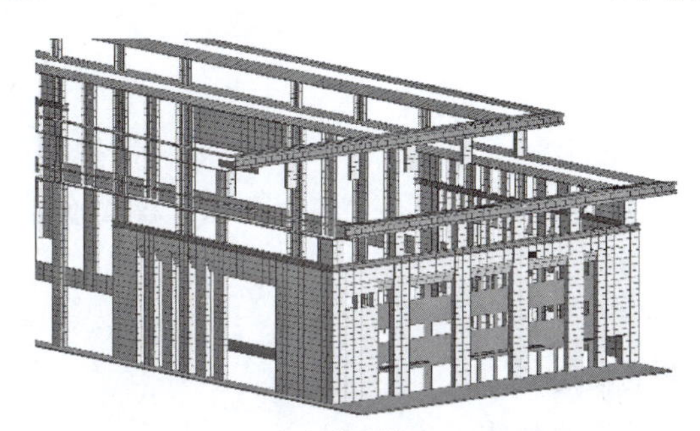

（c）幕墙模型

图　3-7-3

在没有 CAD 底图作为参照的情况下，建筑模型中的各类构件通过轴网与构件，构件与构件之间的间距尺寸定位，需谨防构件位置错位、偏差。

（五）模型校验

建筑模型建模完成后，需要对创建完的模型检查校核，校核内容一般是：①建筑模型与建筑图纸一一对应，不应存在遗漏的构件；②建筑模型各类构件的尺寸位置是否与结构模型有冲突；③各专业模型文件链接在一起，是否有碰撞冲突的地方，若有，应检查是图纸问题还是模型问题；④预留洞口及套管是否有遗漏。完成校验后，即可将建筑模型交付给下一阶段建模使用。

四、技术要点总结

在结构模型的基础上创建建筑模型，依据图纸逐层建模，其中一些特殊构件通过建族或搜索族库放置。幕墙模型需根据平面和立面定位创建不同类型的幕墙，根据详图及大样创建竖梃轮廓族。精装模型需在建筑结构模型的基础上创建，与幕墙创建方式相同，顶面和地面需要用玻璃斜窗创建。

建模过程中应注意图纸中是否存在构件碰撞的问题，及时赋予构件材质，建模完成后需要检查各专业模型链接在一起是否有碰撞，检查模型是否有构件遗漏、缺画、少画的情况。根据项目需求再对墙体排砖、幕墙排版、精装分格划分有选择性地深化建模。

【注意】如果在楼梯中间带休息平台，则无论是异形楼梯还是常规楼梯，在平台与踏步交界处的楼梯边界线必须拆分为两段，或分开绘制，否则无法创建楼梯。整体式楼梯没有梯边梁，主体由一种材质构成，直梯底部为平滑式底面。

桥梁建模

一、项目描述

基于给出的桥梁图纸，使用 Revit 软件完成桥梁 BIM 模型的创建。

二、学习目标

知识目标：

- 能正确表述体量的概念；
- 能正确表述桥台桥墩的种类；
- 能正确表述桥梁构件的类型；
- 能正确表述桥梁拼装合模的过程。

技能目标：

- 能熟练使用概念体量进行模型创建；
- 能依据图纸选择对应的方法创建桥台、桥墩及进行修改；
- 能依据图纸选择对应的方法创建桥面附属结构及进行修改；
- 能正确进行桥梁拼装合模的模型创建。

素质目标：

- 培养学生刻苦钻研、精益求精的工匠精神；
- 提高学生的专业素养和职业素质。

三、德技领航

成昆铁路北起成都站、南至昆明站，全长 1 096 km，共设大小车站 124 座，线路沿着中国地形第一、二阶梯边缘铺设，穿越地质条件极不稳定的板块活动冲突带，共设计有 8 处展线、991 座桥梁、427 座隧道，其中有 1/3 的车站处于桥隧中。成昆铁路在当时社会环境下是一项难度极大的工程，沿线地带被外国专家们称作“铁路禁区”，是不可能修筑铁路的地方。但中国人民不怕苦、不怕难，克服地理环境恶劣、生产条件落后等难题，筑造了成昆铁路。

本项目将以铁路桥梁为载体来介绍建模中体量的技术技巧，同时培养学生化解难点、攻克难题的奋斗精神。

文件

项目四 图纸

视频

项目四 德技领航

任务一　族体量基础建模

任务工单

打开族样板“基于线的公制常规模型”，再根据图纸要求绘制结构基础轮廓，如图 4-1-1 所示。

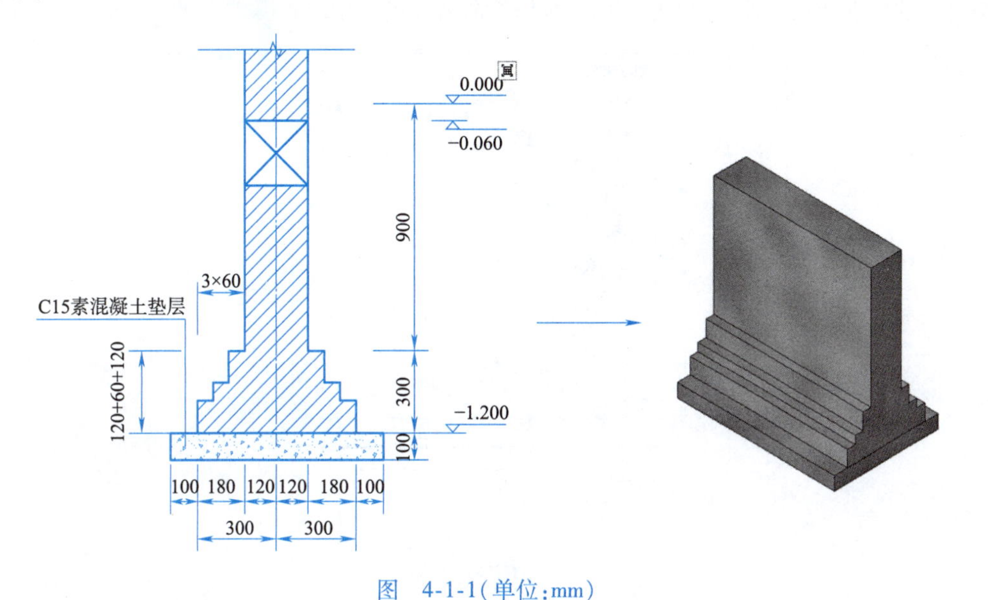

图　4-1-1（单位：mm）

视频

任务一　族体量基础建模（任务速递）

知识链接

“族”是参数的载体，它不仅包括建筑部件、几何形状，还可以模拟材料的各类特性以及受力情况等属性。每个族图元能够在其内定义多种类型，根据族创建者的设计，每种类型可以具有不同的尺寸、形状、材质的设置或其他参数变量。

在 Revit 中，“族”是一个必要的功能，可以帮助使用者方便地管理和修改所搭建的模型，它在建筑表现的基础上同时包含了关于项目的智能数据。在 Revit 软件启动界面中，可以看到软件环境分成“项目”与“族”两大部分，这说明“族”在整个软件构架中占有非常重要的地位。

一、族的类型简介

Autodesk Revit 有以下三种族类型：

（1）系统族。系统族是在 Autodesk Revit 中预定义的族，包括基本建筑构件，例如墙、门、窗等。使用者可以复制和修改现有系统族，但不能创建新的系统族。可以通过指定新参数定义新的族类型。

（2）标准构件族。在默认情况下，用户可以在项目样板中载入标准构件族，但更多标准构件族存储在构件库中。用户可以使用族编辑器创建和修改构件，复制和修改现有构件族，也可以根据各种族样板创建新的构件族。

族样板可以是基于主体的样板,也可以是独立的样板。基于主体的族包括需要主体的构件。

(3)内建族。内建族可以是特定项目中的模型构件,也可以是注释构件。只能在当前项目中创建内建族,因此它们仅可用于该项目特定的对象,例如对自定义墙的处理。创建内建族,在"建筑"选项卡"构建"面板"构件"下拉列表中选择"内建模型",这时将弹出图4-1-2所示"族类别和族参数"对话框,在这里可以选择类别,且使用者所使用的类别将决定构件在项目中的外观和显示控制,单击"确定"按钮后命名并进入创建族模式。

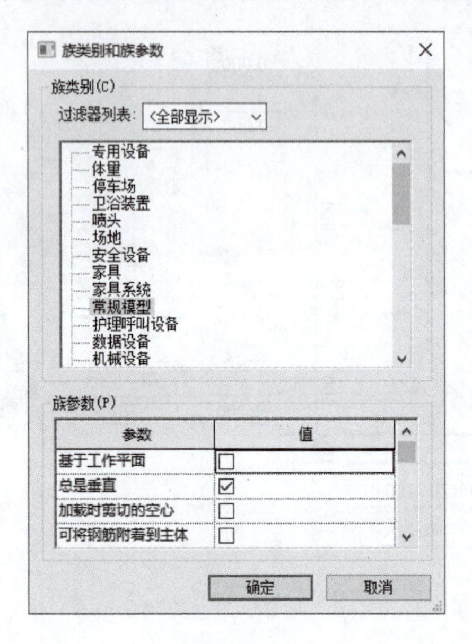

图 4-1-2

二、族参数简介

族参数有以下三种类别:

(1)固定参数:不能在类型或者实例中修改的参数,即族的定量。

(2)类型参数:可以在类型中修改的参数,修改族的类型参数将导致该族同一类型的图元同步变化。

(3)实例参数:不出现在类型参数中,而是只出现在实例属性中,修改图元的实例参数,只会导致选中的图元改变,而不影响任何其他的图元。

三、族样板简介

Revit 族样板相当于一个构建块,其中包括在开始创建族时以及 Revit 在项目中放置族时所需要的信息。用户可以从分类、功能、使用等角度从系统提供的样板中进行选择。若选取不恰当的样板,会造成使用不便、功能受限等问题,甚至导致完全返工。因此,用户在创建或编辑族时选择适合的族样板非常关键。

(一)族类别的确定

对族样板进行选择首先需要通过样板文件的名称来进行选择,同时还要特别考虑其适用对象的构建及使用特征。从这两个角度来说,族样板主要可以分为以下九类:

(1)基于墙的样板。用来创建将插入墙中的构件,如门、窗和照明设备等。有些墙构件(如门和窗)包含洞口,因此在墙上放置这种构件时,墙上会剪切出一个洞口。

(2)基于天花板的样板。用来创建将插入天花板中的构件,如消防装置、照明设备等。有些天花板构件包含洞口,因此在天花板上放置该种构件时,天花板上会剪切出一个洞口。

(3)基于楼板的样板。用来创建将插入楼板中的构件。有些楼板构件包含洞口,如加热风口或排水口,因此在楼板上放置该种构件时,楼板上会剪切出一个洞口。

(4)基于屋顶的样板。用来创建将插入屋顶中的构件,如天窗和屋顶风机等。有些屋顶构件包含洞口,因此在屋顶上放置该种构件时,屋顶上会剪切出一个洞口。

(5)独立样板。独立构件不依赖于任何主体,可以放置在模型中的任何位置,可以相对于其他独立构件或基于主体的构件添加尺寸标注。家具、电气器具、风管以及管件是典型的独立构件。

(6)自适应样板。用以创建需要灵活适应许多独特上下文条件的构件,如:自适应构件可以用在通过布置多个符合用户定义限制条件的构件而生成的重复系统中。选择一个自适应样板时,将使用概念设计环境中的一个特殊的族编辑器创建体量族。

(7)基于线的样板。用以创建采用两次拾取放置的族。其中详图构件属于二维构件,模型构件属于三维构件。常见的有灌木丛、窗台披水、屋面卷材、梁、带箭头的引线、沿直线等距布局的配景等。

(8)基于面的样板。用以创建基于工作平面的族,这些族可以修改它们的主体。从样板创建的族可在主体中进行复杂的剪切。这些族的实例可放置在任何表面上,而不考虑它自身的方向。常见例子有门窗把手、投影仪、水龙头等。

(9)专用样板。当族需要与模型进行特殊交互时使用专用样板。这些族样板仅特定于一种类型的族,如“结构框架”样板仅可用于创建结构框架构件。

(二)族样板的特殊功能

一些族样板都有其特殊功能,用户在选择使用时可以不拘泥于族样板文件名称而选择使用,来制作出满足需求的构件。

以“公制柱.rl”样板为例,一般的族样板中只有一个参照标高,而公制柱样板的最主要特征是它包含两个参照标高。当族被放置到任何平面中时,会自动识别其所在的标高和上层标高并产生关联映射。根据这个特性,我们可以灵活地用它来制作需要和层高发生关系的构件族,如柱、自动扶梯、坡道等。建立关联后,当层高变化时,这些构件也会根据预先定义的规则进行相应的变化。

任务实施

使用族体系新建构件,建成的构件可以进行二次包装转换成单一或指定参数的构件,方便导入到项目或其他族中并在应用过程中进行参数调整,以及进行整体建筑物的搭建。在族的系统内对构件建模主要有五种建模方式:拉伸、融合、旋转、放样、放样融合。对于单个构件会根据其结构特性采取对应的建模方式,即相同或不同建模方式、不同顺序的排列组合,每类构件均是由不同排列组合建模方式建造出来的体块拼合而成,较为常用的是拉伸和融合方式。

视频

任务一　族体量基础建模(任务实施)

在建模过程中,首先需要设置一个工作平面再进行建模操作,创建不同体块时需要重新设置工作平面,即所要进行体块创建操作的参照面。除第一层体块外,其余的体块基本都需

学习笔记

要拾取之前所建体块的某个平面作为工作平面进行建模操作。

上述五种建模方法生成的实体模型可以进行拼合,也可以建空心模型对实体模型进行剪切,以实现设计效果。以下将逐一介绍族建模方法。

一、拉伸

(一)功能

通过拉伸二维形状(轮廓)来创建三维实心形状。

(二)执行方式

功能区:“创建”→“形状”→“拉伸目”。

在工作平面上画出体块的底边的封闭轮廓,之后设定该模块的高度(或厚度,对不同构件有不同的约束),也可以在建完该体块之后进行修改,所建立的体块可以理解为所有的“柱体”。

(三)操作步骤

选择“文件”→“新建”→“族”→“公制常规模型”命令,或选择“建筑”→“构件”→“内建模型”→“常规模型”命令。

单击“拉伸”按钮,单击“工作平面”组中的“设置”,打开图 4-1-3 所示的“工作平面”对话框。选择“拾取一个平面”[例如“参照平面:中心(前/后)”],确定后选择转到视图“立面:前”。

绘制图 4-1-4 所示的屋顶形状,单击“完成”按钮完成拉伸,完成后的拉伸模型在三维视图中通过拖动各造型操纵柄,即可实现对屋顶尺寸的变更,如图 4-1-5 所示。

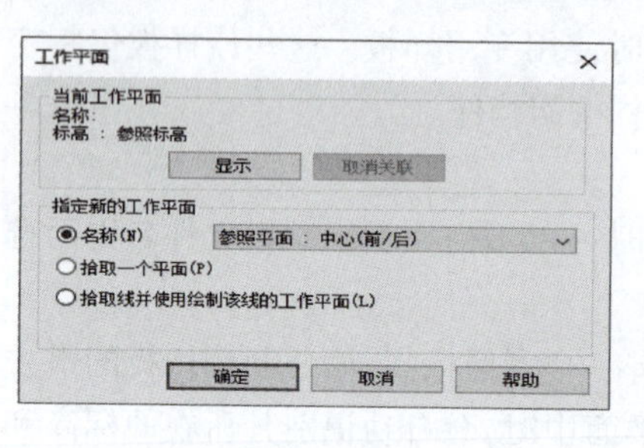

图 4-1-3

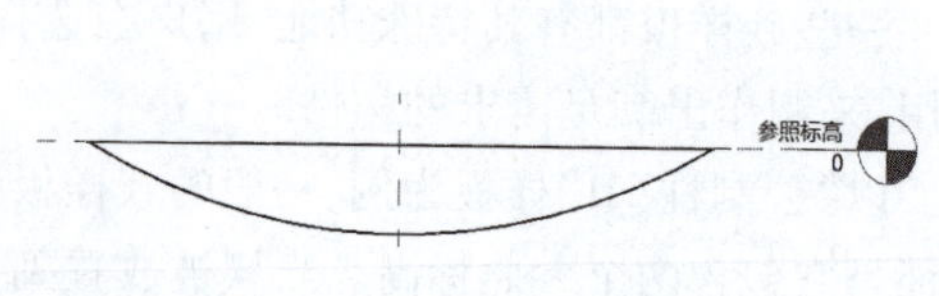

图 4-1-4

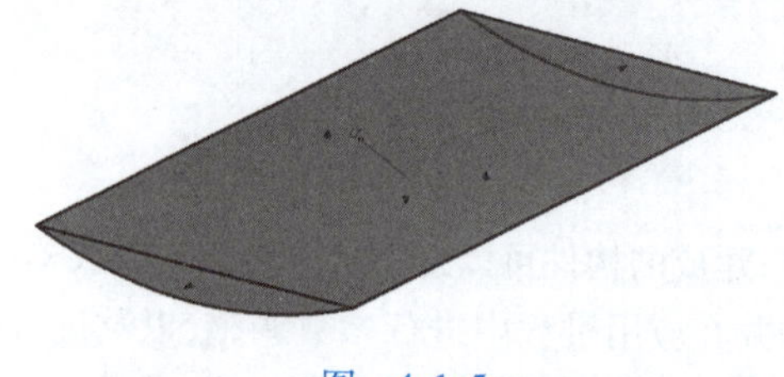

图 4-1-5

二、融合

(一)功能

用于创建三维实心形状,该形状将沿着长度方向发生变化,从初始形状融合到最终形状。

学习笔记

（二）执行方式

功能区："创建"→"形状"→"融合"。

融合是用来构建上下两个底面轮廓不同的体块，两个底面之间的过渡由软件自行计算完成。融合操作的过程是先在工作平面上画出体块的底部轮廓，可以是任意形状，之后切换一下，在同一个工作平面上画体块的顶部轮廓，然后设置底面和顶面之间的距离，此距离也可以在建完体块之后进行调整。融合实体的顶部和底部轮廓必须是单一封闭线框。

（三）操作步骤

选择"文件"→"新建"→"族"命令，族类型选择"公制常规模型"。

在工作平面上画出体块的底部正六边形轮廓和顶部正方形轮廓，如图4-1-6(a)和(b)所示。单击"完成"按钮后，可以在三维视图或立面视图通过拖动造型操纵柄来改变融合实体高度，如图4-1-6(c)所示。

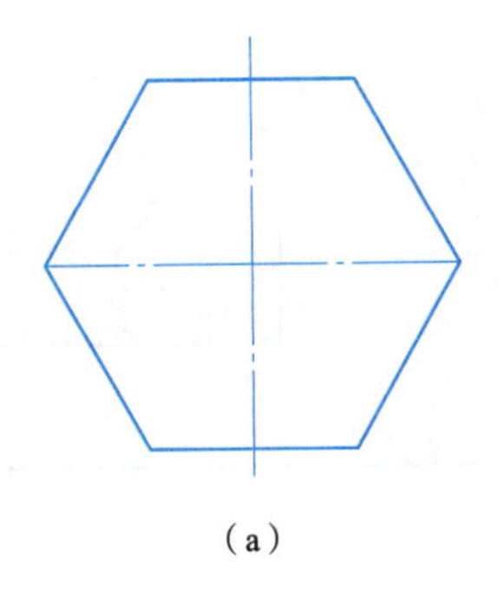

(a)

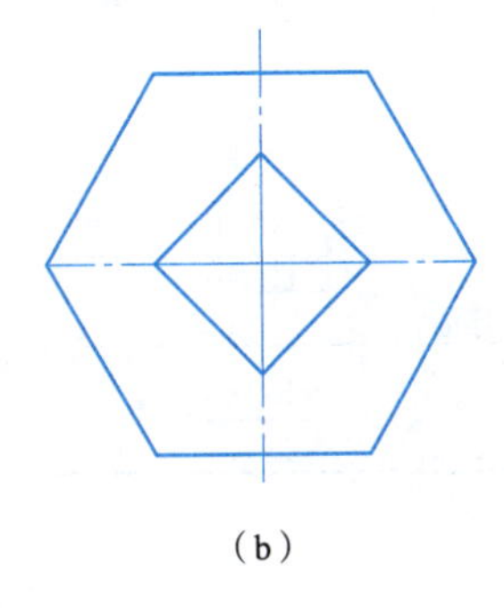

(b)

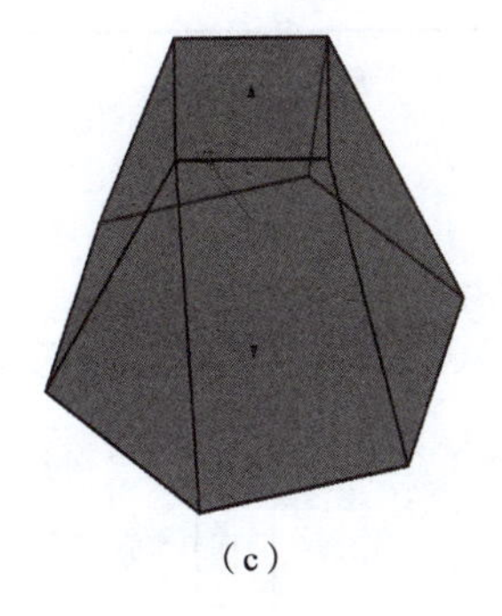

(c)

图　4-1-6

巩固练习

2021年第二期"1＋X"建筑信息模型(BIM)职业技能等级考试——初级

实操试题三（节选部分，真题请扫描"附件3"二维码下载）

根据给出的图纸（图4-1-7）创建桩基，图中尺寸单位除高程以米计外，其余均以毫米计，标高、轴网及未标明尺寸不做要求。

视频

任务一　族体量基础建模（巩固练习）

学习笔记

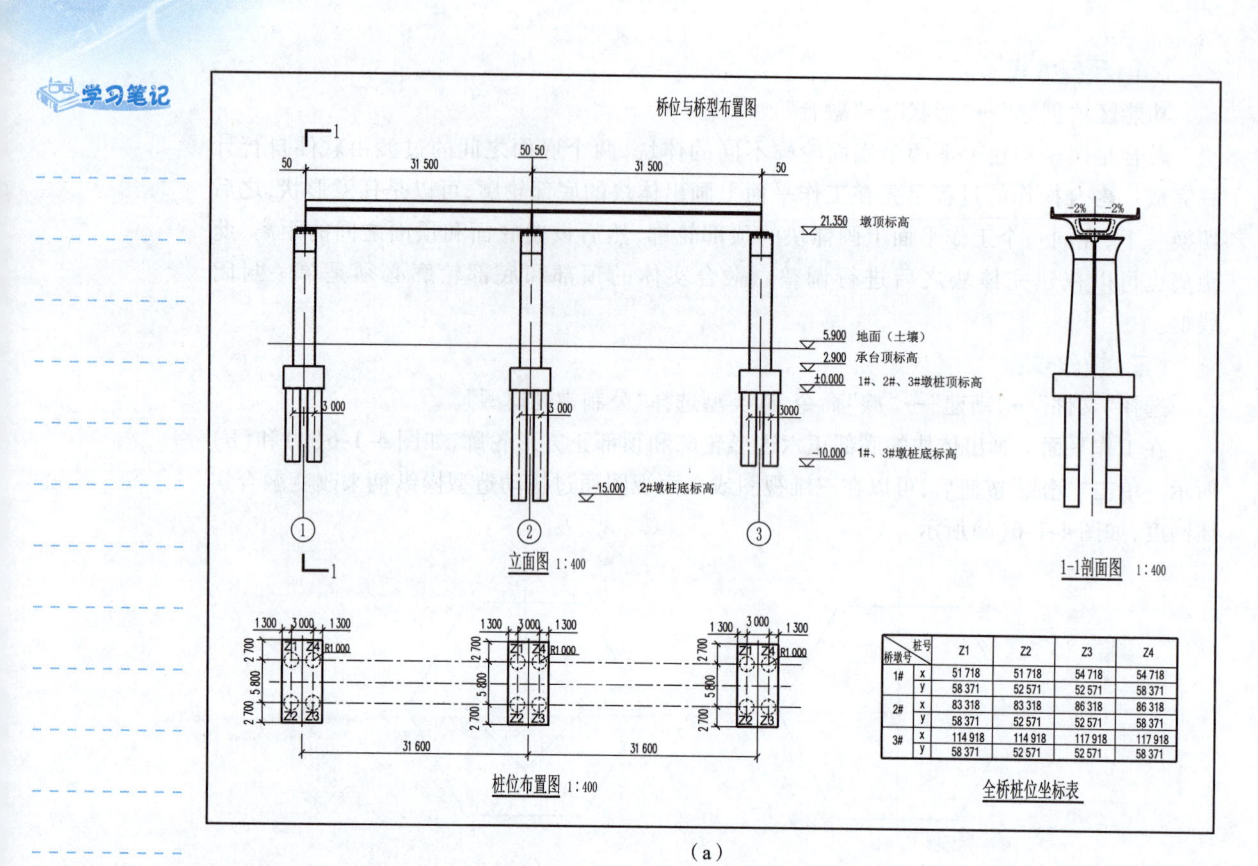

桥墩号＼桩号		Z1	Z2	Z3	Z4
1#	x	51 718	51 718	54 718	54 718
	y	58 371	52 571	52 571	58 371
2#	x	83 318	83 318	86 318	86 318
	y	58 371	52 571	52 571	58 371
3#	x	114 918	114 918	117 918	117 918
	y	58 371	52 571	52 571	58 371

全桥桩位坐标表

（a）

桥墩结构图

桥梁中心线　桥墩中心线　C35现浇混凝土

正面图 1:200　侧面图 1:200　平面图 1:200　2-2剖面图 1:200

（b）

图 4-1-7（单位：mm）

任务测评

学习笔记

"任务一　族体量基础建模"测评记录表

学生姓名		班级		任务评分	
实训地点		学号		完成日期	
考核内容				标准分	评　分
知识(40分)	内建体量建模流程			15	
	可载入体量建模流程			15	
	形状创建要点			10	
技能(40分)	建模流程正确			15	
	基础尺寸正确			15	
	形状创建方法正确			10	
素质(20分)	实训管理:纪律、清洁、安全、整理、节约等			5	
	工艺规范:国标样式、完整、准确、规范等			5	
	团队精神:沟通、协作、互助、自主、积极等			5	
	学习反思:技能点表述、反思内容等			5	
教师评语					

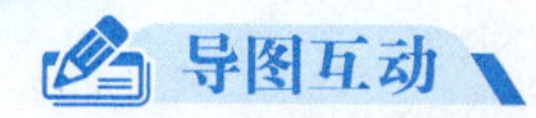

结合国家在线精品课程"BIM 建模技术"模块三项目五中任务 1 的基础准备，在学习内建体量和可载入体量的操作流程以及建模等相关知识后，完成以下导图内容。

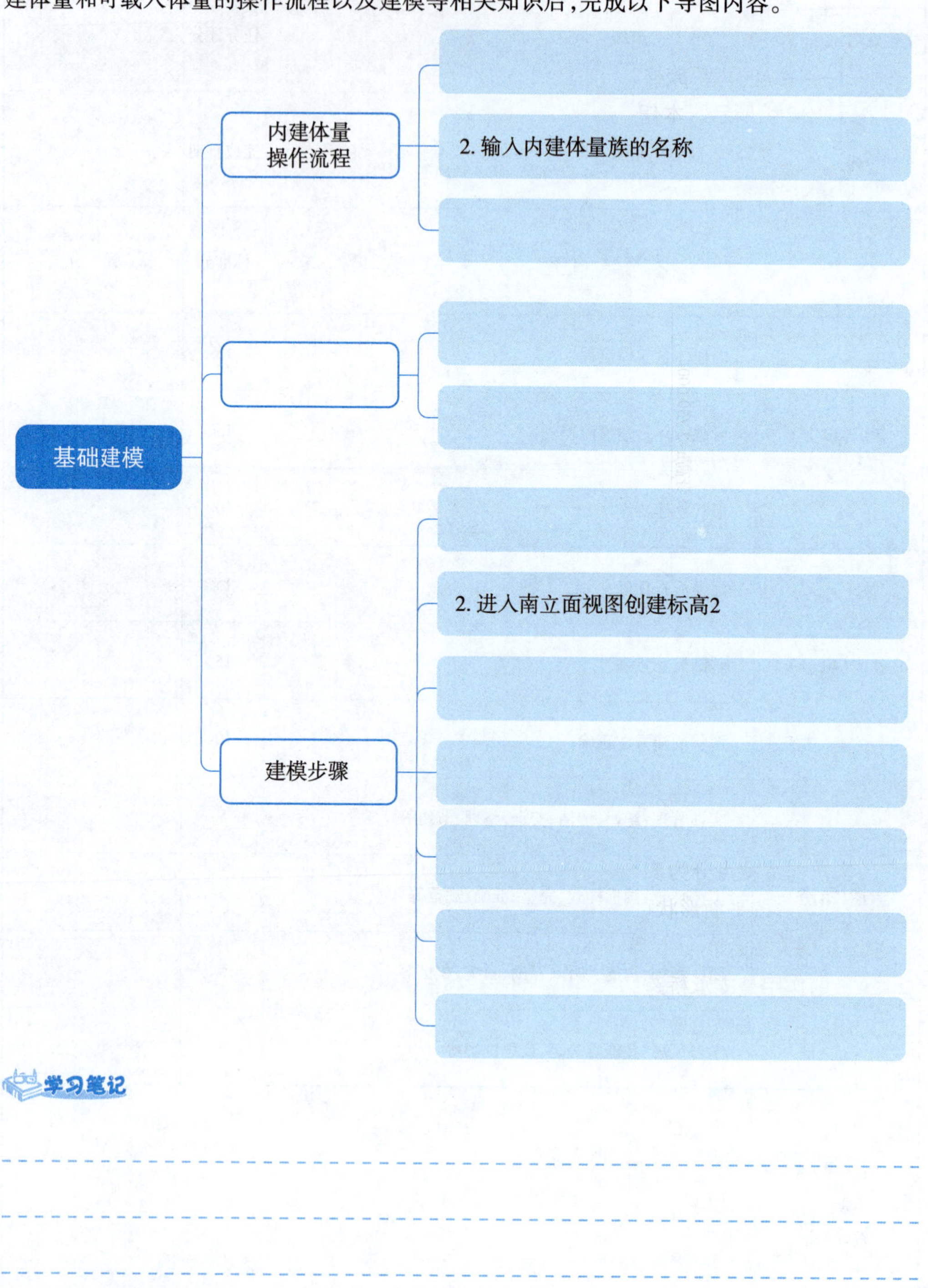

学习笔记

任务二　桥墩与桥台创建

学习笔记

任务工单

在"公制常规模型"族样板中用融合、拉伸、空心拉伸、空心融合等命令绘制桥墩、桥台模型，如图 4-2-1 所示。本任务图纸请扫描"附件 10"二维码下载。

视频

任务二 桥墩与桥台创建：桥墩（任务速递）

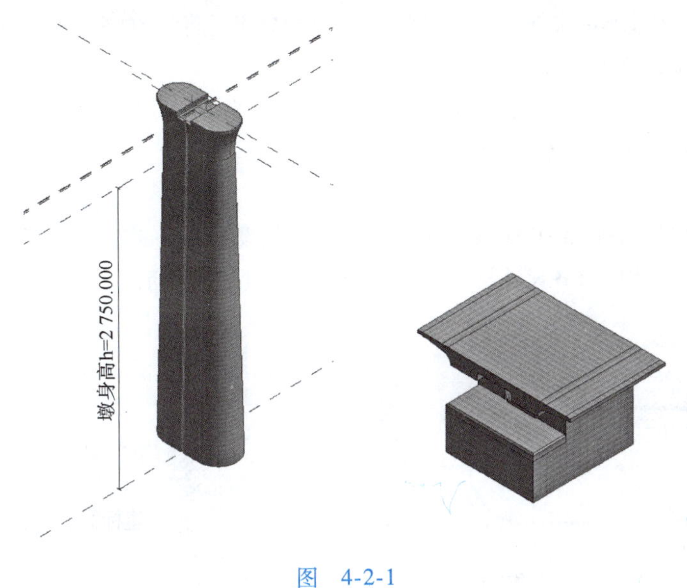

图　4-2-1

视频

任务二 桥墩与桥台创建：桥台（任务速递）

知识链接

桥墩是支撑桥跨结构并将恒载和车辆活载传至地基的建筑物，桥台设在桥梁两侧，桥墩则在两桥台之间。

桥墩按构造特点分为实体墩、空心墩、柱式墩和框架墩。按照桥墩自重分为重力式桥墩、轻型桥墩。按平面形状可分为矩形墩、尖端形墩、圆形墩等。常用的桥台有 U 形、T 形、埋置式、耳墙式桥台。

桥墩的作用是支承桥跨结构，而桥台支撑起支承桥跨结构的作用外，还要与路堤衔接并挡土护岸。桥墩主要由墩帽、墩身、基础组成。桥台主要由台顶、台身及基础组成。

任务实施

一、桥墩创建

(一)思路分析

1. 墩身建模思路分析

视频

任务二 桥墩与桥台创建：桥墩（任务实施）

根据图纸信息，圆端形实体桥墩墩身坡率为 45∶1，墩身顶部几何尺寸为固定值，墩底尺寸随着高度发生变化，因此在建模过程中可通过将底部尺寸与墩身高度关联。墩身建模有两条思路：一是在常规模型族样板中利用融合命令创建墩身模型；二是在体量中绘制顶面和地面轮廓,实现墩身模型。因圆端形实体桥墩墩身轮廓相似,可借助参数化轮廓族的方法,以提高建模效率。

2. 顶帽建模思路分析

根据图纸信息,顶帽四面均带有弧度,因此考虑利用体量进行建模,通过创建三个不同平面的顶帽截面,应用布尔运算进行顶帽建模。

(二)操作步骤

1. 绘制桥墩轮廓族

新建体量。在 Revit 软件首页单击“新建概念体量”,将新建体量保存为“实体桥墩轮廓”族,长度单位设置为“cm”。

在项目浏览器中进入“楼层平面-标高 1”,在中心(左/右)、中心(前/后)绘制参照平面,并对相关参照平面进行对齐尺寸标注,如图 4-2-2 所示。

2. 绘制墩身

(1)新建体量族,保存为“圆端形实体桥墩”,单位设置为“cm”。在项目浏览器的“立面-东”绘制参照平面,用“对齐尺寸标注”命令标注,如图 4-2-3 所示。

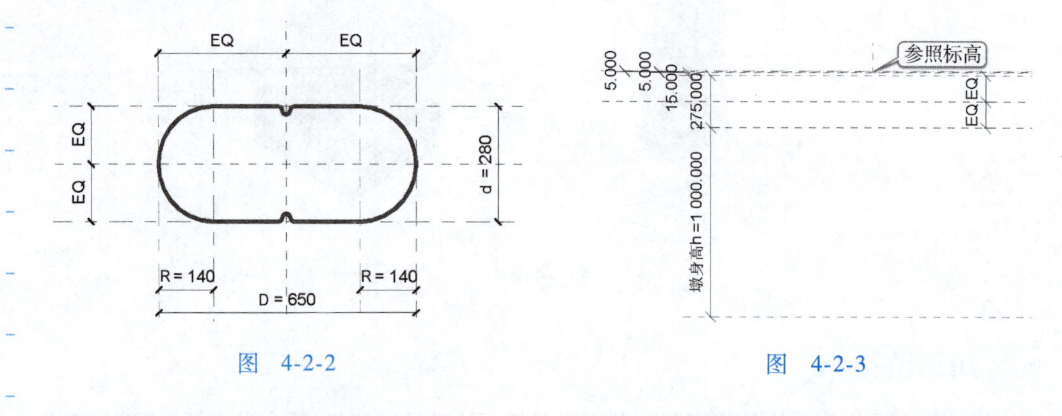

图 4-2-2

图 4-2-3

(2)放置墩底、墩身顶轮廓族。用“插入”→“载入族”命令载入“桥墩轮廓族”,在“项目浏览器”→“族”→“体量”→“桥墩族轮廓族”中利用右键快捷菜单中的“复制”和“重命名”命令建立“墩底和墩身顶轮廓”实例族,在“项目浏览器”→“标高 1”下分别放置墩底轮廓族,选中轮廓族,用“主体”→“拾取”命令选取相应参照平面,如图 4-2-4 所示。

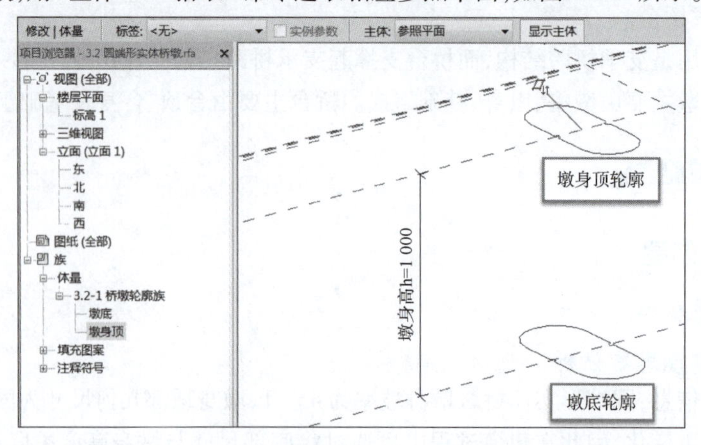

图 4-2-4

（3）建立墩底和墩身底参数关系。选中“墩身顶轮廓”，在“属性”面板的“尺寸标注”栏中关联参数，分别给“D”和“d”添加“墩身顶横宽 D”和“墩身底纵宽 d”，如图 4-2-5 所示。选中“墩底轮廓”，添加关联参数，如图 4-2-6 所示。

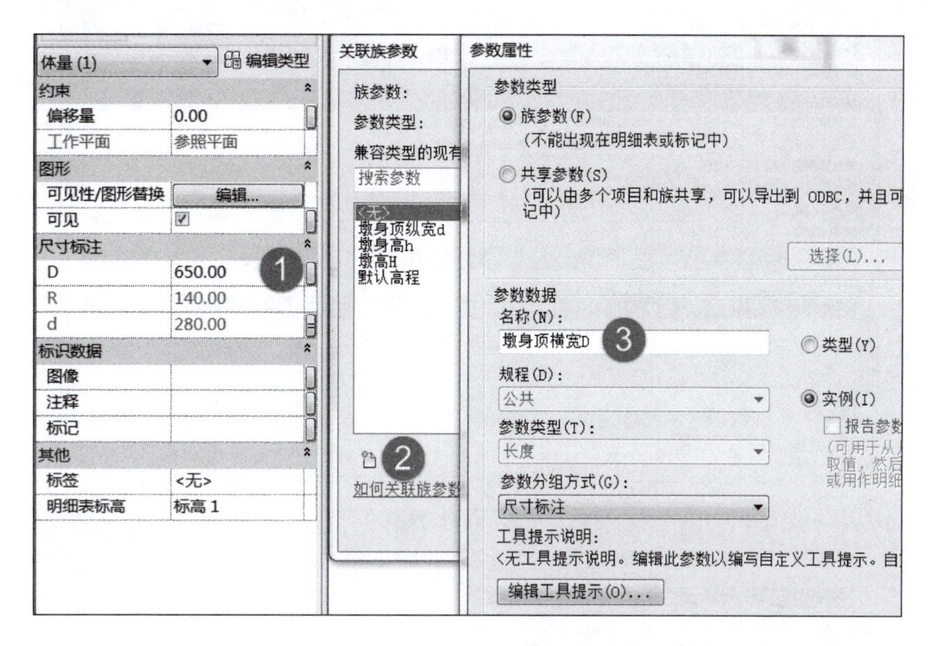

图　4-2-5

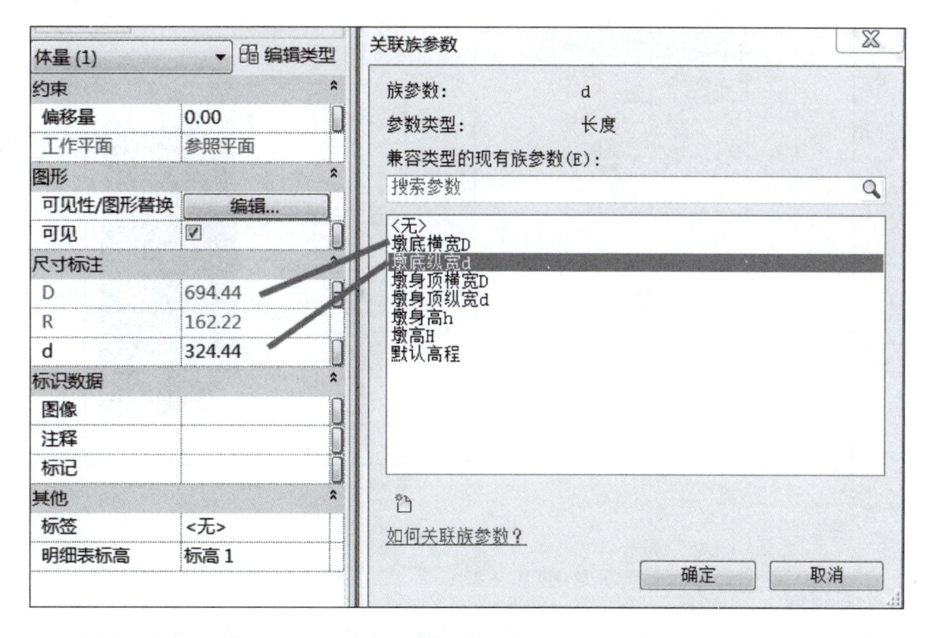

图　4-2-6

（4）在“族类型”对话框中添加墩底和墩身顶关联参数，如图 4-2-7 所示。

（5）绘制墩身。利用【Shift】键选中墩身顶轮廓和墩底轮廓，选择“修改”→“创建形状”→“实心形状”命令生成墩身模型，如图 4-2-8 所示。

学习笔记

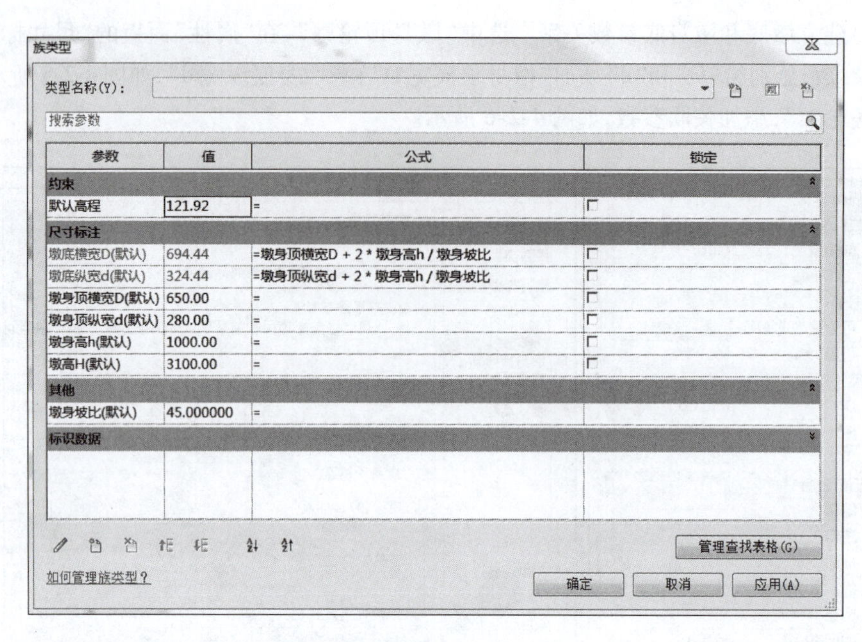

图 4-2-7

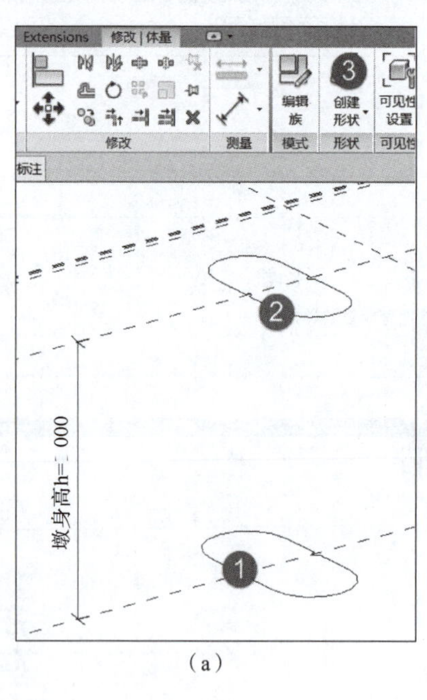

(a)

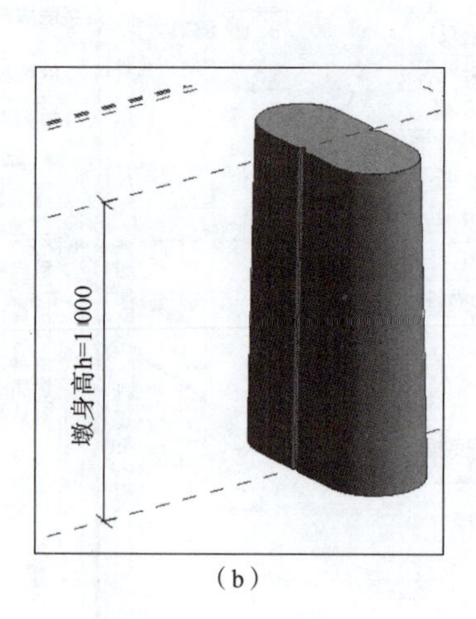

(b)

图 4-2-8

3. 绘制顶帽

(1)隐藏墩身图元。选中墩身模型和墩底轮廓,通过“隐藏图元”(快捷键【H】+【H】)方式隐藏,如图 4-2-9 所示。

(2)放置墩顶轮廓。在“项目浏览器”中通过右键快捷菜单中的“复制”命令复制墩身顶轮廓,将“墩身顶 2”重命名为“墩顶”,在“楼层平面-标高 1”平面中放置墩顶轮廓族,如图 4-2-10 所示。在三维视图下,选中“墩顶”轮廓族,通过“主体”→“拾取”命令,将其放置在 150 的工作平面上,如图 4-2-11 所示。

学习笔记

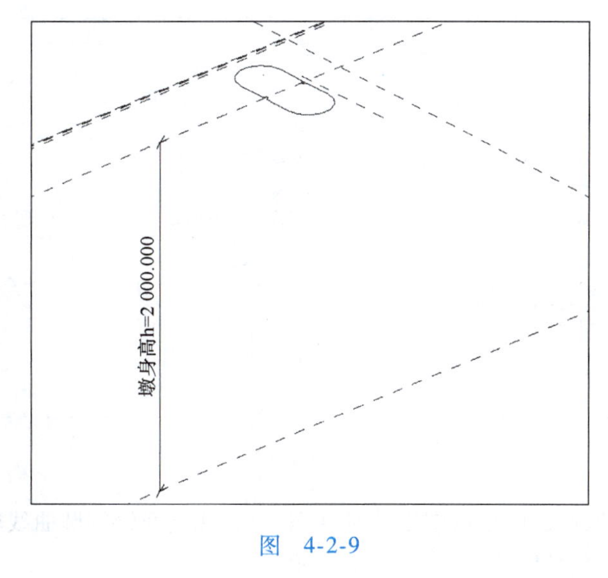

图　4-2-9

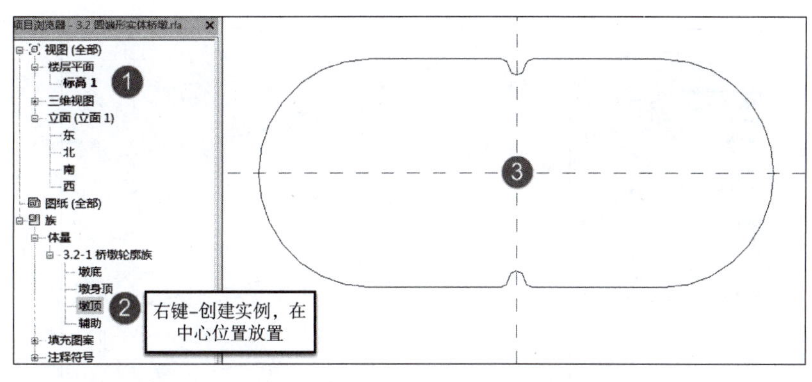

图　4-2-10

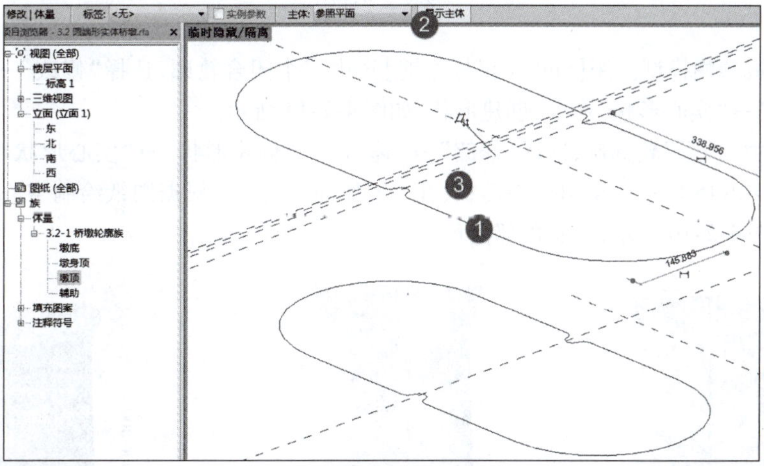

图　4-2-11

(3)放置辅助轮廓。在“项目浏览器”中复制“辅助”轮廓族，在“项目浏览器”中选择“辅助”命令，通过右键快捷菜单中的“创建实例”命令将“辅助”轮廓族放置于墩顶和墩身顶中间的工作平面上，如图 4-2-12 所示。

学习笔记

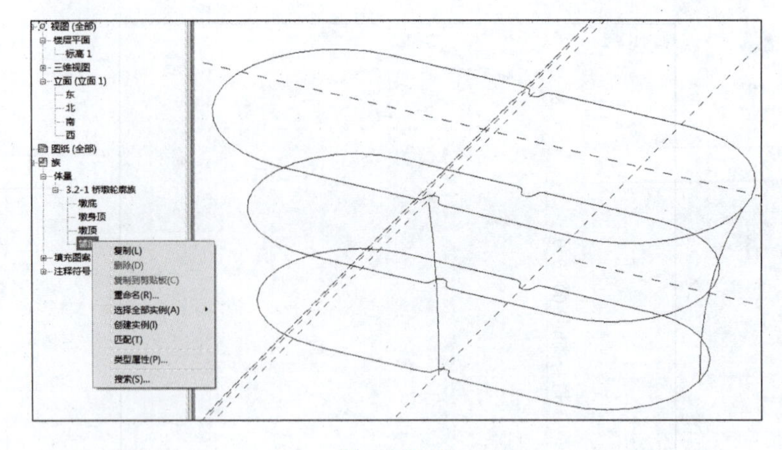

图 4-2-12

(4)修改辅助轮廓尺寸,根据图纸分别在东立面、北立面绘制圆曲线辅助线,通过量取尺寸,来修改“辅助轮廓尺寸”,如图 4-2-13 所示。

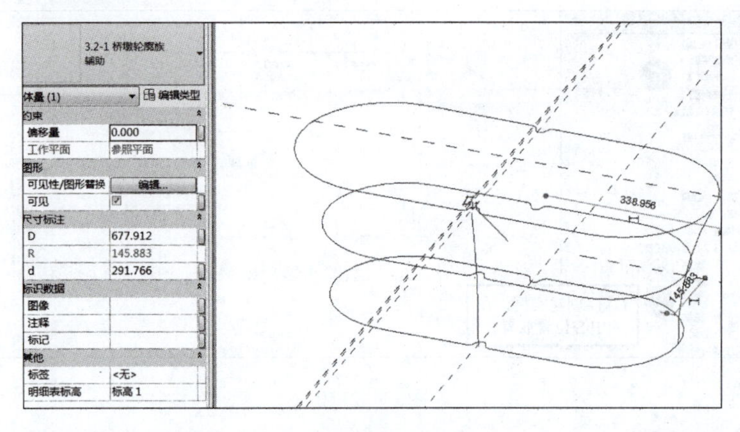

图 4-2-13

(5)生成顶帽模型。用【Shift + 鼠标左键】选中三个闭合轮廓,选择“修改”→“体量”→“创建形状”→“实心形状”命令,创建形状,如图 4-2-14 所示。

(6)选中“顶帽”轮廓族,选择“修改”→“体量”→“创建形状”→“实心形状”命令,创建形状,如图 4-2-15 所示。绘制空心形状,在“立面-北”视图中根据图纸绘制空心轮廓,并创建形状,如图 4-2-16 所示,绘制顶部倒角。

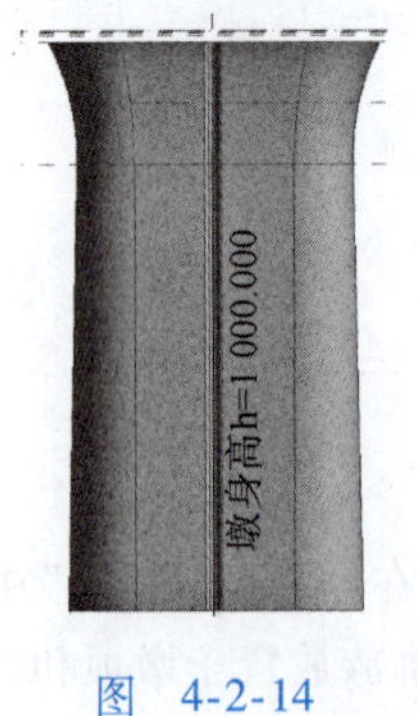

图 4-2-14

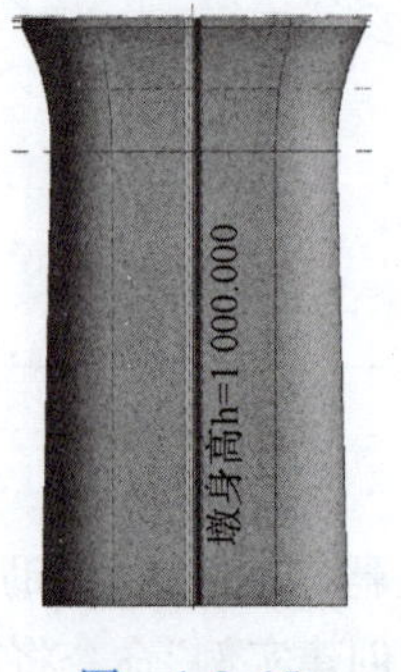

图 4-2-15

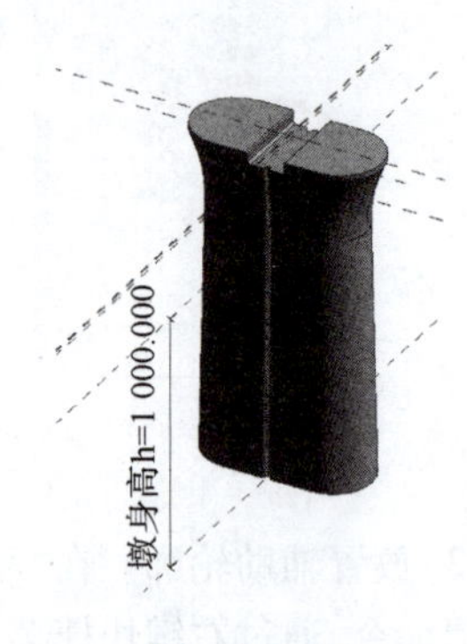

图 4-2-16

（7）添加材质参数和调整参数，如图 4-2-17 所示。

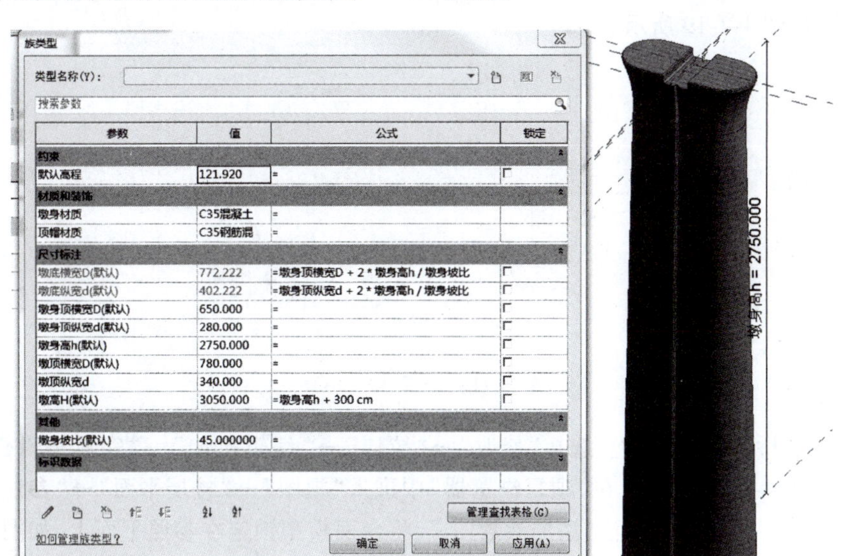

参数	值	公式	锁定
约束			
默认高程	121.920	=	
材质和装饰			
墩身材质	C35混凝土	=	
顶帽材质	C35钢筋混	=	
尺寸标注			
墩底横宽D(默认)	772.222	=墩身顶横宽D + 2 * 墩身高h / 墩身坡比	
墩底纵宽d(默认)	402.222	=墩身顶纵宽d + 2 * 墩身高h / 墩身坡比	
墩身顶横宽D(默认)	650.000	=	
墩身顶纵宽d(默认)	280.000	=	
墩身高h(默认)	2750.000	=	
墩顶横宽D(默认)	780.000	=	
墩顶纵宽d	340.000	=	
墩高H(默认)	3050.000	=墩身高h + 300 cm	
其他			
墩身坡比(默认)	45.000000	=	
标识数据			

图　4-2-17

二、桥台创建

（一）思路分析

桥台可以分为台面和台身分别绘制，后利用嵌套族的绘制方法进行整合。

（二）操作步骤

1. 绘制台面

（1）新建族。选择“公制常规模型”族样板。单击“新建”按钮，弹出“另存为”对话框，修改文件名为“台面”，并单击“选项卡”按钮，将最大备份数改为 3。切换到“管理”选项卡中，单击“项目单位”按钮修改“长度”单位，单击“1 235 mm”按钮，在“格式”窗口中，选择单位为“厘米”，舍入为“1 个小数位”。

（2）绘制参照平面。切换到“创建”选项卡中，在“立面-前”视图中，绘制参照平面，绘制完成后，切换“修改”选项卡，对齐尺寸标注按钮，对参照平面的相对距离进行标注，再次单击“确认”按钮，如图 4-2-18 所示。

视频

任务二　桥墩与桥台创建桥台（任务实施）

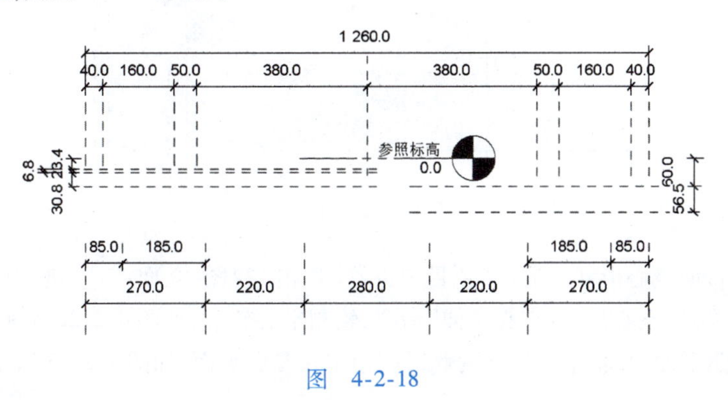

图　4-2-18

学习笔记

(3)绘制台面轮廓。切换“创建”选项卡，选择“拉伸”命令，利用直线命令根据图纸绘制台面轮廓，如图 4-2-19 所示。

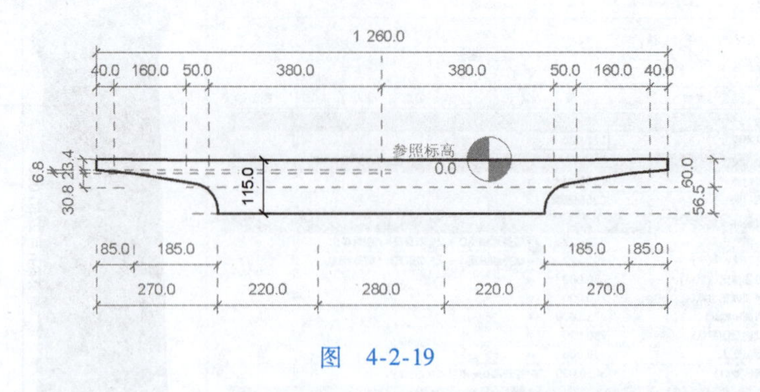

图 4-2-19

(4)添加桥面长度参数。选择“修改”→“拉伸”→“编辑拉伸”→“完成编辑模式”命令，模型如图 4-2-20 所示。在“项目浏览器”中进入“视图”→“楼层平面”→“参照标高”，绘制参照平面，进行尺寸标注，添加参数“D”，将台面模型锁定在参照平面上，如图 4-2-21 所示。

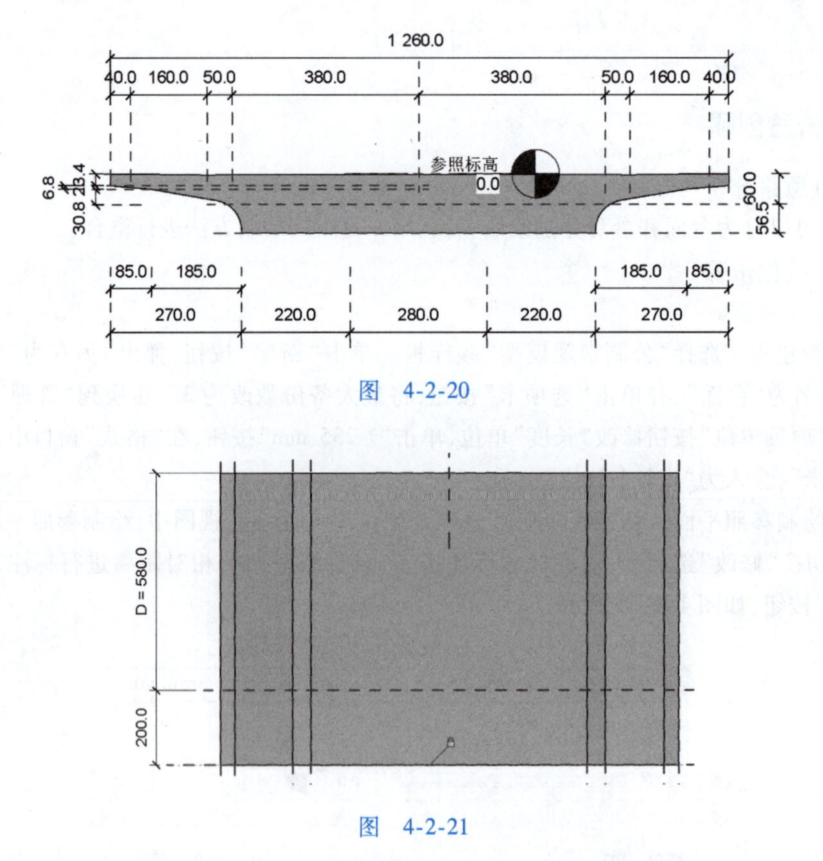

图 4-2-20

图 4-2-21

(5)创建台面空心形状。通过“项目浏览器”单击“视图-立面-前”，进入前视图，在“创建”选项卡中选择“空心形状-空心拉伸”命令，绘制空心轮廓，如图 4-2-22 所示。在“参照标高”中绘制参照平面，并将空心形状两侧对齐锁定在参照平面，如图 4-2-23 所示。

学习笔记

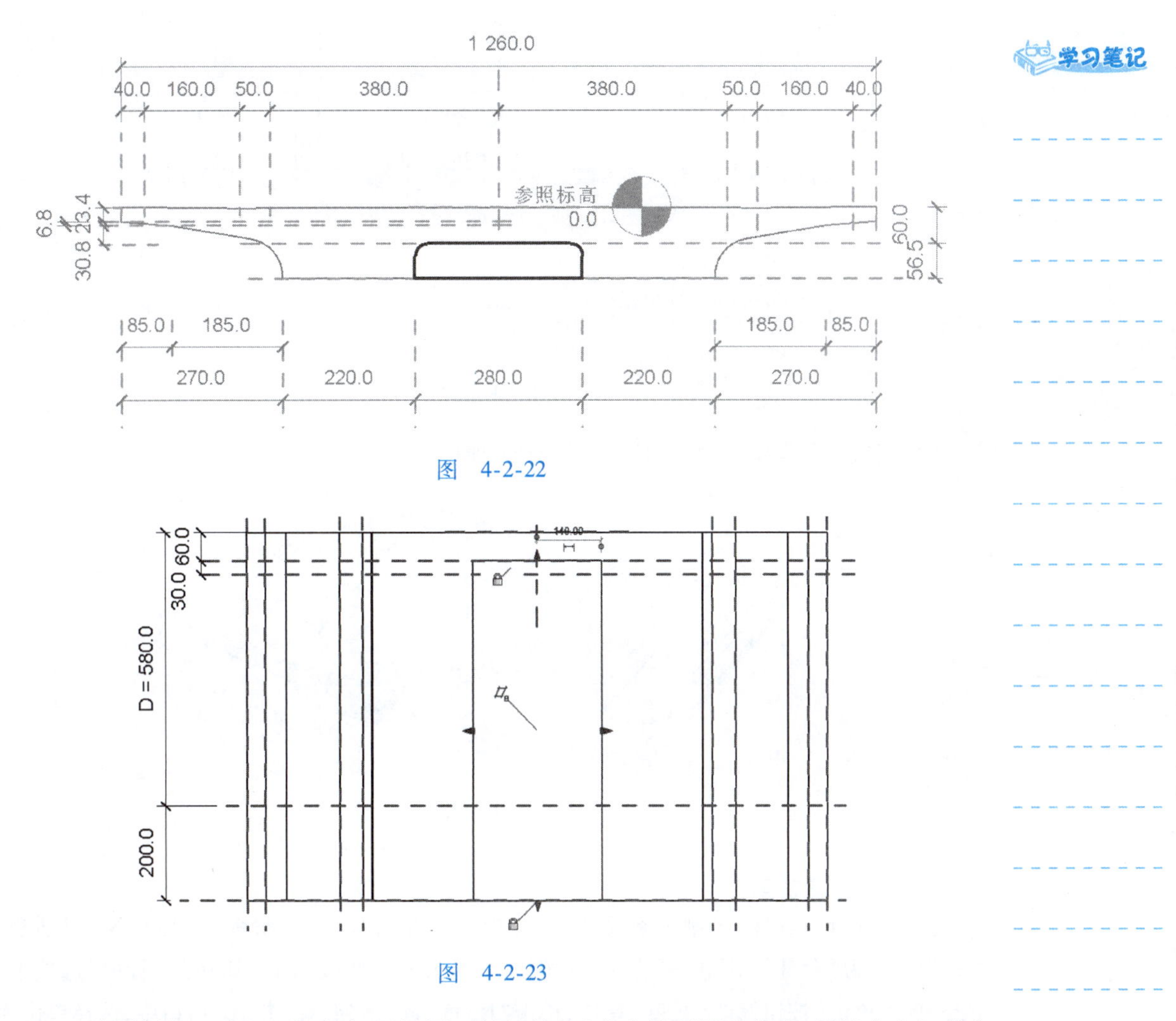

图　4-2-22

图　4-2-23

(6)绘制倒角。进入“参照平面”视图,利用“拉伸”命令绘制倒角轮廓,并锁定在相关参照平面上,如图4-2-24 所示。通过“项目浏览器”单击“视图-立面-前”进入前视图,在前视图中将其锁定在参照平面,如图4-2-25 所示。

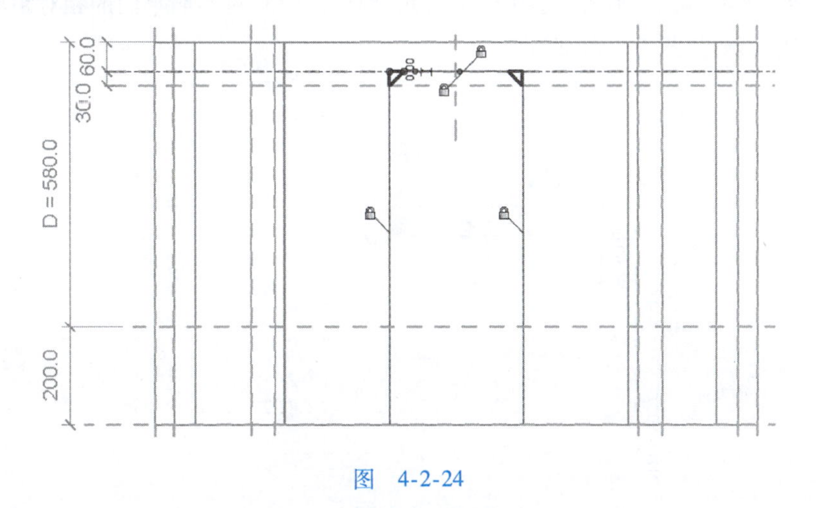

图　4-2-24

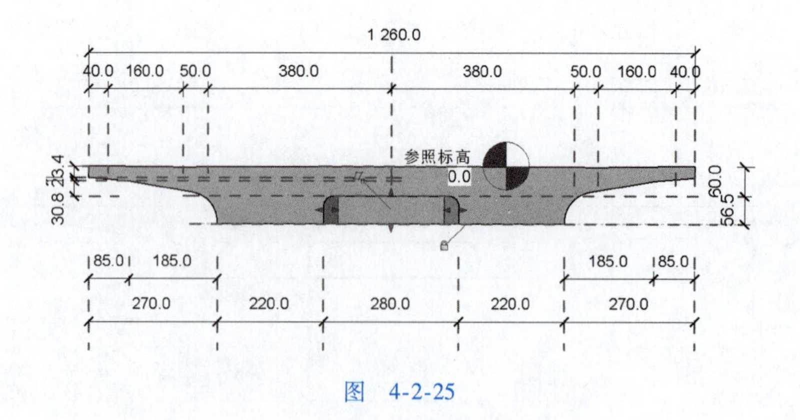

图 4-2-25

(7)完成台面模型绘制。利用“几何图形-连接”处理模型,如图 4-2-26 所示。

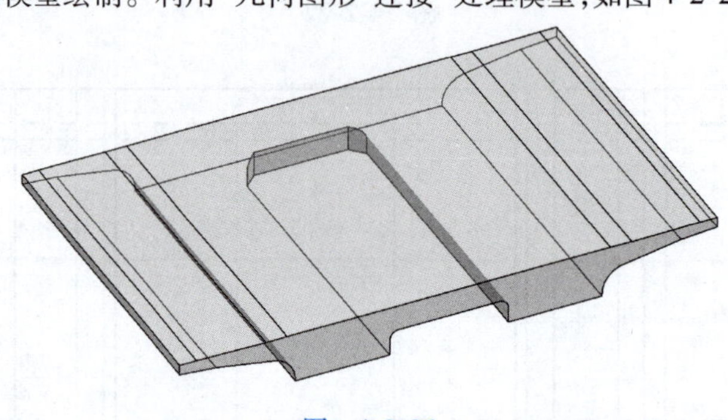

图 4-2-26

2. 绘制台身模型

(1)新建族。选择“公制常规模型”族样板。单击“新建”按钮,弹出“另存为”对话框,修改文件名为“台身”,并单击“选项卡”按钮,将最大备份数改为 1。切换到“管理”选项卡,单击“项目单位”按钮修改“长度”单位,单击“1 235 mm”按钮,在“格式”窗口中,选择单位为“厘米”,舍入为“1 个小数位”。

(2)绘制参照平面。切换到“创建”选项卡,在“立面-左”视图中绘制参照平面,绘制完成后单击参照平面,切换“修改”选项卡,对齐尺寸标注按钮,对参照平面的相对距离进行标注,再次单击确认,如图 4-2-27 所示。

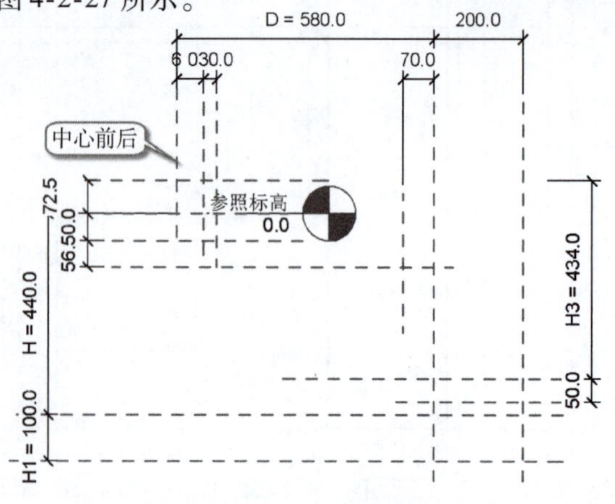

图 4-2-27

(3)绘制台身外形模型。在“立面-左”视图中绘制,台身外形轮廓,并对齐至参照平面上,如图 4-2-28 所示。在“修改|拉伸”→“编辑拉伸”选项卡中单击“完成编辑模式”,进入前视图,将其对齐锁定至相应的参照平面,如图 4-2-29 所示。

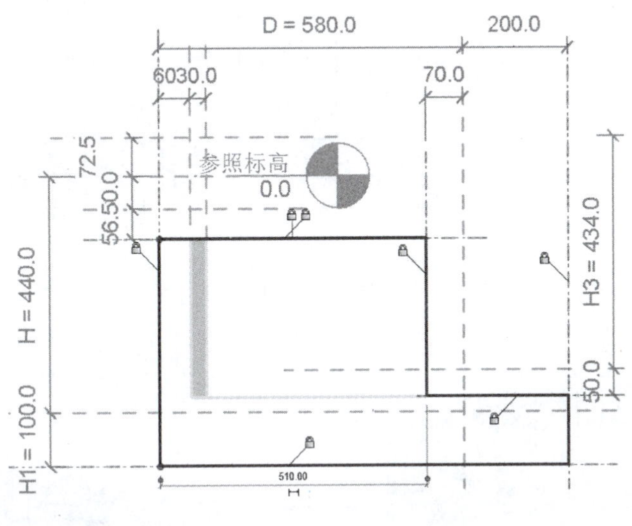

图　4-2-28

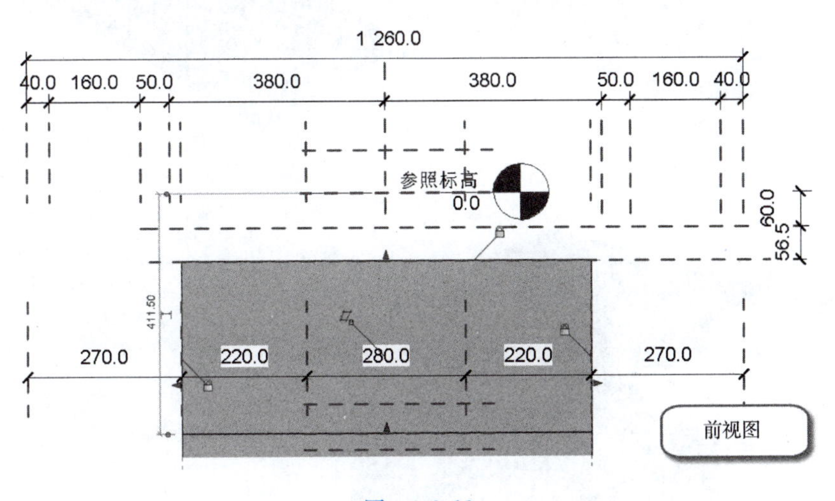

图　4-2-29

(4)绘制台身空心部分。在参照平面中,利用“空心形状-空心拉伸”命令绘制空心轮廓,并锁定至相应的参照平面,如图 4-2-30 所示。将空心形状对齐锁定在相应标高参照平面,形成的模型如图 4-2-31 所示。

3. 绘制顶帽和挡水板

将台身族另存为顶帽,删除其他模型,在此基础上完成顶帽和挡水板模型的制作,如图 4-2-32 所示

4. 整合模型

选择“公制常规模型”族样板新建族,保存为“矩形空心桥台”。选择“插入”→“载入”命令建立台顶、台身和顶帽族模型,在参照平面放置族,并进行参数嵌套,即可得到桥台完整模型,如图 4-2-33 所示。

学习笔记

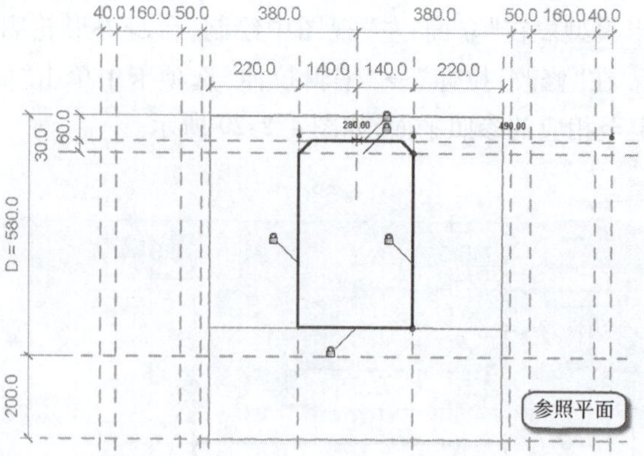

图 4-2-30

图 4-2-31

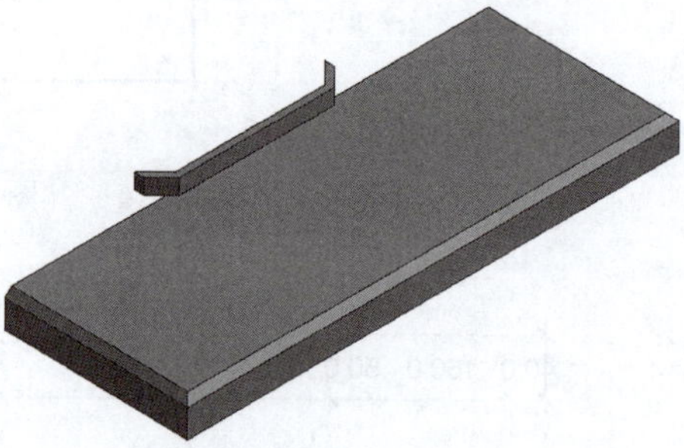

图 4-2-32

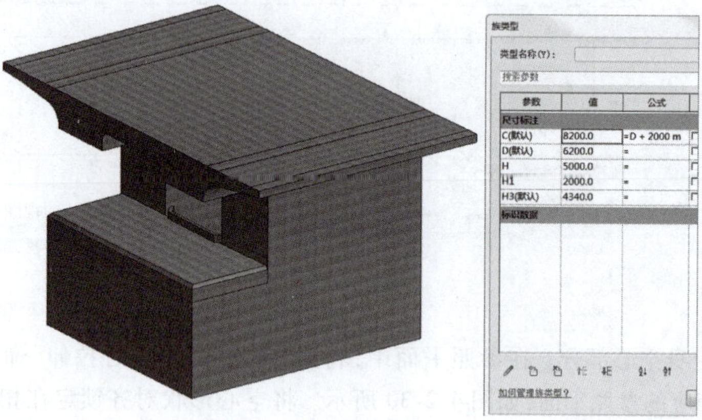

图 4-2-33

视频

任务二 桥墩桥台创建（巩固练习）

巩固练习

2021年第二期“1+X”建筑信息模型（BIM）职业技能等级考试——初级

实操试题三（节选部分，真题请扫描“附件3”二维码下载）

根据给出的图纸（图4-2-34）创建桥墩，图中尺寸单位除高程以米计外，其余均以毫米计，标高、轴网及未标明尺寸不做要求。

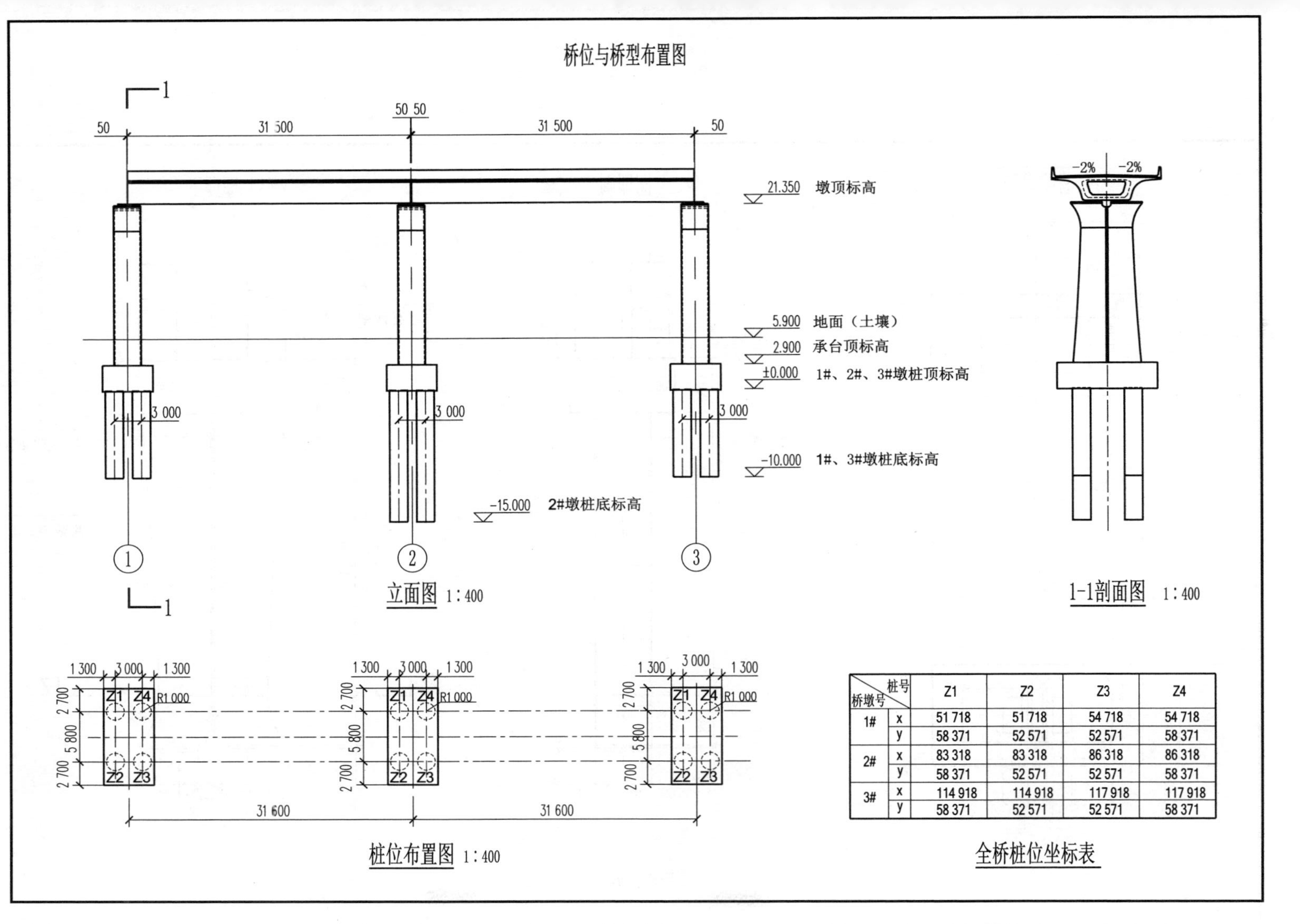

桥墩号＼桩号		Z1	Z2	Z3	Z4
1#	x	51 718	51 718	54 718	54 718
	y	58 371	52 571	52 571	58 371
2#	x	83 318	83 318	86 318	86 318
	y	58 371	52 571	52 571	58 371
3#	x	114 918	114 918	117 918	117 918
	y	58 371	52 571	52 571	58 371

（a）

图　4-2-34(单位: mm)

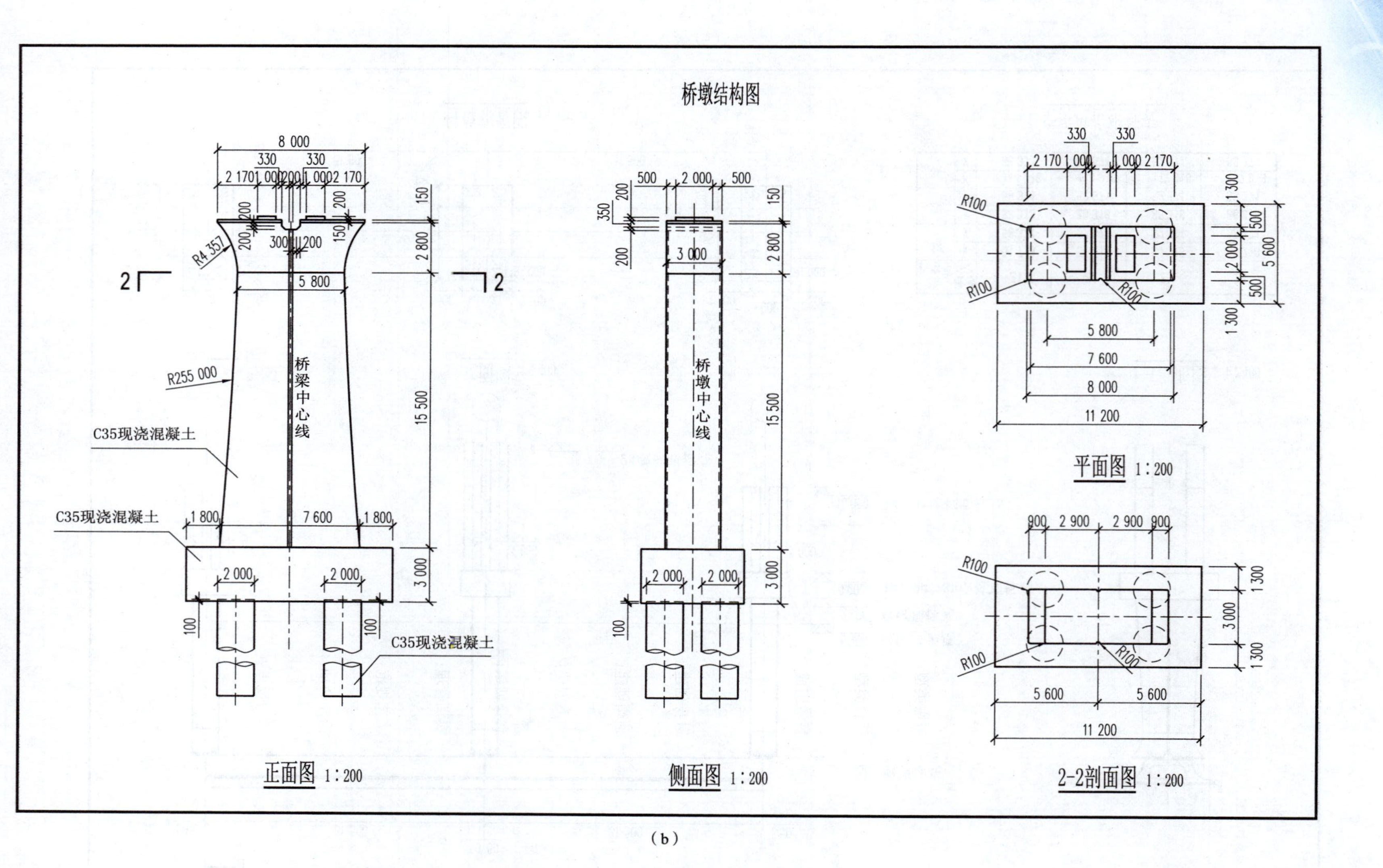
桥墩结构图
正面图 1:200
侧面图 1:200
平面图 1:200
2-2剖面图 1:200
C35现浇混凝土
C35现浇混凝土
C35现浇混凝土
R255 000
R4 357
桥梁中心线
桥墩中心线
R100
(b)

图 4-2-34(续)(单位: mm)

任务测评

学习笔记

"任务二　桥墩桥台创建"测评记录表

学生姓名		班级		任务评分	
实训地点		学号		完成日期	
考 核 内 容				标准分	评　分
知识(20 分)	桥墩类型			5	
	桥台类型			5	
	桥墩组成			5	
	桥台组成			5	
技能(60 分)	墩身创建正确			15	
	顶帽创建正确			15	
	台面创建正确			15	
	台身创建正确			15	
素质(20 分)	实训管理:纪律、清洁、安全、整理、节约等			5	
	工艺规范:国标样式、完整、准确、规范等			5	
	团队精神:沟通、协作、互助、自主、积极等			5	
	学习反思:技能点表述、反思内容等			5	
教师评语					

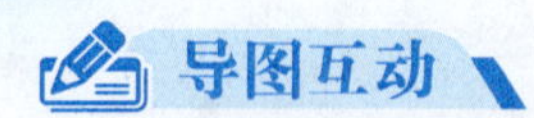

结合国家在线精品课程“BIM 建模技术”模块三项目五中任务 2 基础准备，在学习桥墩与桥台的分类及构造特点等相关知识后，完成以下导图内容。

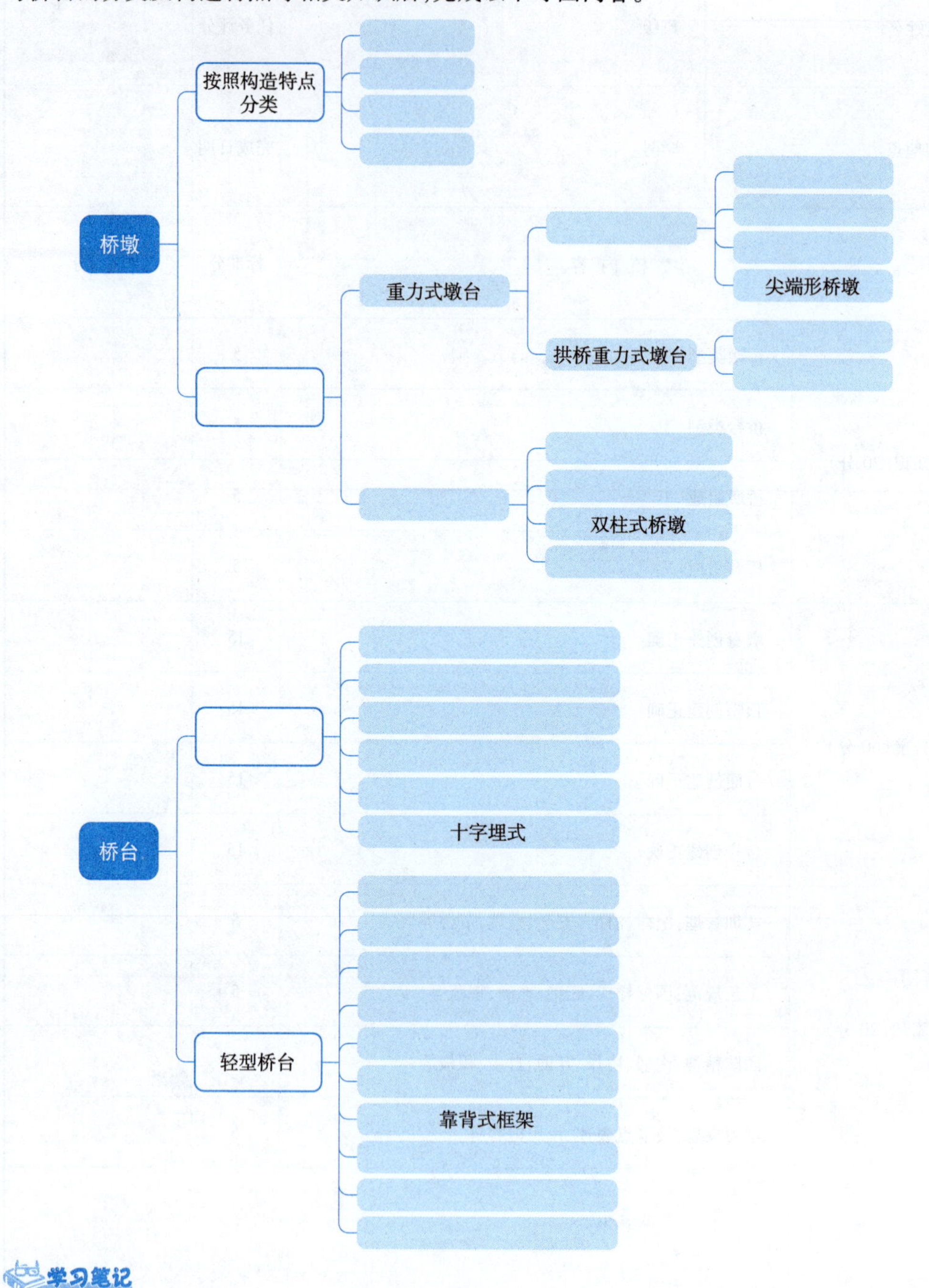

学习笔记

学习笔记

任务三　箱梁创建

任务工单

在公制常规模型族样板中用融合、拉伸、空心拉伸、空心融合等命令根据任务书绘制轮廓创建桥面模型,如图4-3-1所示。本任务图纸请扫描“附件11”二维码下载。

视频
任务三 箱梁创建（任务速递）

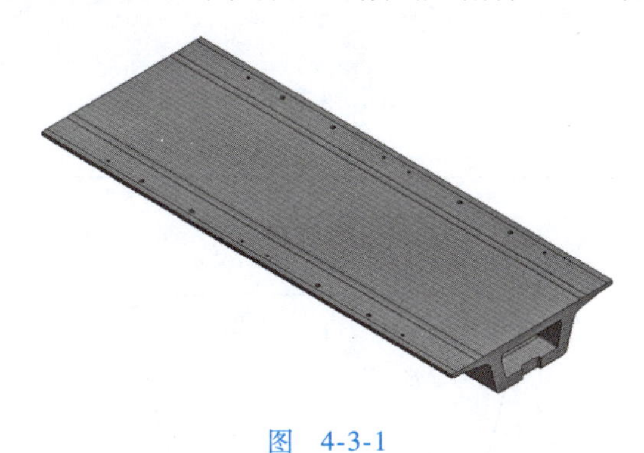

图 4-3-1

知识链接

箱梁是桥梁工程中梁的一种,内部为空心状,上部两侧有翼缘,类似箱子,因而得名。

钢筋混凝土结构的箱梁分为预制箱梁和现浇箱梁。按照截面形式分为开口和闭口箱梁;按照桥型分为简支箱梁、连续箱梁、刚构箱梁等;按照箱室分为单箱或多箱。

箱梁是支承和构成桥面的一部分,承担着桥梁的负荷和传递作用。

任务实施

视频
任务三 箱梁创建（任务实施）

预应力简支箱梁在施工中一片梁为一个构件,箱梁主要分为多个不同的截面,绘制箱梁过程中截面轮廓反复使用,可单独绘制轮廓族载入以备使用。可以利用拉伸和融合、空心拉伸、空心融合等命令实现三维形状的建立,然后添加材质等相关参数。

(1)绘制箱梁截面轮廓。使用“公制轮廓”族样板,根据图纸,分别绘制箱梁外部及Ⅰ—Ⅰ、Ⅱ—Ⅱ、Ⅲ—Ⅲ、Ⅳ—Ⅳ内部空心轮廓,并根据轮廓命名,如图4-3-2～图4-3-6所示。

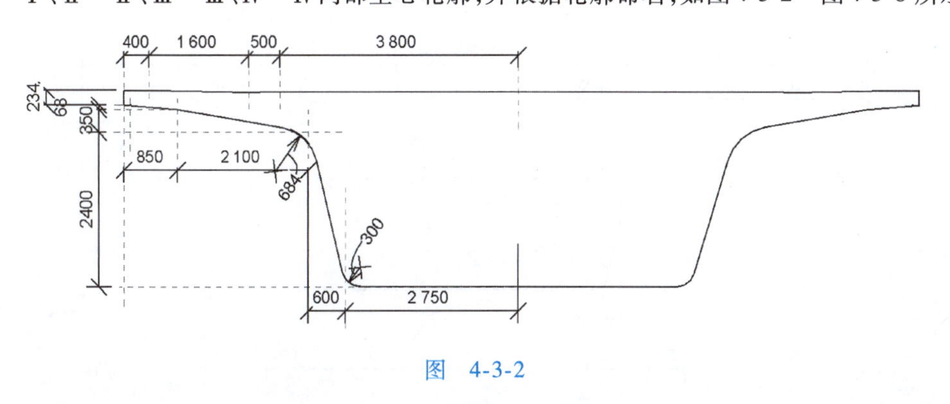

图 4-3-2

学习笔记

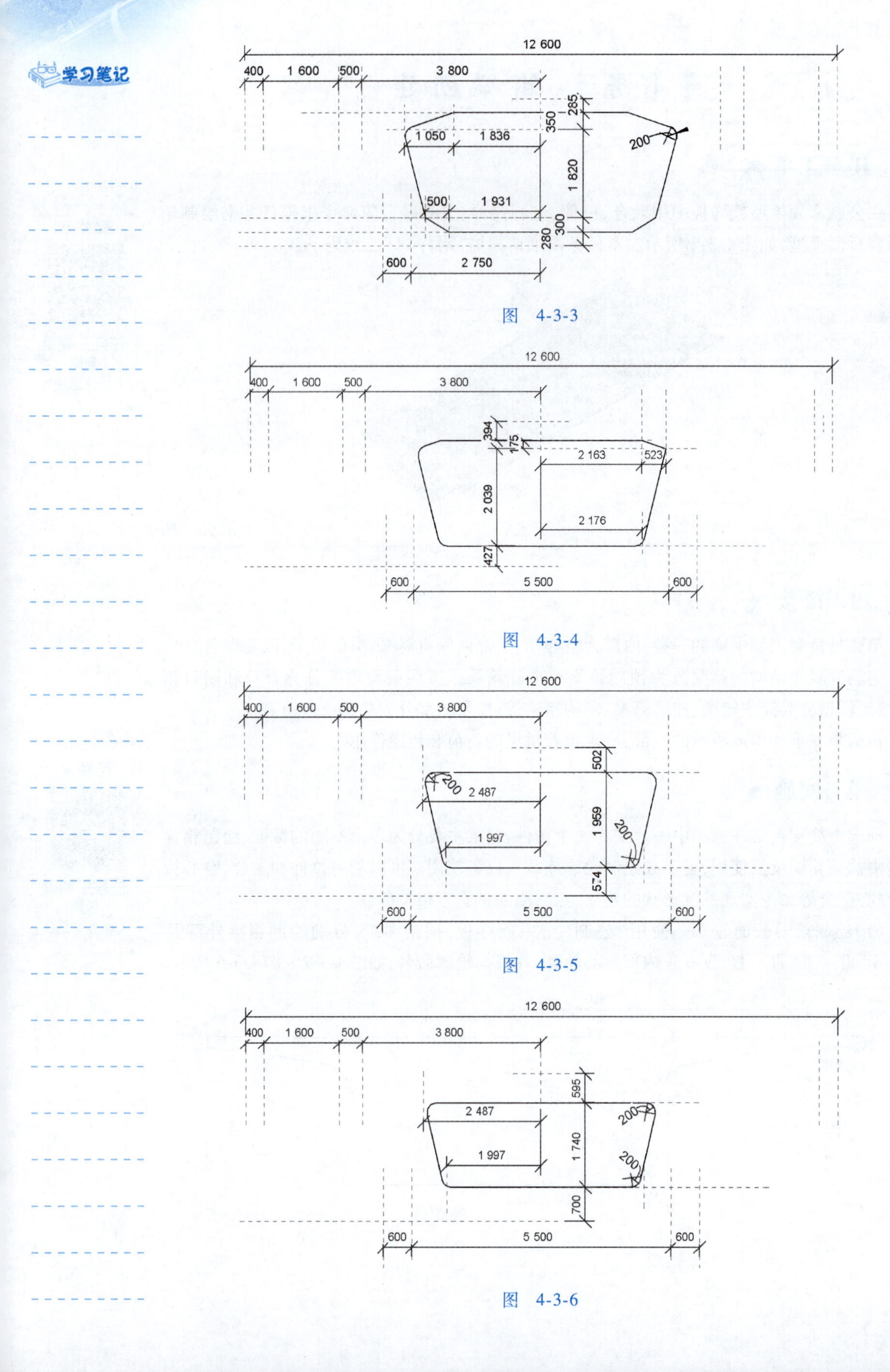

图 4-3-3

图 4-3-4

图 4-3-5

图 4-3-6

(2)新建箱梁族。以“公制常规模型”为族样板新建族，族文件保存为“预应力简支箱梁”，单位设置为 mm。在“项目浏览器”中的“楼层平面-参照平面”下，根据图纸绘制“参照平面”，如图 4-3-7 所示。

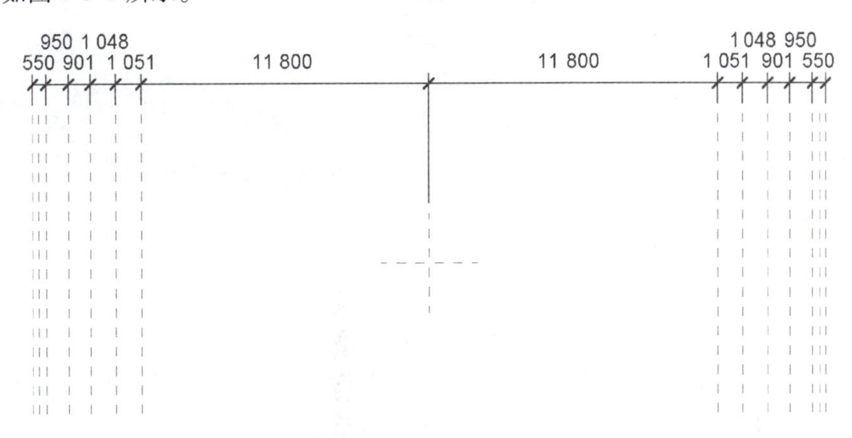

图　4-3-7

(3)绘制箱梁外形。选择“创建”面板→“空心形状”→“放样融合”命令，先用“绘制路径”命令绘制放样路径，载入图 4-3-2 所绘制的“箱梁外轮廓”，将轮廓 1、轮廓 2 均设置为“箱梁外轮廓”，并完成绘制，如图 4-3-8 和图 4-3-9 所示。

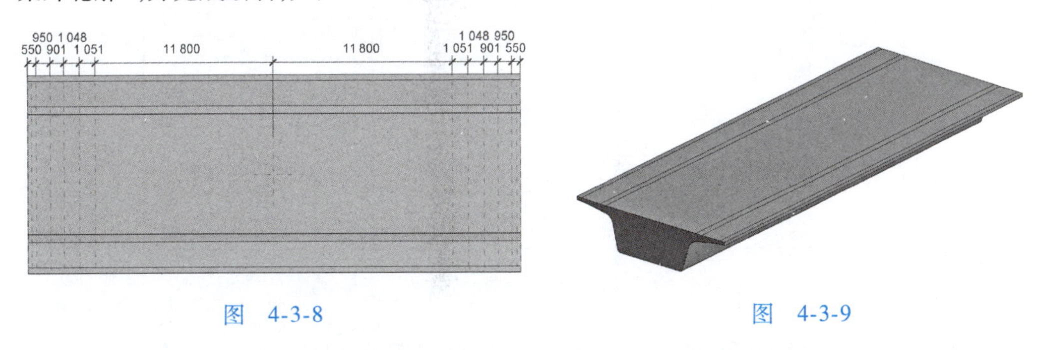

图　4-3-8　　　　图　4-3-9

(4)绘制Ⅳ截面所在的空心部分。选择“创建”面板→“放样融合”命令，先用“绘制路径”命令绘制放样路径，载入图 4-3-6 所绘制的“Ⅳ内轮廓”族，选择轮廓 1 和选择轮廓 2 均为“Ⅳ内轮廓”，并完成绘制，如图 4-3-10 和图 4-3-11 所示。

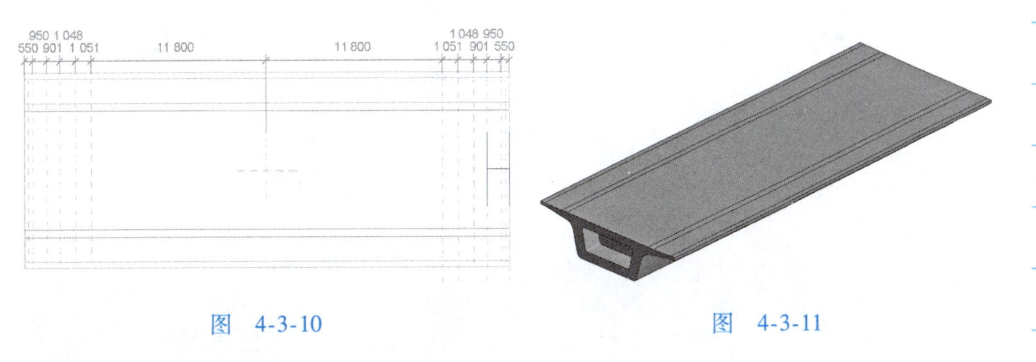

图　4-3-10　　　　图　4-3-11

(5) 绘制Ⅳ变Ⅲ截面所在的空心部分。选择“创建”面板→“放样融合”命令，先用“绘制路径”命令绘制放样路径，载入图 4-3-6 所绘制的“Ⅲ内轮廓”族，选择轮廓 1 为“Ⅳ内轮

学习笔记

廓”，选择轮廓 2 为“Ⅲ内轮廓”，并完成绘制，如图 4-3-12 和图 4-3-13 所示。

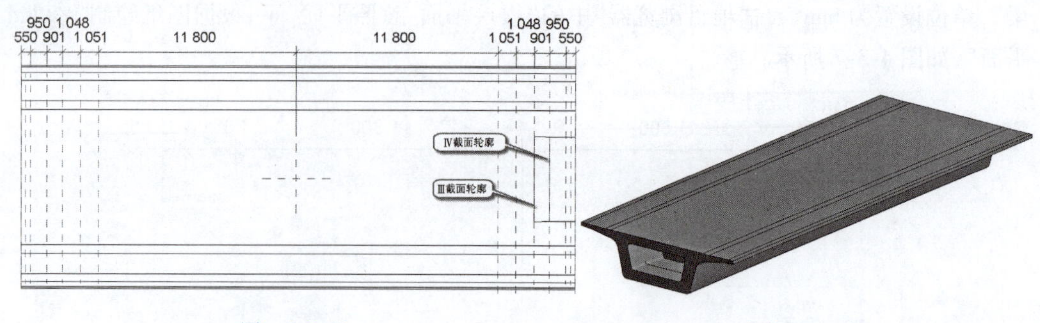

图 4-3-12　　图 4-3-13

(6)绘制Ⅲ变Ⅱ截面所在的空心部分。选择“创建”面板→“放样融合”命令，先用“绘制路径”命令绘制放样路径，载入图 4-3-6 所绘制的“Ⅱ内轮廓”族，选择轮廓 1 为“Ⅲ内轮廓”，选择轮廓 2 为“Ⅱ内轮廓”，并完成绘制，如图 4-3-14 所示。

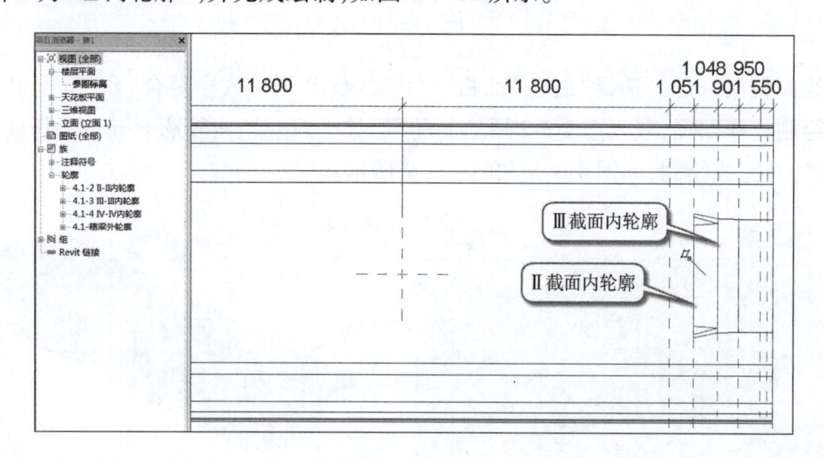

图 4-3-14

(7)绘制Ⅱ变Ⅰ截面所在的空心部分。选择“创建”面板→“放样融合”命令，先用“绘制路径”命令绘制放样路径，载入图 4-3-6 所绘制的“Ⅰ内轮廓”族，选择轮廓 1 为“Ⅱ内轮廓”，选择轮廓 2 为“Ⅰ内轮廓”，并完成绘制，如图 4-3-15 所示。

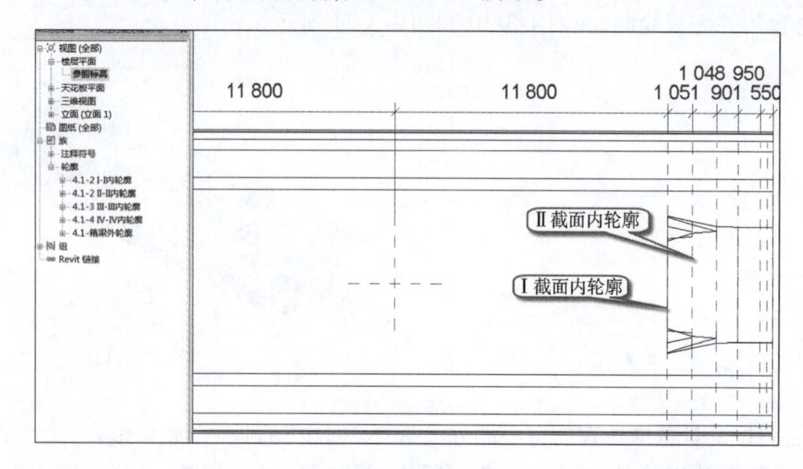

图 4-3-15

(8)绘制Ⅰ截面所在的空心部分。选择“创建”面板→“设置”命令进行工作平面设置,在弹出的“工作平面”对话框中选择“拾取一个平面”,Ⅰ内轮廓所在工作平面如图4-3-16所示。选择“创建”→“空心形状”→“空心拉伸”命令,单击“绘制框-拾取线”,拾取闭合的Ⅰ截面轮廓(技巧:将鼠标指针放置在Ⅰ截面附近,利用【Tab】键切换直至选中),完成拉伸命令,并将其对齐至中心参照平面,如图4-3-17所示。

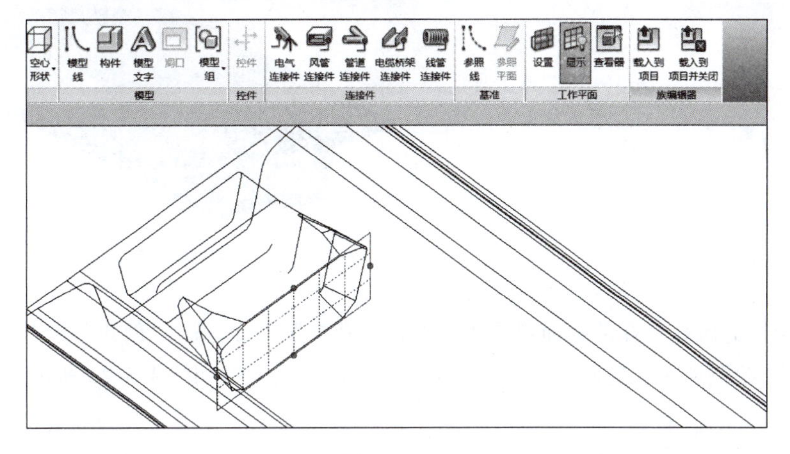

图　4-3-16

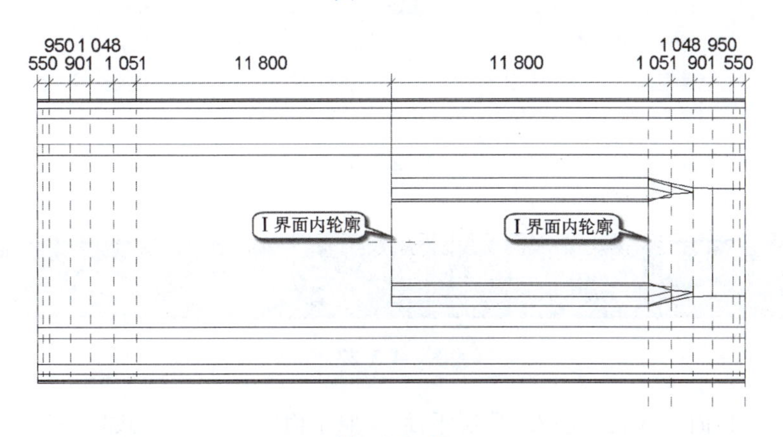

图　4-3-17

(9)绘制另一半空心部分。选择(3)、(4)、(5)、(6),利用镜像命令将其镜像,如图4-3-18所示。

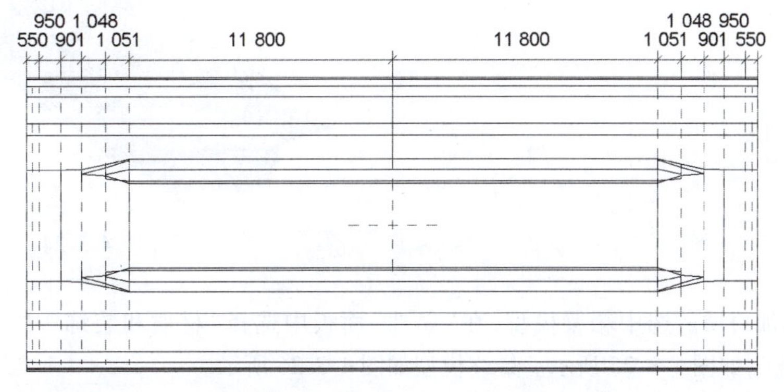

图　4-3-18

学习笔记

(10)绘制梁体端口空心洞口,在“楼层平面-参照标高”下,选择“创建”→“空心形状”→“空心拉伸”命令,绘制空心形状,如图 4-3-19 所示,完成拉伸命令,如图 4-3-20 所示。

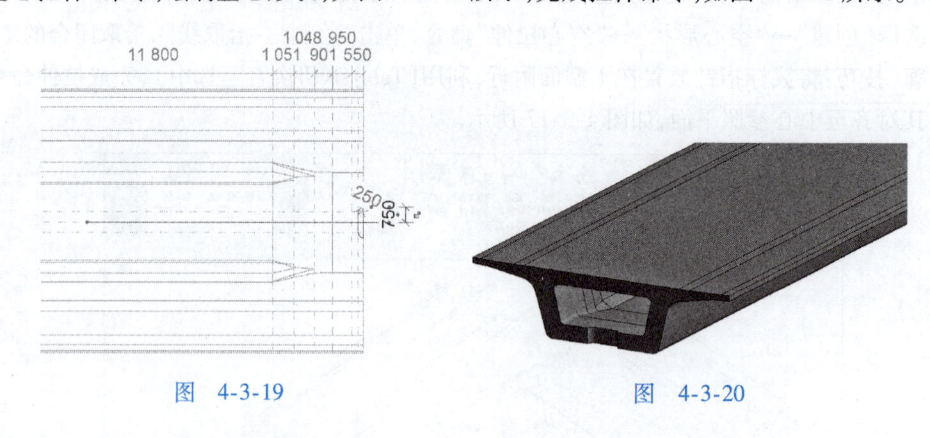

图 4-3-19

图 4-3-20

(11)绘制通风孔。在前立面视图中绘制通风孔参照平面,选择“创建”→“空心形状”→“拉伸”命令,绘制通风孔轮廓,如图 4-3-21 所示。通风孔模型如图 4-3-22 所示。

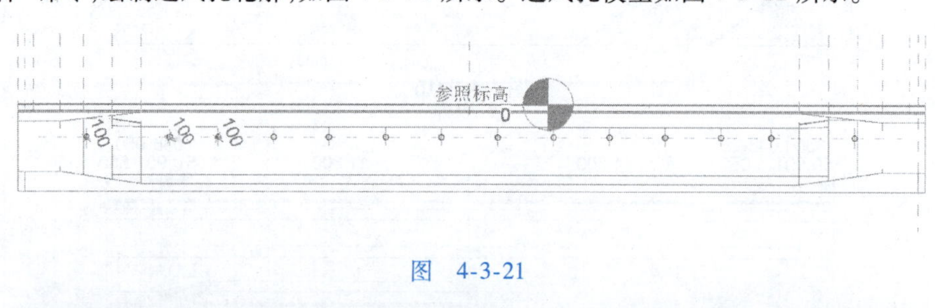

图 4-3-21

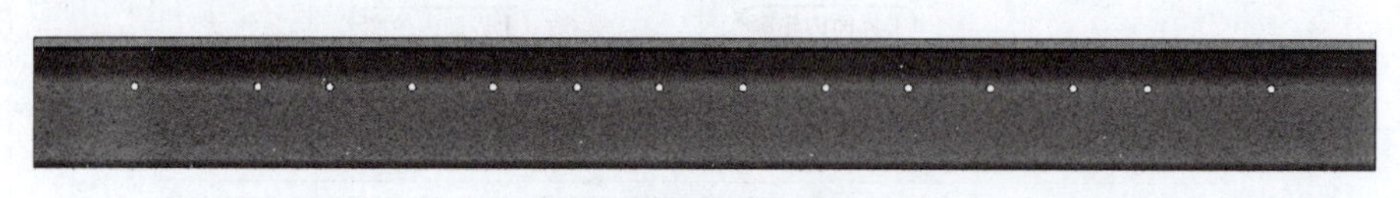

图 4-3-22

(12)绘制顶面泄水孔。进入“楼层平面-参照平面”中,选择“创建”→“空心形状”→“拉伸”命令,绘制泄水孔轮廓,如图 4-3-23 所示。最终模型如图 4-3-24 所示。

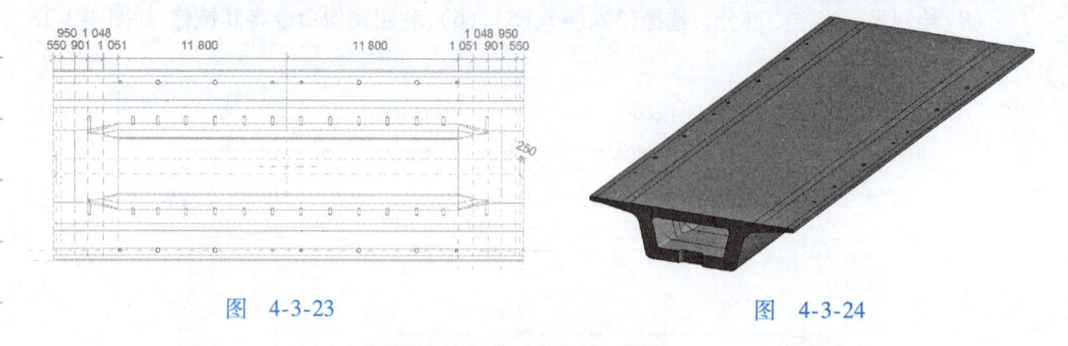

图 4-3-23

图 4-3-24

(13)添加材质。选中箱梁模型,在“属性”面板中选择“材质和装饰”中的“材质”为“C50 混凝土”,如图 4-3-25 所示。最终模型如图 4-3-26 所示。

学习笔记

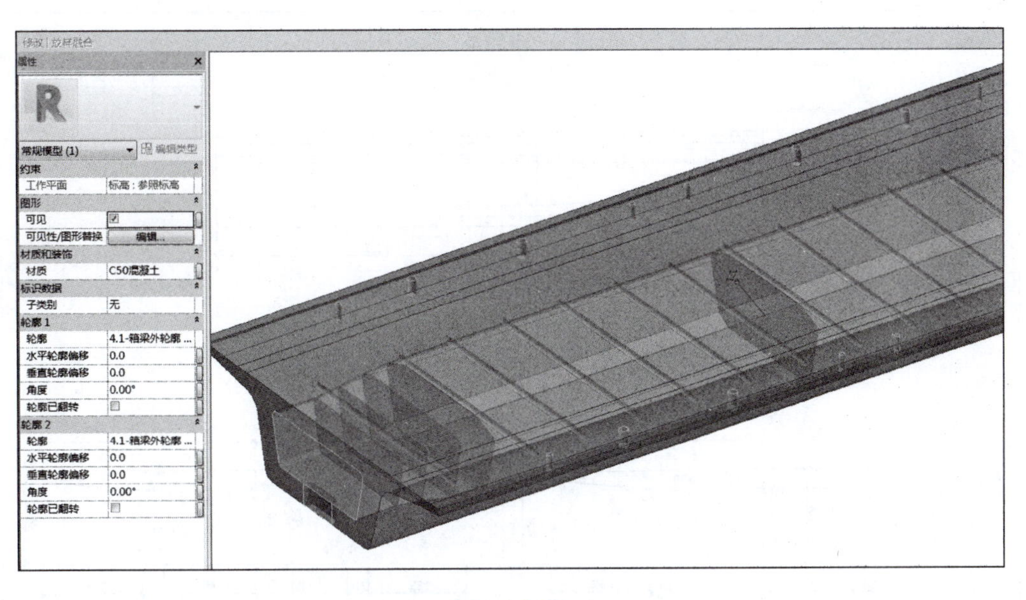

图　4-3-25

图　4-3-26

巩固练习

2021 年第二期"1 + X"建筑信息模型(BIM)职业技能等级考试——初级

实操试题三(节选部分,真题请扫描"附件 3"二维码下载)

根据给出的图纸(图 4-3-27)创建箱梁,图中尺寸单位除高程以米计外,其余均以毫米计,标高、轴网及未标明尺寸不做要求。

视频

任务三 箱梁创建(巩固练习)

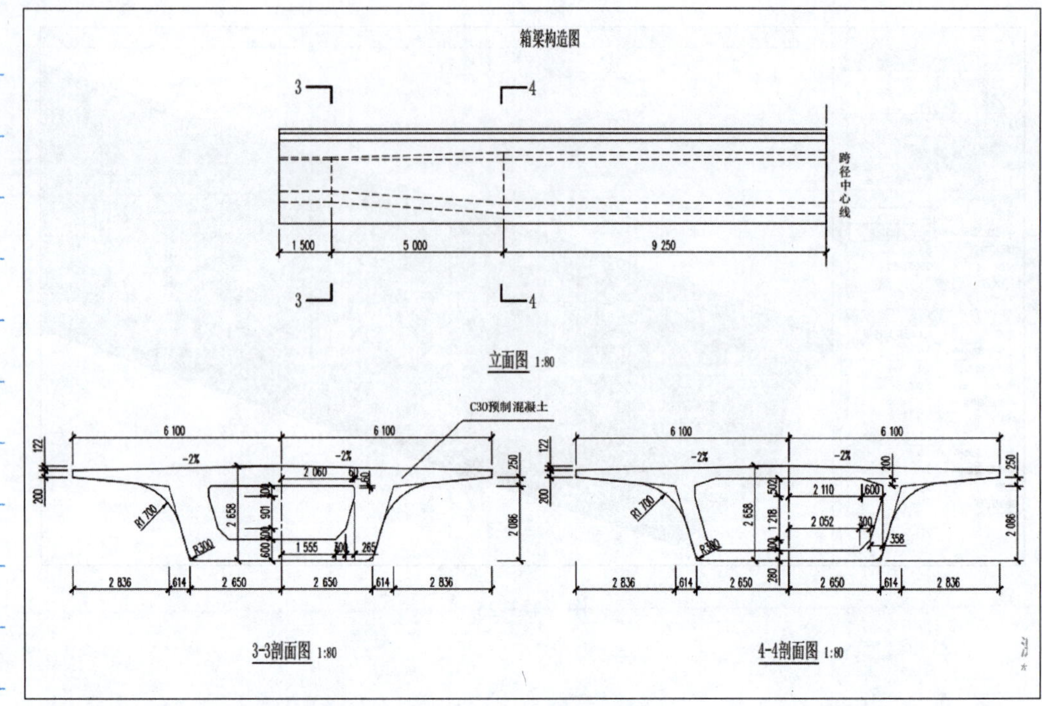

(a)

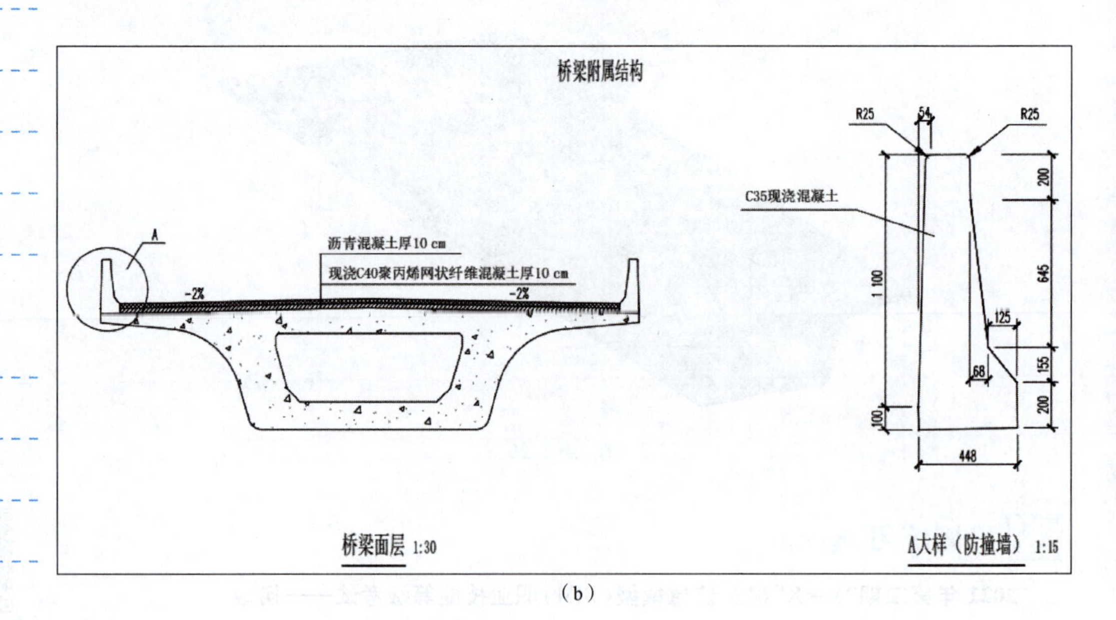

(b)

图 4-3-27(单位:mm)

任务测评

学习笔记

"任务三　箱梁创建"测评记录表

学生姓名		班级		任务评分	
实训地点		学号		完成日期	
考核内容				标准分	评　分
知识(20分)	桥面梁板类型			10	
	桥面附属结构			10	
技能(60分)	箱梁族创建正确			20	
	箱梁创建正确			30	
	通风孔创建正确			5	
	泄水孔创建正确			5	
素质(20分)	实训管理：纪律、清洁、安全、整理、节约等			5	
	工艺规范：国标样式、完整、准确、规范等			5	
	团队精神：沟通、协作、互助、自主、积极等			5	
	学习反思：技能点表述、反思内容等			5	
教师评语					

结合国家在线精品课程“BIM 建模技术”模块三项目五中任务 3 基础准备，在学习桥梁上部结构梁的分类方式等相关知识后，完成下面导图内容。

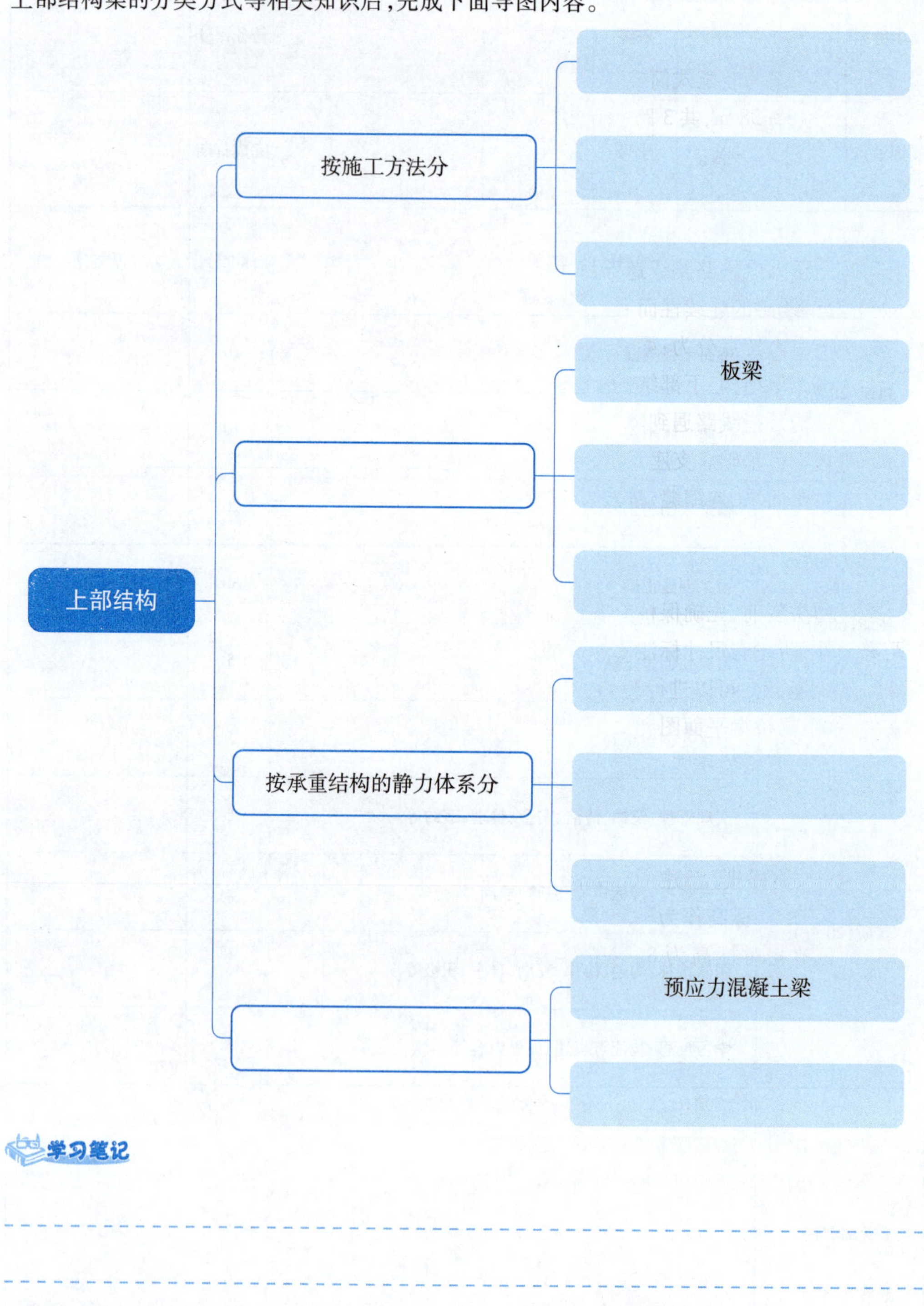

学习笔记

任务四　桥梁拼装合模

学习笔记

任务工单

本案例桥梁为装配式简支板桥,下部结构采用重力式墩台,桥梁上部采用10 m空心板拼装,全长为38.38 m,共3跨。以此桥梁为例,讲解桥梁模型拼装过程。本任务图纸请扫描"附件12"二维码下载。

视频

任务四 桥梁拼装合模(任务速递)

知识链接

桥梁是道路或铁路路线遇到江河湖泊、山谷深沟以及其他线路(道路或铁路)等障碍物时,为了保持线路的连续性而专门建造的人工构造物。

桥梁按受力特点分为:梁式桥、拱式桥、钢架桥、悬索桥、组合体系桥。

桥梁由上部结构、下部结构、支座系统和附属设施四个基础部分组成。

上部结构是指线路遇到障碍而中断时,跨越这类障碍的主要承载结构。下部结构包括桥墩、桥台、墩台基础。支座系统在桥跨结构与桥墩或桥台的支承处所设置的传力装置。附属设施包括桥面系、伸缩缝、桥头搭板、锥坡。

视频

任务四 桥梁拼装合模(任务实施)

任务实施

在模型拼装前,先确保桥梁各部位构件族都建模完成,然后了解桥梁总体布置图中的构件距离尺寸,防止有尺寸标注不明确的位置(如伸缩缝宽度,需要找对应的伸缩缝图纸了解尺寸),在此基础上可以进行桥梁拼装。模型拼装顺序从下到上,操作步骤可分为:①创建项目文件;②根据桥梁平面图和立面图定位桥梁构件的位置;③载入桥梁构件族;④放置构件,对桥梁模型进行定位拼装;⑤完成面层铺装。

一、新建项目

选择"结构样板"新建项目,命名为"桥梁"并保存到项目模型文件夹中,选择一个立面,保留"±0.0"标高作为项目参照标高,根据本项目标高特点,名称可设为"00=85",意为±0.0位置相对标高为85 m。其余标高删除,防止在后面放置构件过程中放错标高位置。

二、创建定位辅助线

根据总平面布置图中各构件相距尺寸,在项目中绘制定位轴线,定位轴线可使用轴网或模型线来绘制。应注意梁板伸缩缝的宽度,在计算下部结构间距时应预留出来。或通过导入平面图的方式确定构件平面位置,如图4-4-1所示。

三、载入族库

将做好的桥梁构件族全部导入项目中,切换至"插入"选项卡,单击"载入族"按钮,选择桥梁构件族保存位置的文件夹,选择全部桥梁构件,单击"打开"按钮即可完成族库导入工作,如图4-4-2所示。

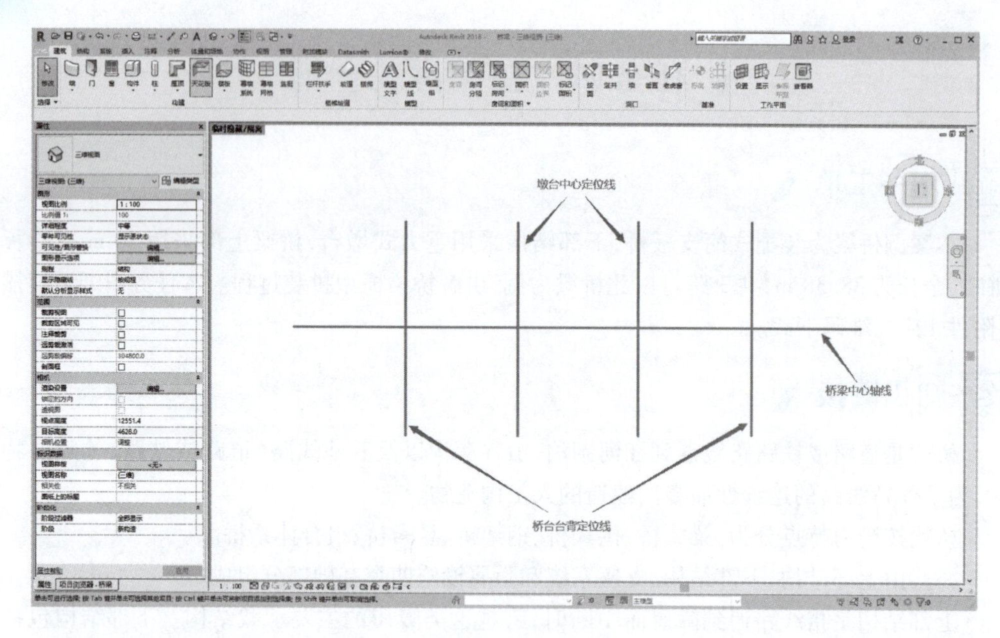

图 4-4-1

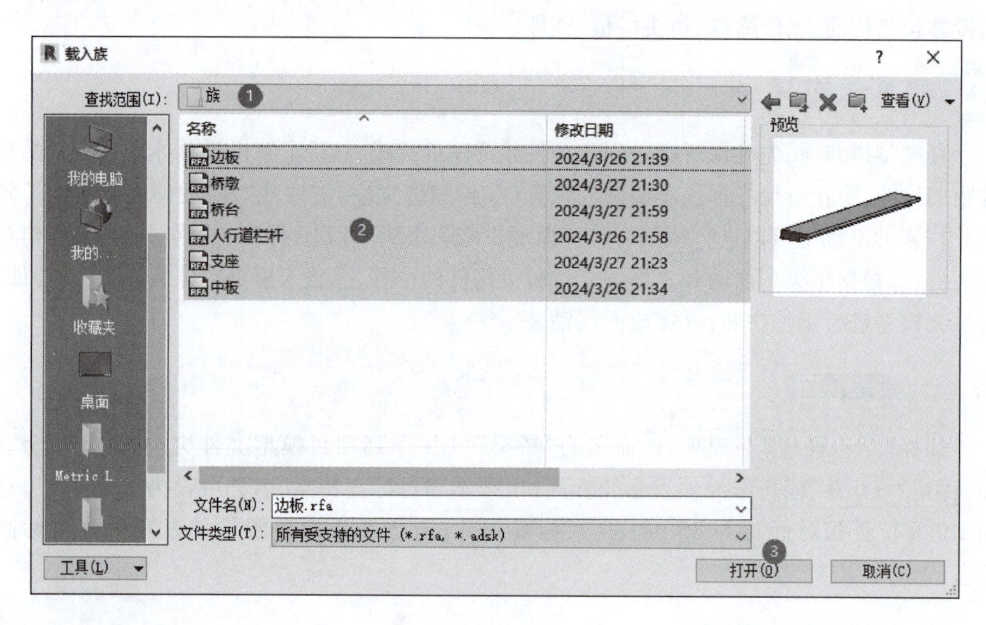

图 4-4-2

视频

任务四 桥梁拼装合模：附属构件（任务实施）

四、放置构件

放置构件时应注意构件标高偏移值，按照从下到上的顺序依次放置构件，遇到构件按照标高位置放置有碰撞的情况，应检查构件族是否绘制错误（例如一些梁的横坡方向错误，支座高度不确定的问题）。放置构件的步骤为：选择“结构”选项卡→“构件”→“放置构建”命令，“属性”对话框中将出现所有载入的桥梁构件。根据各构件立面标高及平面位置，依次将桥梁构件放置到对应的位置。

五、绘制面层铺装

学习笔记

构件放置完成后，将桥面铺装绘制出来，由于桥面带有横坡，需要将横坡体现在模型上，使用“结构”面板中的“楼板”命令，将桥面防水混凝土按桥面中心标高的高度绘制出来，可通过“修改子图元”来改变楼板上的点或边的标高偏移值，该偏移值可以通过横坡坡度计算得出，或者直接在图纸上量取，从而使桥面模型与图纸一致，最后检查模型无构件遗漏，最终完成桥梁模型拼装，如图 4-4-3 所示。

图　4-4-3

巩固练习

视频

任务四 桥梁拼装合模（巩固练习）

2021 年第二期“1 + X”建筑信息模型（BIM）职业技能等级考试——初级

实操试题三（节选部分，真题请扫描“附件 3”二维码下载）

根据给出的图纸（图 4-4-4）创建防撞墙等，对项目进行组合，图中尺寸单位除高程以米计外，其余均以毫米计，标高、轴网及未标明尺寸不做要求。

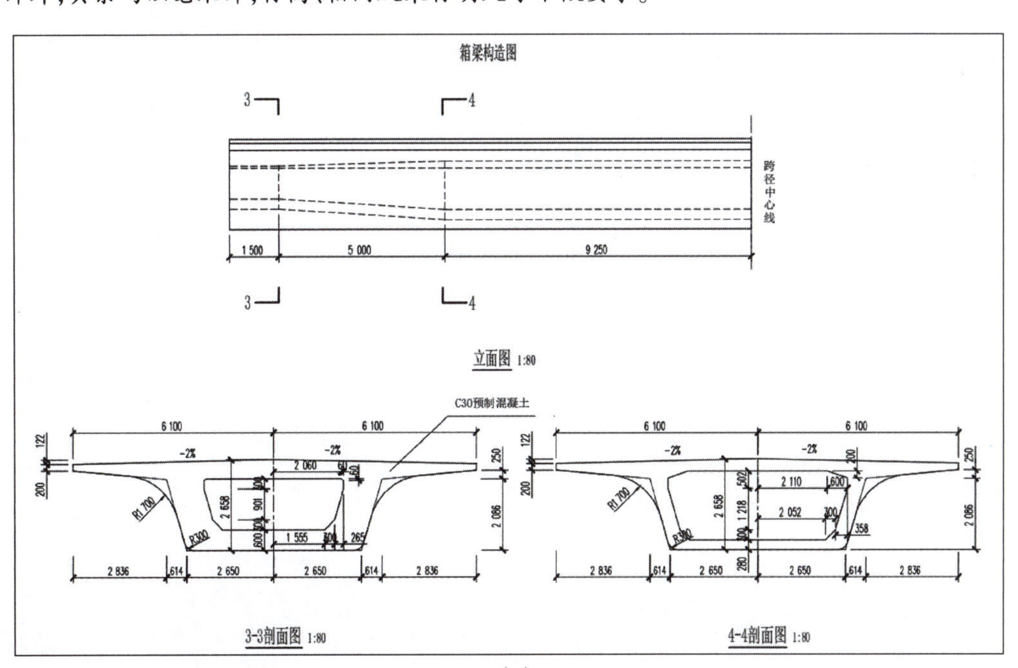

（a）

图　4-4-4（单位：mm）

学习笔记

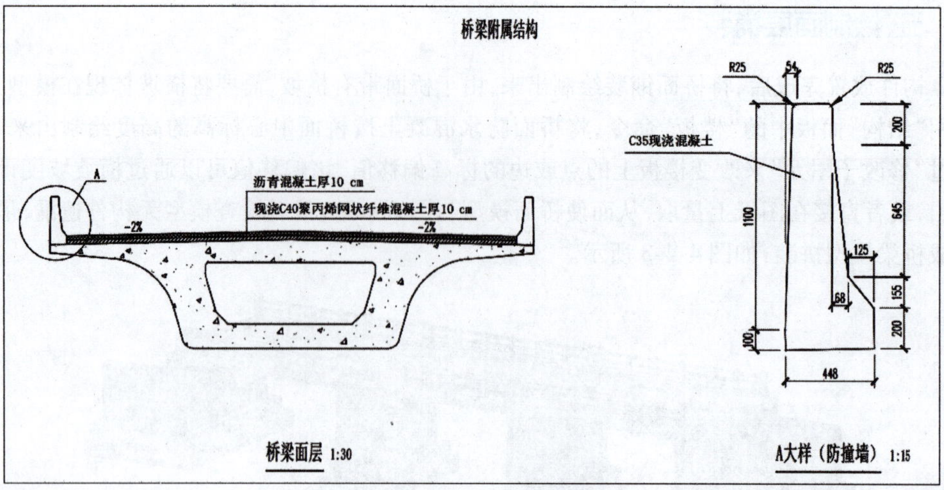

桥梁附属结构

A

沥青混凝土厚10 cm

现浇C40聚丙烯网状纤维混凝土厚10 cm

-2%

-2%

桥梁面层 1:30

R25 54 R25

C35现浇混凝土

200

1100

645

125

68

155

200

100

448

A大样（防撞墙） 1:15

(b)

图 4-4-4(续)(单位:mm)

任务测评

学习笔记

“任务四　桥梁拼装合模”测评记录表

学生姓名		班级		任务评分	
实训地点		学号		完成日期	
考 核 内 容				标准分	评　分
知识(20分)	桥梁组成			10	
	桥梁拼装步骤			10	
技能(60分)	辅助定位线正确			10	
	族库载入正确			10	
	构件放置正确			30	
	面层铺装创建正确			10	
素质(20分)	实训管理:纪律、清洁、安全、整理、节约等			5	
	工艺规范:国标样式、完整、准确、规范等			5	
	团队精神:沟通、协作、互助、自主、积极等			5	
	学习反思:技能点表述、反思内容等			5	
教师评语					

导图互动

结合国家在线精品课程“BIM 建模技术”模块三项目五中任务 4 基础准备，在学习桥梁上部结构梁特点与下部结构桥墩桥台构造特点等相关知识后，完成下面导图内容。

学习笔记

拓展案例——桥梁建模

学习笔记

一、项目简介

济微高速公路主线全长88 km,估算投资141.4亿元,计划工期36个月,全线采用双向四车道高速公路标准建设,设计速度120 km/h。该项目设特大桥1座(大汶河特大桥1 275 m,如图4-5-1所示),大桥18座,中桥17座;互通立交9处,分离立交23处;服务区2处(含加油站4处)、养护工区1处、监控通信分中心1处、匝道收费站6处,项目永久占地面积645.195 2公顷,其中主线占地619.850 3公顷。项目采用BIM建模指导施工,需要对重点工程特大桥进行BIM模型创建。

视频

项目四 拓展案例桥梁建模

图　4-5-1

二、建模总体思路

根据施工图纸及周边地形情况创建大汶河特大桥模型,桥梁模型分为下部结构、支座系统、上部结构及附属结构,Revit软件需要对各个构件进行单独常规模型创建,后续根据线路中心线进行布置。建模顺序遵循"从下到上,参数建模"的原则,以符合同类型不同尺寸的模型变化。

桥梁建模的思路主要分为:①准备工作,对原始数据进行处理,确定标准;②制作桥梁族库,对各个构件进行建模分类归档;③周边环境及工艺模型建立;④对各个桥梁构件的模型进行拼装整合;⑤模型校核。

三、模型创建的主要步骤

(一)准备工作

在建模工作开始前,先行确定整体各个构件的建模标准,尤其是各个参数名称的明确,方便后续模型的更改与修正。后续依据项目图纸绘制出桥梁的定位轴线,将相关结构的尺寸数据与标高数据进行整理归档,方便后续建模。

桥梁建模中的下部结构可采用嵌套族方式进行,本项目采用单个族拼接方式,将桩基、系梁、承台、墩身作为单个族在项目文件中进行拼接,方便项目文件中的更改。上部结构的

学习笔记

梁跨因项目本身的竖曲线，需调整梁跨的竖向角度，所以结构采用嵌套族方式进行，以实现梁跨结构的竖曲线调节。

（二）制作桥梁族库

建模先从下部结构开始，建模从构件的特性下手，选择合适的创建方法（根据各个构件特性选择创建方法），然后确定工作面，定义原点和参照平面、添加主要尺寸标注和主要的构件参数，最终创建构件模型并管理参数标签保存。

建筑建模过程中，各个构件需分别命名，以区分不同墩号和构件，方便后续计算工程量、添加施工信息等各项应用。下部结构的命名（图 4-5-2）依据图纸中的设计编号及相关构件名称进行填写。

图 4-5-2

本项目上部结构包含简支 T 梁及箱梁，本桥梁部分节段处于道路中心线的曲线位置，本项目设计文件中给出的是以直代曲的解决方式，但梁跨结构本身长度会存在一定程度的加长，依据此类构件的变化规律，需针对上部结构中的梁跨进行统计并形成统计表，方便确定采用何种方式进行模型创建。本项目单片 T 梁采用常规模型，单跨梁采用基于线常规模型，将单片 T 梁模型嵌套入单跨梁中及竖曲线角度的调节及整体桥跨的竖曲线表现，如图 4-5-3 所示。

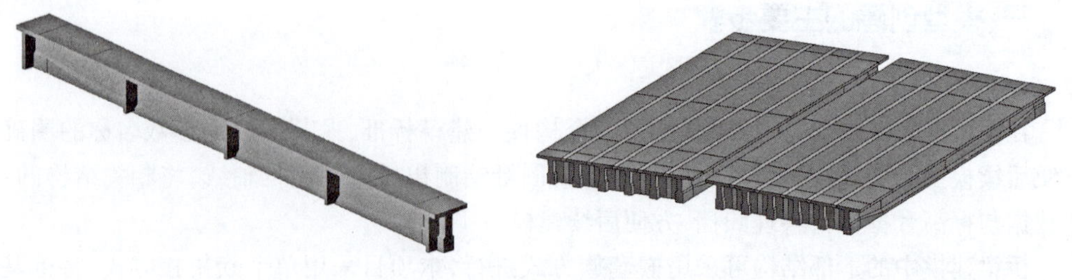

图 4-5-3

模型创建完成后，根据其各自的构件名称进行整体归档，形成本项目的桥梁族库，以便后续整体项目拼接。

（三）周边环境与工艺模型创建

周边环境模型主要包含桥梁所在位置的地形模型，本项目汶河特大桥横跨大汶河及两侧堤坝，水中需设置围堰才可进行水中的下部结构施工，所以工艺模型主要是围堰模型。

周边环境采用倾斜摄影技术进行创建，形成 obj 格式文件，导入平台后结合桥梁模型可描述整体项目情况，便于后续规划项目施工便道，及明确相关围堰施工方案，周边环境 obj 格式模型如图 4-5-4 所示。后续项目因规划便道与施工交底的需求，按设计图纸建立两侧坝体的 Revit 模型。围堰模型（图 4-5-5）创建采用 Revit 软件进行，利用软件的可视化优势实现针对围堰不同方案的施工布置模拟，便于项目针对工作量及便利性择优选择方案。

图　4-5-4

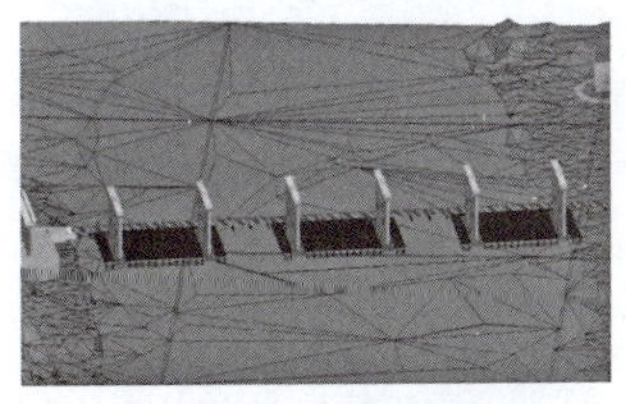

（a）方案一钢栈桥围堰

（b）方案二钢板桩围堰

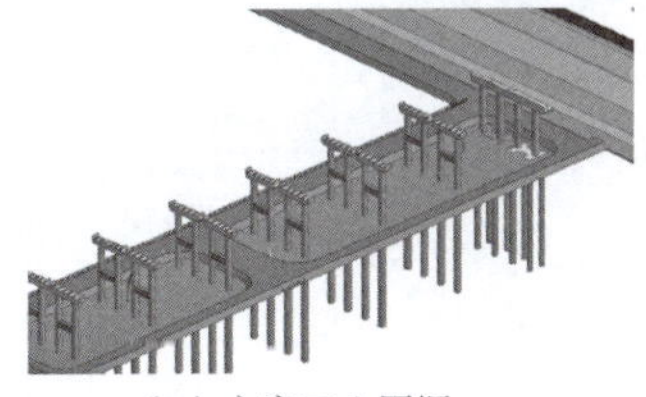

（c）方案三土围堰

图　4-5-5

（四）模型拼接

在相关工作完成后，桥梁模型采用 Revit 软件中的构造样板文件创建，首先确定桥梁的起点位置，并测定好坐标及线路方向，将绘制好的线路中心线图 CAD 文件导入 Revit 文件中，将 CAD 中的桥梁起点位置与项目基点对齐，输入坐标后锁定，以免后续位置移动。然后从下部结构开始，依次将桥梁族库中的族文件载入当前项目中，依据坐标位置进行拼接，也可依据 Dynamo 编程插件进行参数化放置。支座、上部结构均采取一致的方式进行。拼接完成模型如图 4-5-6 所示。

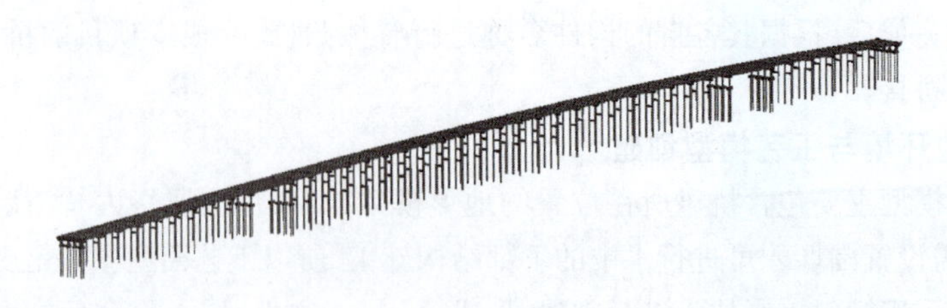

图 4-5-6

(五)模型校验

桥梁模型建模完成后,需要对创建完的模型检查校核,校核内容一般是:①桥梁模型与设计图纸对应,不应存在遗漏的构件;②各个构件之间存在相切但不应存在相交问题,如出现相交问题应检查修正;③桥梁模型应是随道路中心线的线性结构,其曲线应一致,如出现偏离情况应重新检查及核验图纸。完成校验后,即可将建筑模型交付给下一阶段建模使用。

四、技术要点总结

BIM 模型的创建使桥梁方案可视化,为不同专业之间的交流提供方便。以三维模型为基础,对设计过程中存在的关键点及难点进行直观展现,以便于施工中的交底与模拟工作。通过对项目施工的初步模拟,能确定施工中可能发生的问题,并确认方案是否可行,最后为方案的优化提供参考依据,实现降低成本与增大经济效益之间的关系处理,所以施工模拟同样为项目难点所在,通过对比和分析可知,采用 BIM 技术能有效解决施工难题,进而为后续正常施工创造良好条件。

另外,BIM 模型的创建也使各个构件的工程量统计有了更加便捷的统计方式,且通过对模型信息的添加,可在相关平台中直观查看相关工程量、个数等信息,更便于施工中对工程进度的把控。

BIM成果输出

项目概述

一、项目描述

基于给出的建筑图纸，使用 Revit 软件完成房屋建筑 BIM 模型的成果输出。

二、学习目标

知识目标：

- 掌握标记、注释的类型；
- 掌握创建漫游的路径与要求；
- 掌握渲染要求；
- 熟知平面图、剖面图的概念。

技能目标：

- 能熟练使用标记和注释的命令；
- 能正确进行平面图、剖面图的创建；
- 能正确利用软件绘制漫游路径；
- 能完成漫游动画的制作；
- 能正确利用软件将模型进行渲染。

素质目标：

- 培养学生吃苦耐劳、认真仔细的态度。

三、德技领航

中老昆万铁路是一条连接中国云南省昆明市与老挝万象市的电气化铁路，由中国按国铁Ⅰ级标准建设，是第一个以中方为主投资建设、共同运营并与中国铁路网直接连通的跨国铁路，由昆玉段、玉磨段、磨万段组成，合计全长 1 035 km。

视频

项目五 德技领航

中老铁路的“隧道之最、桥梁之最、站房之最”，凝结了中老两国建设者的智慧与汗水。这条完成了无数“不可能”的跨境铁路让中老两国经济社会和人文合作交流更加密切，对加快建设中老经济走廊、构建人类命运共同体这个中国梦、世界梦的实现意义深远。这需要高瞻远瞩、把控全局、整体构思、设计蓝图。就像本项目所介绍的建模技术成果输出一样，需要考虑出图的全面布局、动画的整体效果，同时培养学生的全局观、整体观。

任务一 图纸创建

任务工单

在原有平面视图的基础上加标注，插入 A3 图框并修改图名比例，如图 5-1-1 所示。

视频 任务一 图纸创建（任务速递）

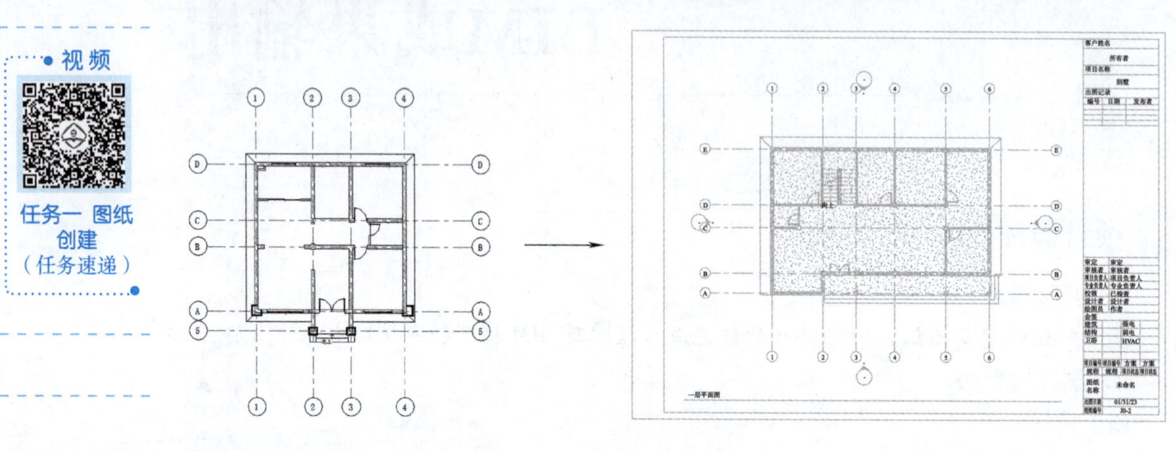

图 5-1-1

知识链接

(1)出图的定义：意味着设计结束，将开发阶段的问题点、来自相关部门的反馈等所有因素全部加在一起完成了图纸。

(2)出图的作用：发行并分发制造所需要的一套图纸。

(3)出图的分类：

①建筑施工图包括建筑总平面图、建筑平面图、建筑立面图、建筑剖面图和建筑详图。

②结构施工图包括基础平面图，基础剖面图，屋盖结构布置图，楼层结构布置图，柱、梁、板配筋图，楼梯图，结构构件图或表，以及必要的详图。

③设备施工图包括采暖施工图、电气施工图、通风施工图和给排水施工图。

任务实施

视频 任务一 图纸创建（任务实施）

该任务是创建一层平面图，创建 A3 公制图纸，将图纸打印，且导出 CAD 格式图纸。

技能要点

一、创建图纸

在完成模型的创建后，如何才能利用所有的模型，打印出所需的图纸？此时需要新建施工图图纸，指定图纸使用的标题栏族，以及将所需的视图布置在相应标题栏的图纸中，最终生成项目的施工图纸。

选择“视图”选项卡→“图纸组合”面板→“图纸”命令，弹出“新建图纸”对话框。如果此时项目中没有标题栏可供使用，单击“载入”按钮，在弹出的“载入族”对话框中，查找到系统族库中所需的标题栏，单击“打开”按钮，载入项目，如图 5-1-2 所示。

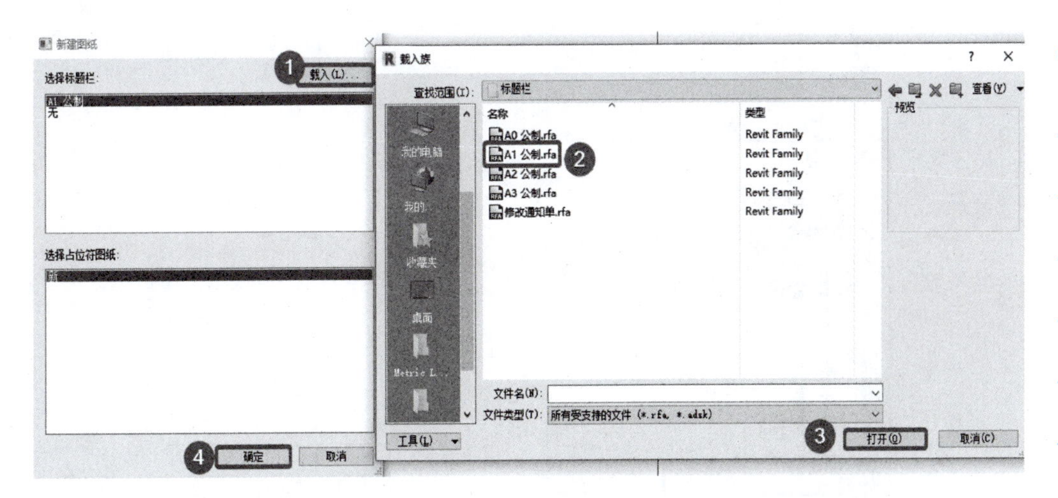

图　5-1-2

如选择“A1 公制”，单击“确定”按钮，此时绘图区域打开一张新创建的 A1 图纸，如图 5-1-3 所示，完成图纸创建后，在项目浏览器“图纸”项下自动添加了图纸“JD-2 未命名”。

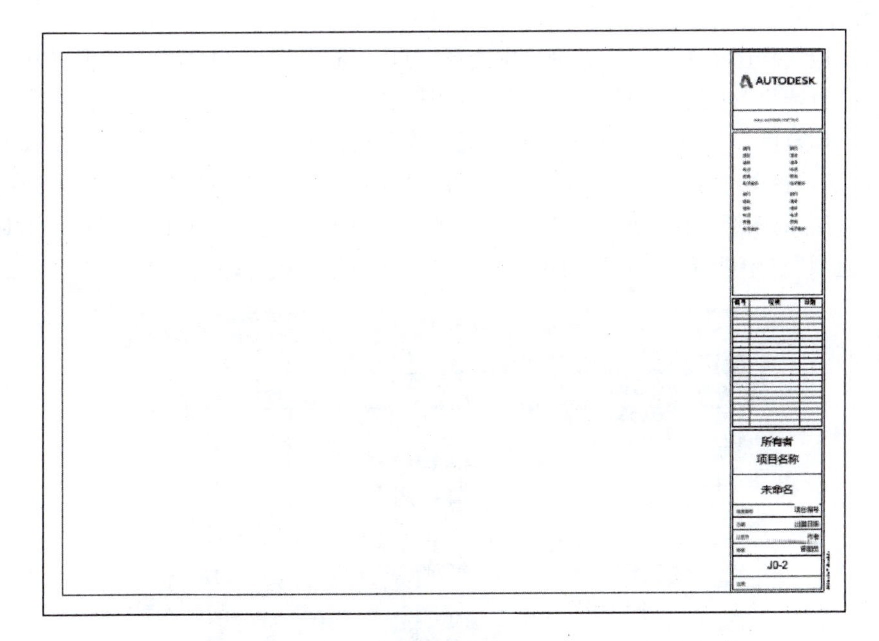

图　5-1-3

选择“视图”选项卡→“图纸组合”面板→“视图”命令，弹出“视图”对话框，在视图列表中列出当前项目中所有可用的视图，选择“楼层平面 1F”，单击“在图纸中添加视图”按钮，如图 5-1-4 所示。确认选项栏“在图纸上旋转”选项为“无”，当显示视图范围完全位于标题范围内时，放置该视图。

在图纸中放置的视图称为“视口”，Revit 自动在视图底部添加视口标题，默认将以该视图的视图名称来命名该视口，如图 5-1-5 所示。

学习笔记

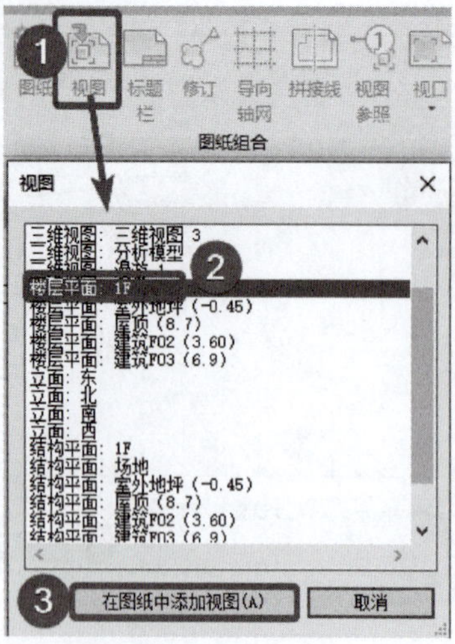

1 图纸 视图 标题栏 修订 导向轴网 拼接线 视图参照 视口

图纸组合

视图

三维视图：三维视图 3
三维视图：分析模型
三维视图：渲染 1
2 楼层平面：1F
楼层平面：室外地坪（-0.45）
楼层平面：屋顶（8.7）
楼层平面：建筑F02（3.60）
楼层平面：建筑F03（6.9）
立面：东
立面：北
立面：南
立面：西
结构平面：1F
结构平面：场地
结构平面：室外地坪（-0.45）
结构平面：屋顶（8.7）
结构平面：建筑F02（3.60）
结构平面：建筑F03（6.9）

3 在图纸中添加视图(A) 取消

图 5-1-4

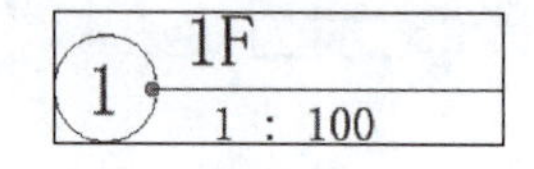

图 5-1-5

二、导出图纸

(一)打印

单击“应用程序菜单”按钮,在列表中选择“打印”选项,打开“打印”对话框,如图 5-1-6 所示。在“打印机”列表中选择打印所需的打印机名称。

在“打印范围”栏中可以设置要打印的视口或图纸,如果希望一次性打印多个视图和图纸,选择“所选视图/图纸”单选按钮,单击下方的“选择”按钮,在弹出的“视图/图纸集”中,勾选所需打印的图纸或视图即可,如图 5-1-7 所示。单击“确定”按钮,回到“打印”对话框。

在“选项”栏中进行打印设置后即可单击“确定”按钮开始打印。

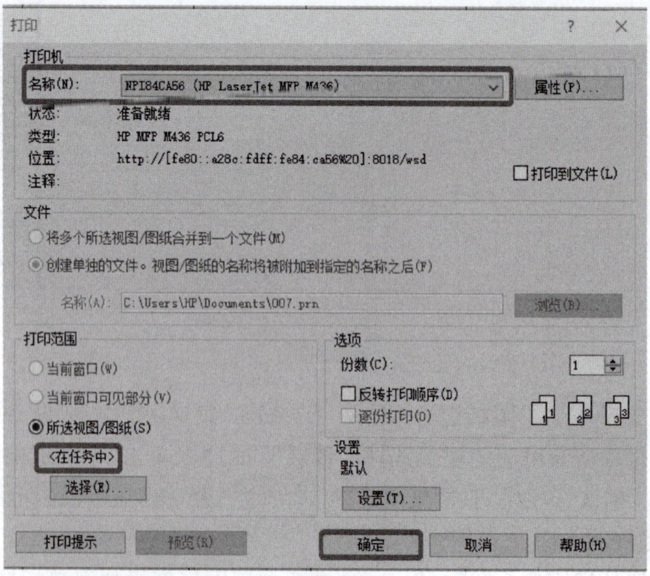

打印 ? ×

打印机

名称(N)： NPI84CA56 (HP LaserJet MFP M436) 属性(P)...

状态： 准备就绪

类型： HP MFP M436 PCL6

位置： http://[fe80::a28c:fdff:fe84:ca56%20]:8018/wsd

注释： □打印到文件(L)

文件

将多个所选视图/图纸合并到一个文件(M)

创建单独的文件。视图/图纸的名称将被附加到指定的名称之后(F)

名称(A)： C:\Users\HP\Documents\007.prn 浏览(B)...

打印范围

当前窗口(W)

当前窗口可见部分(V)

所选视图/图纸(S)

<在任务中>

选择(E)...

选项

份数(C)： 1

□反转打印顺序(D)

□逐份打印(O)

设置

默认

设置(T)...

打印提示 预览(R) 确定 取消 帮助(H)

图 5-1-6

图　5-1-7

(二)导出 CAD 格式

Revit 中所有的平、立、剖面、三维图和图纸视图等都可导出成 DWG、DXF/DGN 等 CAD 格式图形,方便为使用 CAD 等工具的人员提供数据。虽然 Revit 不支持图层的概念,但可以设置各构件对象导出 DWG 时对应的图层,如图层、线型、颜色等均可自行设置。

单击"应用程序菜单"按钮,在列表中选择"导出"→"CAD 格式"→"DWG"命令,弹出"DWG 导出"对话框,如图 5-1-8 所示。

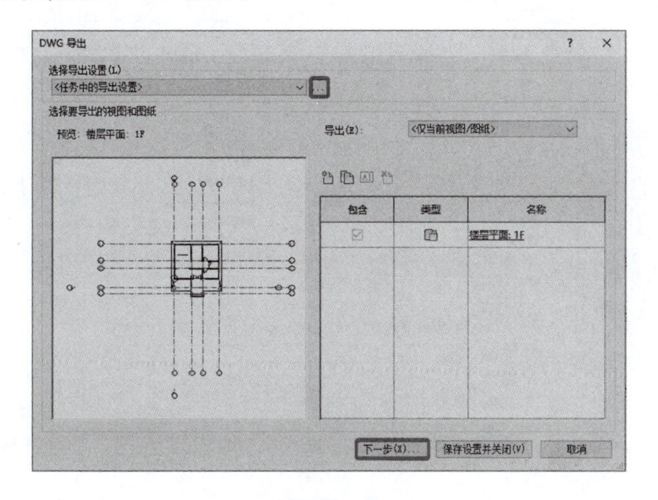

图　5-1-8

在"选择导出设置"栏中,单击"…"按钮,弹出"修改 DWG/DXF 导出设置"对话框,如图 5-1-9 所示。在该对话框中可对导出 CAD 时需设置的图层、线型、填充图案、颜色、字体、CAD 版本等进行设置。在"层"选项卡中,可指定各类对象类别以及其子类别的投影、截面图形在 CAD 中显示的图层、颜色 ID。可在"根据标准加载图层"下拉列表中加载图层映射标准文件。

设置完除"层"外的其他选项卡后,单击"确定"按钮完成设置,回到"DWG 导出"对话框。单击"下一步"按钮转到"导出 CAD 格式-保存到目标文件夹"中,如图 5-1-10 所示。指

学习笔记

图 5-1-9

定文件保存位置、文件格式和命名，单击“确定”按钮，即可将所选择的图纸导出成 DWG 数据格式。如果希望导出的文件采用 AUTOCAD 外部参照模式，勾选“将图纸上的视图和链接作为外部参照导出”，此处不勾选。

外部参照模式，除了将每个图纸视图导出为独立的与图纸视图同名的 DWG 文件外，还可单独导出与图纸视图相关的视口独立的 DWG 文件，并以外部参照文件的方式链接至图纸视图同名的 DWG 文件中。要打开 DWG 文件，则需打开与图纸视图同名的 DWG 文件。

美国建筑师学会标准(AIA)
ISO 标准 13567 (ISO 13567)
新加坡标准 83 (CP83)
英国标准 1192 (BS1192)
从以下文件加载设置...

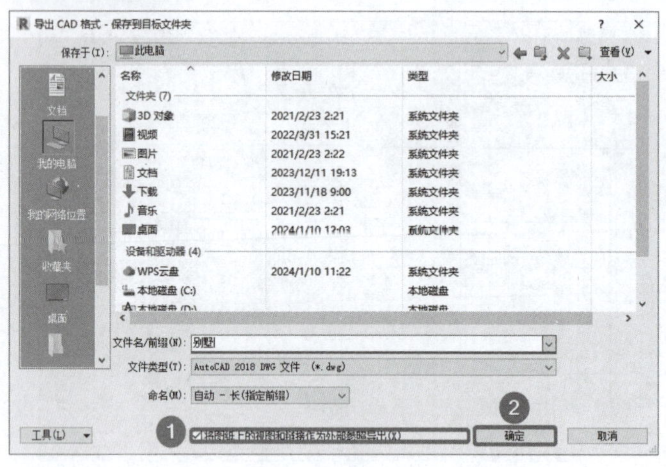

图 5-1-10

视频

任务一 图纸创建（巩固练习）

巩固练习

2021 年第一期“1＋X”建筑信息模型（BIM）职业技能等级考试——初级

实操试题三（节选部分，真题请扫描“附件 1”二维码下载）

根据前面所创建模型，创建项目一层平面图，创建 A3 公制图纸，将一层平面图插入，并将试图比例调整 1∶100。

学习笔记

"任务一　图纸创建"测评记录表

<table>
<tr><td>学生姓名</td><td></td><td>班级</td><td></td><td>任务评分</td><td></td></tr>
<tr><td>实训地点</td><td></td><td>学号</td><td></td><td>完成日期</td><td></td></tr>
<tr><td colspan="4">考 核 内 容</td><td>标准分</td><td>评　分</td></tr>
<tr><td rowspan="3">知识(40 分)</td><td colspan="3">标记类型填写</td><td>15</td><td></td></tr>
<tr><td colspan="3">标注类型填写</td><td>15</td><td></td></tr>
<tr><td colspan="3">注释类型填写</td><td>10</td><td></td></tr>
<tr><td rowspan="4">技能(40 分)</td><td colspan="3">标记的完成数目</td><td>10</td><td></td></tr>
<tr><td colspan="3">标注的完成数目</td><td>10</td><td></td></tr>
<tr><td colspan="3">注释的完成数目</td><td>10</td><td></td></tr>
<tr><td colspan="3">图纸的完成数目</td><td>10</td><td></td></tr>
<tr><td rowspan="4">素质(20 分)</td><td colspan="3">实训管理:纪律、清洁、安全、整理、节约等</td><td>5</td><td></td></tr>
<tr><td colspan="3">工艺规范:国标样式、完整、准确、规范等</td><td>5</td><td></td></tr>
<tr><td colspan="3">团队精神:沟通、协作、互助、自主、积极等</td><td>5</td><td></td></tr>
<tr><td colspan="3">学习反思:技能点表述、反思内容等</td><td>5</td><td></td></tr>
<tr><td>教师评语</td><td colspan="5"></td></tr>
</table>

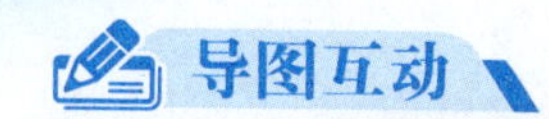

导图互动

结合国家在线精品课程“BIM 建模技术”模块四项目六中任务 1 基础准备，在学习 REVIT 图纸创建、视图布置与导出文件等相关知识后，完成下面导图内容。

- 图纸创建
  - （　　）
    - （　　）
  - 视图布置
    - （　　）
    - （　　）
  - （　　）
    - （　　）
    - 设置保存路径、导出文件的版本及文件名称格式

学习笔记

任务二　明细表创建

学习笔记

任务工单

根据完成的 BIM 模型,创建门明细表,如图 5-2-1 所示。

<门明细表 2>

A	B	C	D	E
类型	宽度	高度	注释	合计
M0824	800	2400		3
M0924	900	2400		4
M1824	1800	2400	推拉门	1
M1827	1800	2700		1
M2424	2400	2400		1

图　5-2-1

视频

任务二 明细表创建（任务速递）

知识链接

(1)定义:明细表是以表格形式显示信息,这些信息是从项目中的图元属性中提取的。

(2)分类:明细表可分为明细表/数量(提取模型中各种构件的数量等参数并进行统计)、材质提取明细表(提取模型中任意图元具有的材质及相关属性)、配电盘明细表、图形柱明细表。

(3)作用:明细表可以列出要编制明细表的图元类型的每个实例,或根据明细表的成组标准将多个实例压缩到一行中。

任务实施

该任务是创建门窗明细表,门明细表要求包含:类型标记、宽度、高度、合计字段;窗明细表要求包含:类型标记、底高度、宽度、高度、合计字段;并计算总数。

视频

任务二 明细表创建（任务实施）

技能要点

一、明细表的创建方法

对于不同的图元可统计出其不同类别的信息,如门、窗图元的高度、宽度、数量、合计和面积等。下面结合小别墅案例来创建所需的门、窗明细表视图,学习明细表统计的一般方法。

选择“视图”选项卡→“创建”面板→“明细表”下拉列表→“明细表/数量”命令,弹出“新建明细表”对话框,如图 5-2-2 所示。在“类别”列表中选择“门”对象类型,即本明细表将统计项目中门对象类别的图元信息;默认的明细表名称为“门明细表”,确认为“建筑构件明细表”,其他参数默认,单击“确定”按钮,弹出“明细表属性”对话框。

二、明细表的属性选择

通过“过滤器列表”可以选择“建筑”“结构”“机械”“电气”“管道”五种不同的类别,勾

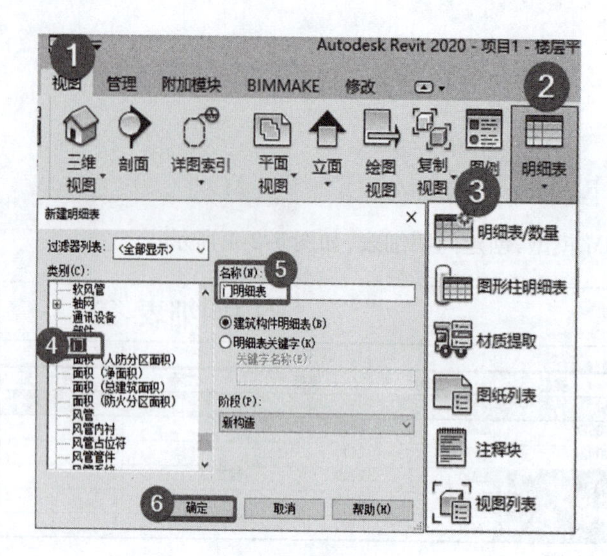

图 5-2-2

选所需的类别，可快速选择不同类别下的构件。如“建筑”类别下的“门”。

在“明细表属性”对话框的“字段”选项卡中，“可用的字段”列表中包括门在明细表中统计的实例参数和类型参数，选择“门明细表”所需的字段，单击“添加”按钮，将其添加到“明细表字段”，如：类型、宽度、高度、注释、合计和框架类型。如需调整字段顺序，则选中所需调整的字段，单击“上移”或“下移”按钮来调整顺序。明细表字段从上至下的顺序对应于明细表从左至右各列的显示顺序，如图 5-2-3 所示。

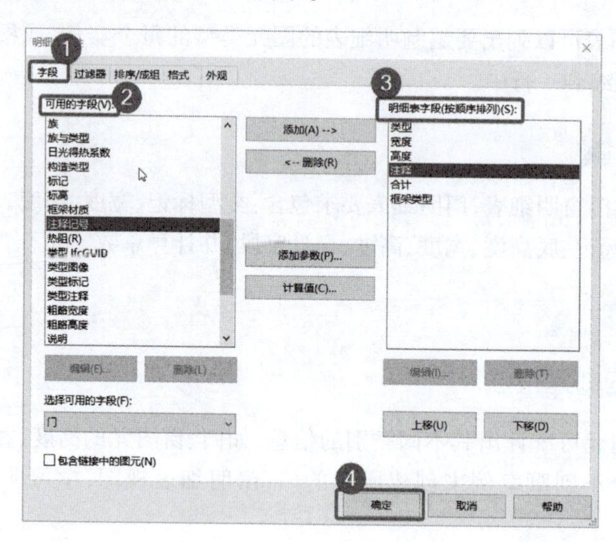

图 5-2-3

并非所有的图元实例参数和类型参数都可作为可用字段，在族创建时，仅限共享参数才能在明细表中显示。

完成“明细表字段”的添加后，如图 5-2-4 所示，切换至“排序/成组”选项卡，设置“排序方式”为“类型”，排序顺序为“升序”；取消勾选“逐项列举每个实例”，否则生成的明细表中的各图元会按照类型逐个列举出来。单击“确定”按钮后，“门明细表”中将按“类型”参数值

学习笔记

汇总所选名字段。

切换至“格式”选项卡，可设置生成明细表的标题方向和样式，单击“条件格式”按钮，在弹出的“条件格式”对话框中，可根据不同条件选择不同字段，对符合要求的字段可修改其背景颜色，如图 5-2-4 所示。

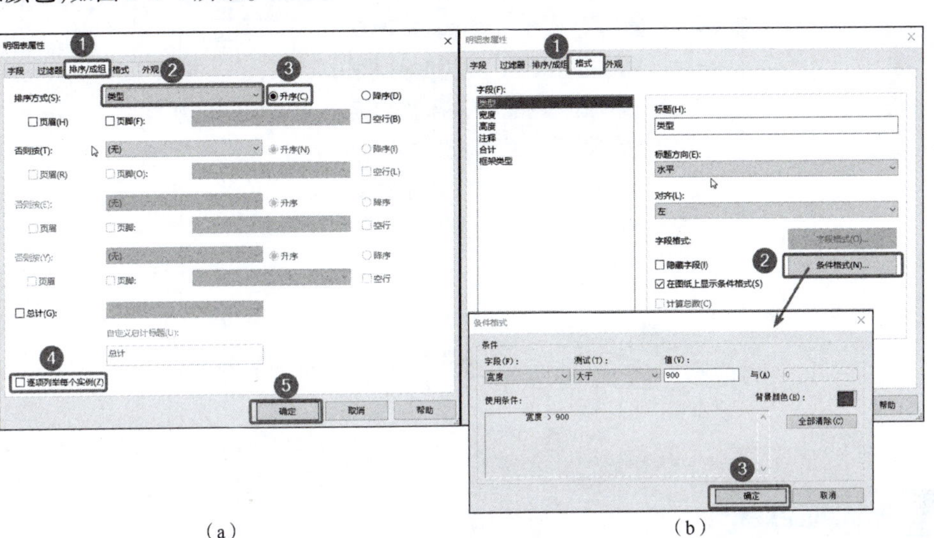

（a）　　　　（b）

图　5-2-4

切换至“外观”选项卡。勾选“网格线”复选框，设置网格线为“细线”；勾选“轮廓”复选框，设置“轮廓”样式为“中粗线”，取消勾选“数据前的空行”复选框；其他选项参照图 5-2-5 设置，单击“确定”按钮，完成明细表属性设置。

Revit 会自动弹至“门明细表”视图，同时弹出“修改明细表/量”上下文选项卡，以及自动在“项目浏览器”的“明细表 1 数量”中生成“门明细表”。

切换至“过滤器”选项卡，设置过滤条件，如图 5-2-6 所示，“宽度”等于“800”；“高度”大于“2400”的门类别，单击“确定”按钮，返回明细表视图，则没有符合要求的门。其他过滤条件读者可自行尝试。

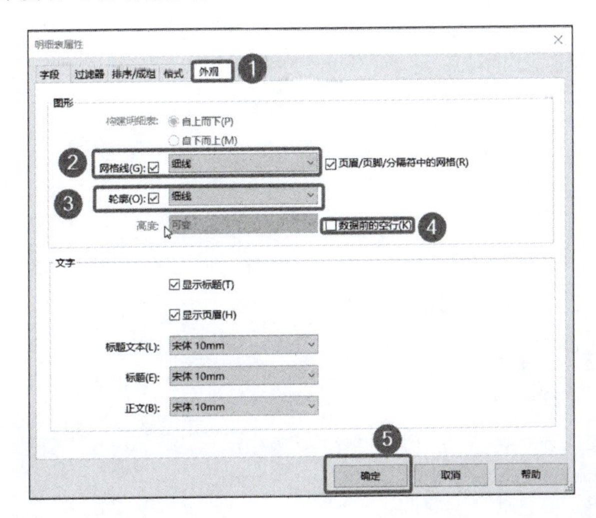

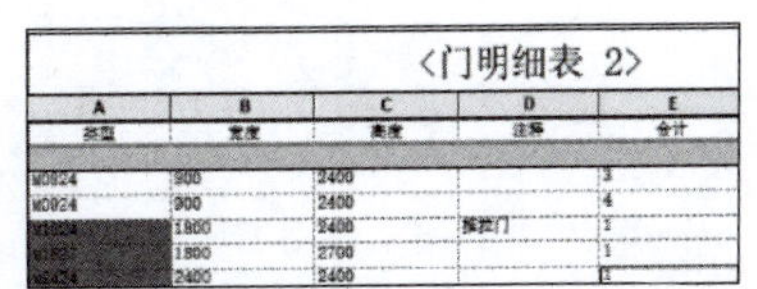

<门明细表　2>

A	B	C	D	E
类型	宽度	高度	注释	合计
M0924	900	2400		3
M0924	900	2400		4
M1824	1800	2400	推拉门	1
[illegible]	1800	2700		1
[illegible]	2400	2400		1

图　5-2-5

学习笔记

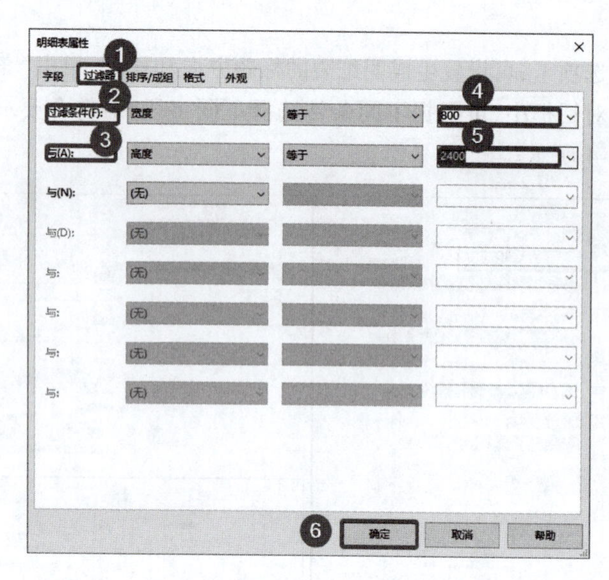

图 5-2-6

巩固练习

2021 年第一期“1 + X”建筑信息模型(BIM)职业技能等级考试——初级

实操试题三(节选部分,真题请扫描“附件 1”二维码下载)

根据前面所创建模型,创建门窗明细表,门明细表要求包含:类型标记、宽度、高度、合计字段;窗明细表要求包含:类型标记、底高度、宽度、高度、合计字段;并计算总数。

视频

任务二:明细表创建(巩固练习)

任务测评

学习笔记

“任务二　创建明细表”测评记录表

学生姓名		班级		任务评分	
实训地点		学号		完成日期	
考 核 内 容				标准分	评　分
知识(40 分)	明细表类型填写			15	
	图纸类型填写			15	
	国标规定			10	
技能(40 分)	明细表的参数设置			10	
	明细表的输出正确			10	
	图纸的参数设置			10	
	图纸的输出正确			10	
素质(20 分)	实训管理:纪律、清洁、安全、整理、节约等			5	
	工艺规范:国标样式、完整、准确、规范等			5	
	团队精神:沟通、协作、互助、自主、积极等			5	
	学习反思:技能点表述、反思内容等			5	
教师评语					

导图互动

结合国家在线精品课程“BIM 建模技术”模块四项目六中任务 2 基础准备，在学习明细表创建、属性设置及导出等相关知识后，完成下面导图内容。

明细表创建

- （ ）
  - （ ）
  - （ ）——在“过滤器列表”中可以对“建筑”“结构”“机械”“电气”“管道”等五个规程中进行选择相应的类别。
- 明细表属性的设置——（ ）——（ ）
- （ ）——（ ）——（ ）

学习笔记

学习笔记

任务三　模型浏览与漫游

视频

任务三 模型浏览与漫游（任务速递）

任务工单

编辑漫游路径，调整关键帧视图方向和视图深度，最后在漫游视图里将“视觉样式”选择“着色”，播放漫游，如图 5-3-1 所示。

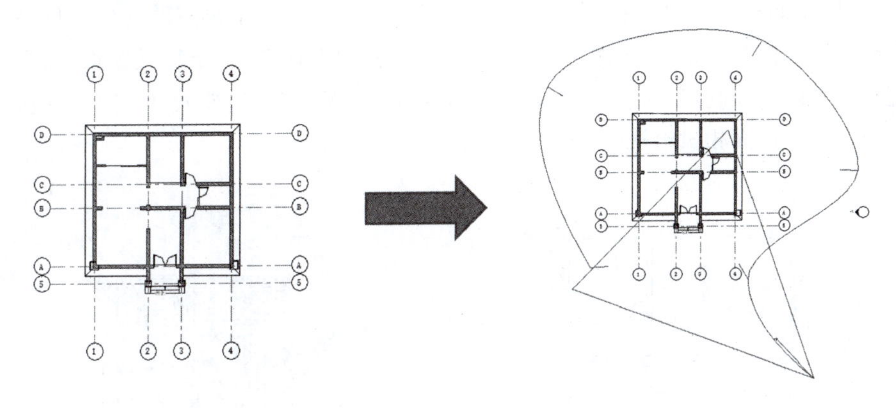

图　5-3-1

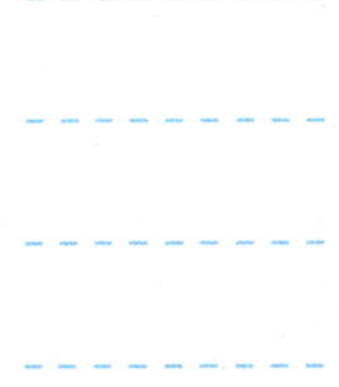

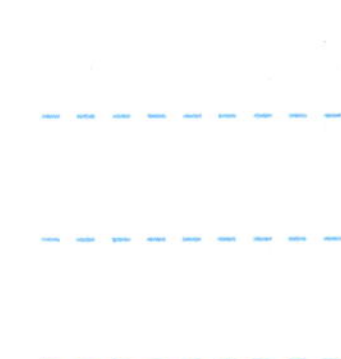

知识链接

动画的定义：一种展示项目的动态方法。它们从相机在空间中移动的视角展示项目，就像正在建筑模型或建筑场地中穿行一样。

动画的作用：可以更清晰地展示建筑的各个细节和构造，包括结构、材料、设备、管道等。这不仅使得设计师可以更好地理解设计意图，还可以帮助他们发现和解决设计中的问题，提高设计质量和效率。

视图控制的定义：使用对象样式和可见性以及图形替换来控制图元在模型中的显示方式。

视图控制的作用：控制项目中各个视图的模型图元、基准图元和视图专有图元的可见性和图形显示。

任务实施

该任务是对别墅进行漫游查看。

视频

任务三 模型浏览与漫游（任务实施）

技能要点

一、创建相机视图

在“项目浏览器”双击视图名称“1F”，进入 1F 平面视图。选择“视图”选项卡→“三维视图”下拉菜单→“相机”命令，勾选选项栏的“透视图”复选框，如果取消勾选，则创建的相机视图为没有透视的正交三维视图，偏移量 1 750，表示创建的相机视图是从相机位置从 1F

层高处偏移 1 750 mm 拍摄的，如图 5-3-2 所示。

☑透视图 比例: 1 : 100 偏移: 1750.0 自 1F

图 5-3-2

移动光标至绘图区域 1F 视图中，在 1F 外部喷泉上方单击放置相机。将光标向上移动，超过建筑最上端，单击放置相机视点，如图 5-3-3 所示。此时一张新创建的三维视图自动弹出，在项目浏览器“三维视图”项下，增加了相机视图“三维视图 1”。

在“视图控制栏”将“视觉样式”替换显示为“着色”，选中三维视图的视口，视口各边中点出现四个蓝色控制点，单击上边控制点，单击并按住向上拖动，直至超过屋顶，松开鼠标。单击拖动左右两边控制点，向外拖动，超过建筑后放开鼠标，视口被放大，如图 5-3-4 所示，至此就创建了一个正面相机透视图。

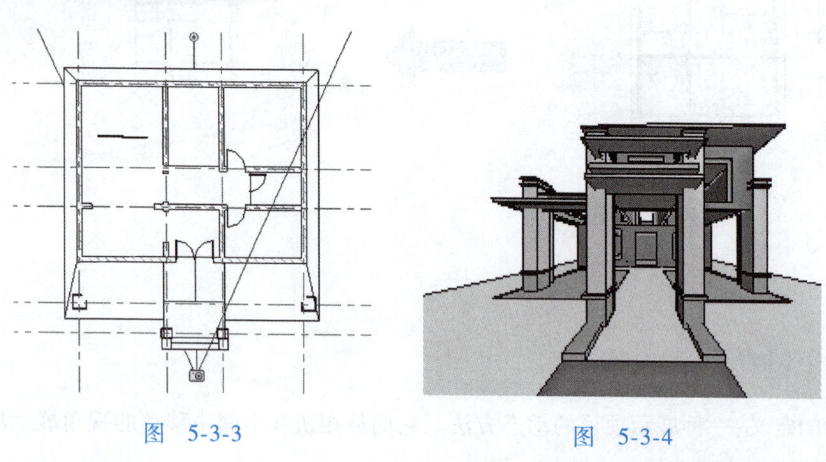

图 5-3-3　　图 5-3-4

二、创建鸟瞰图

在“项目浏览器”双击视图名称“1F”进入 1F 平面视图。选择“视图”选项卡→“三维视图”下拉菜单→“相机”命令，移动光标至绘图区域 1F 视图中，在 1F 视图中右下角单击放置相机，使光标向左上角移动，超过建筑最上端，单击放置视点，创建的视线从右下到左上，此时一张新创建的“三维视图 2”自动弹出，在“视图控制栏”中将“视觉样式”替换显示为“着色”，选中三维视图的视口，单击各边控制点，并按住向外拖动，使视口足够显示整个建筑模型时放开鼠标，如图 5-3-5 所示。

单击选中并拖动三维视图上的蓝色标头栏，以放大该视图。选择“视图”选项卡→“窗口”面板→“关闭隐藏对象”命令，关闭不需要的视图，当前只有“三维视图 2”处于打开状态。双击项目浏览器中“立面(建筑立面)”中的“南”，进入南立面视图，如图 5-3-6 所示。

选择“窗口”面板“平铺”(快捷键【W】+【T】)命令，此时绘图区域同时打开三维视图 2 和南立面视图，在两个视图中分别在任意位置右键快捷菜单中选择“缩放匹配”命令，使两视图放大到合适视口的大小。选择三维视图 2 的矩形视口，观察南立面视图中出现相机、视线和视点。

单击南立面图中的相机，按住鼠标向上拖动，观察三维视图 2，随着相机的升高，三维视图 2 变为俯视图，如图 5-3-7 所示。至此创建了一个别墅的鸟瞰透视图，保存文件。

学习笔记

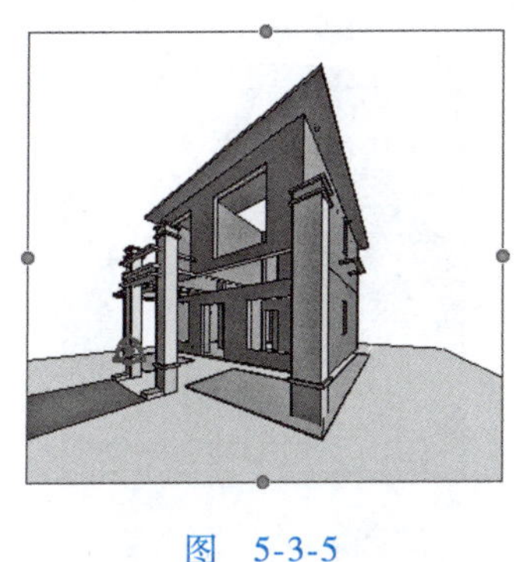

图　5-3-5

图　5-3-6

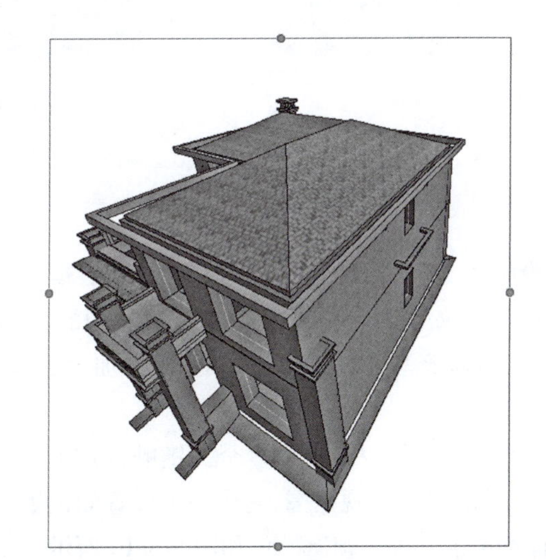

图　5-3-7

三、创建漫游

在项目浏览器中双击视图名称“1F”进入首层平面视图。选择“视图”选项卡→“三维视图”下拉菜单→“漫游”命令。在选项栏处相机的默认“偏移量”为1 750，也可自行修改。

将光标移至绘图区域，在平面视图中单击，开始绘制路径，即漫游所要经过的路线。每单击一个点，即创建一个关键帧，沿别墅外围逐个单击放置关键帧，路径围绕别墅一周后，单击选项栏“完成”按钮或按【Esc】快捷键完成漫游路径的绘制，如图5-3-8所示。

完成路径后，项目浏览器中出现“漫游”项，可以看到刚刚创建的漫游名称是“漫游1”，双击“漫游1”打开漫游视图。选择“窗口”面板“关闭隐藏对象”命令，双击项目浏览器中“楼层平面”下的“1F”，打开一层平面图，选择“窗口”面板“平铺”命令，此时绘图区域同时显示平面图和漫游视图。

在“视图控制栏”中将“视觉样式”替换显示为“着色”，选择渲染视口边界，单击视口四边上的控制点，按住向外拖动，放大视口，如图5-3-9所示。

学习笔记

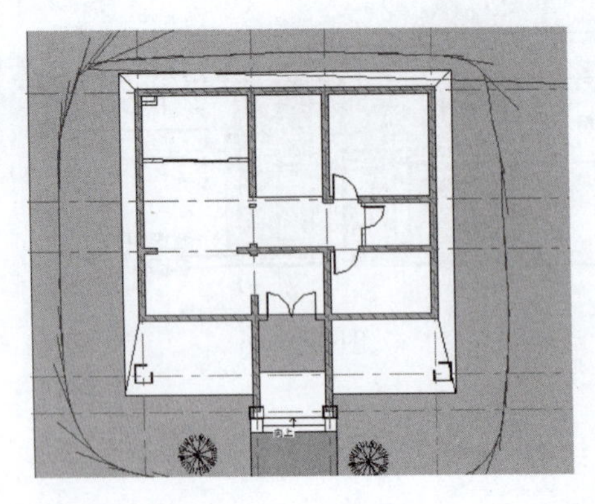

图 5-3-8

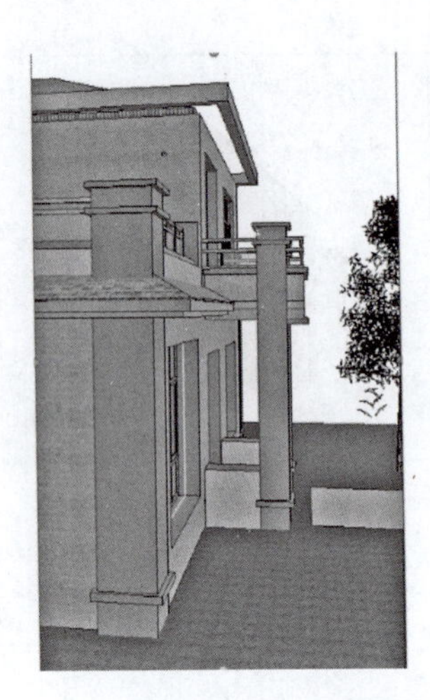

图 5-3-9

四、编辑漫游

在完成漫游路径的绘制后，可在"漫游 1"视图中选择外边框，从而选中绘制的漫游路径，在弹出的"修改|相机"上下文选项卡中，选择"漫游"面板中的"编辑漫游"命令。

"选项栏"中的"控制"可选择"活动相机""路径""添加关键帧""删除关键帧"四个选项。

选择"活动相机"后，则平面视图中出现由多个关键帧围成的红色相机路径，对相机所在的各个关键帧位置，可调节相机的可视范围，完成一个位置的设置后，选择"编辑漫游"上下文选项卡→"漫游"面板→"下一关键帧"命令，如图 5-3-10 所示。设置各关键帧的相机视角，使每帧的视线方向和关键帧位置合适，如图 5-3-11 所示。

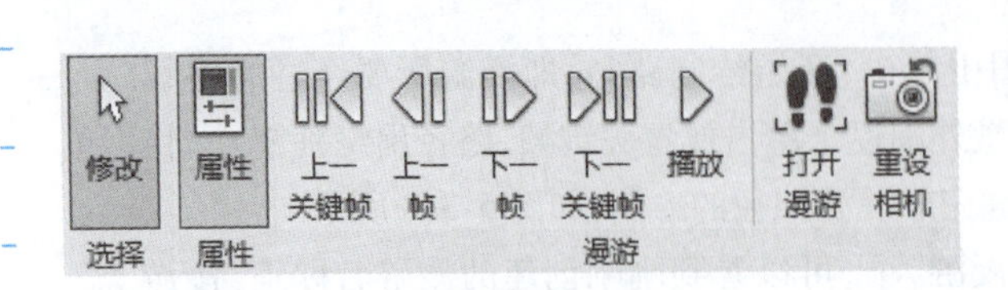

图 5-3-10

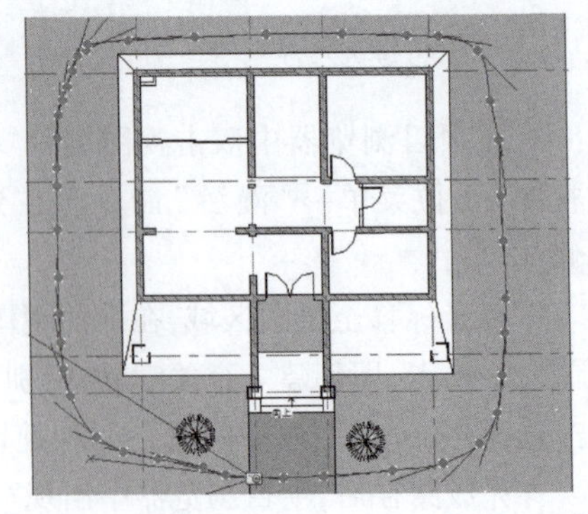

图 5-3-11

选择"路径"后，则平面视图中出现由多个蓝点组成的漫游路径，拖动各个蓝点可调节路径，如图 5-3-12 所示。

选择"添加关键帧"和"删除关键帧"后可添加/删除路径上的关键帧。

【操作技巧】为使漫游更顺畅，Revit 在两个关键帧之间创建了很多非关键帧。

学习笔记

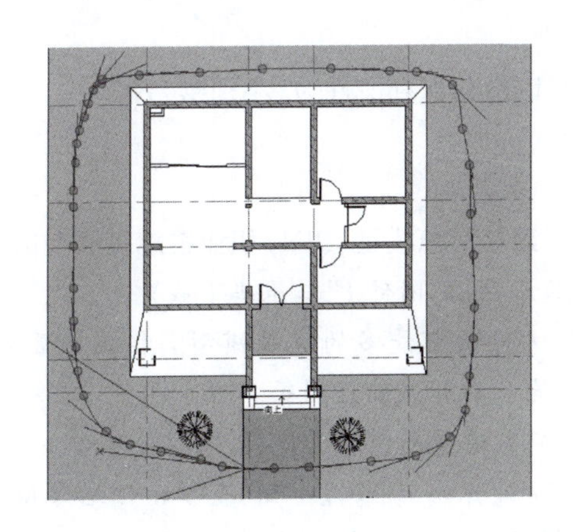

图　5-3-12

编辑完成后可按选项栏的“播放”键，播放刚刚完成的漫游。

【常见问题剖析】 如需创建上楼的漫游，如从 1F 到 2F，该如何设置才能实现呢？

方法 1：可从 1F 开始绘制漫游路径，沿楼梯平面向前绘制，当路径走过楼梯后，可将“选项栏”中的“自”设置为“2F”，路径即从 1F 向上至 2F，同时可以配合选项栏的“偏移值”，每向前几个台阶，将偏移值增高，可以绘制较流畅的上楼漫游。

方法 2：在编辑漫游时，打开楼梯剖面图，将选项栏“控制”设置为“路径”，在剖面上修改每一帧位置，创建上下楼的漫游。

漫游创建完成后可选择“导出”→“图像和动画”→“漫游”命令，弹出“长度/格式”对话框，如图 5-3-13 所示。

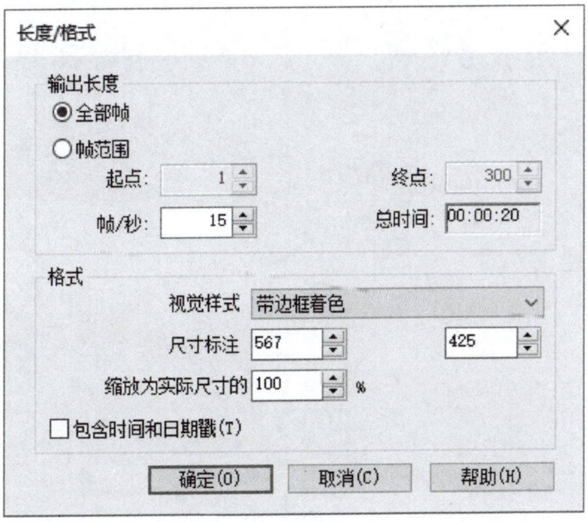

长度/格式
输出长度
全部帧
帧范围
起点: 1　终点: 300
帧/秒: 15　总时间: 00:00:20
格式
视觉样式 带边框着色
尺寸标注 567　425
缩放为实际尺寸的 100 %
包含时间和日期戳(T)
确定(O)　取消(C)　帮助(H)

图　5-3-13

其中“帧/秒”项设置导出后漫游的速度为每秒多少帧，默认为 15 帧，播放速度会比较快，将设置改为 3 帧，速度将比较合适，按“确定”按钮后弹出“导出漫游”对话框，输入文件名，选择“文件类型”与路径，单击“保存”按钮，弹出“视频压缩”对话框，默认为“全帧（非压缩的）”，产生的文件会非常大，建议在下拉列表中选择压缩模式为“Microsoft Video 1”，此模式为大部分系统可以读取的模式，同时可以减少文件大小，单击“确定”按钮，将漫游文件导

学习笔记

出为外部 AVI 文件。

至此完成漫游的创建和导出,保存文件为"小别墅.rvt"。

巩固练习

2021 年第一期"1+X"建筑信息模型(BIM)职业技能等级考试——初级

实操试题三拓展(真题请扫描"附件 1"二维码下载)

视频

任务三 模型浏览与漫游-1(巩固练习)

视频

任务三 模型浏览与漫游-2(巩固练习)

(1)相机:要求看清各方向尽可能多的建筑模型。相机位置为东北方向,视点高度为 10 000,目标高度为 3 000,自行编辑裁剪区域等。

(2)漫游:要求尽可能完整地看到模型外观,沿道路设置视点,高度自拟。

从房屋 2、3-E 轴 M1527 处开始,绕房屋一周,至 5、6-D 轴门 M1527 处进入房间,向右侧走动,从 M1521 处进入楼梯间,向上行走拐弯至二楼楼梯门口为止。

【注意】上楼梯的视角联系立面图一同改正高度即可,注意每一关键帧的位置。

(3)漫游完成后出漫游视频。

学习笔记

“任务三　模型浏览与漫游”测评记录表

<table>
<tr><td>学生姓名</td><td></td><td>班级</td><td></td><td>任务评分</td><td></td></tr>
<tr><td>实训地点</td><td></td><td>学号</td><td></td><td>完成日期</td><td></td></tr>
<tr><td colspan="4">考 核 内 容</td><td>标准分</td><td>评　分</td></tr>
<tr><td rowspan="3">知识(40 分)</td><td colspan="3">相机视图创建要点</td><td>15</td><td></td></tr>
<tr><td colspan="3">漫游路径创建要点</td><td>15</td><td></td></tr>
<tr><td colspan="3">漫游动画编辑内容</td><td>10</td><td></td></tr>
<tr><td rowspan="4">技能(40 分)</td><td colspan="3">漫游路径绘制正确</td><td>10</td><td></td></tr>
<tr><td colspan="3">漫游属性设置正确</td><td>10</td><td></td></tr>
<tr><td colspan="3">漫游动画导出正确</td><td>10</td><td></td></tr>
<tr><td colspan="3">实训管理:纪律、清洁、安全、整理、节约等</td><td>5</td><td></td></tr>
<tr><td rowspan="3">素质(20 分)</td><td colspan="3">工艺规范:国标样式、完整、准确、规范等</td><td>5</td><td></td></tr>
<tr><td colspan="3">团队精神:沟通、协作、互助、自主、积极等</td><td>5</td><td></td></tr>
<tr><td colspan="3">学习反思:技能点表述、反思内容等</td><td>5</td><td></td></tr>
<tr><td>教师评语</td><td colspan="5"></td></tr>
</table>

导图互动

结合国家在线精品课程“BIM 建模技术”模块四项目六中任务 3 基础准备，在学习漫游的创建、编辑、播放以及导出等相关知识后，完成下面导图内容。

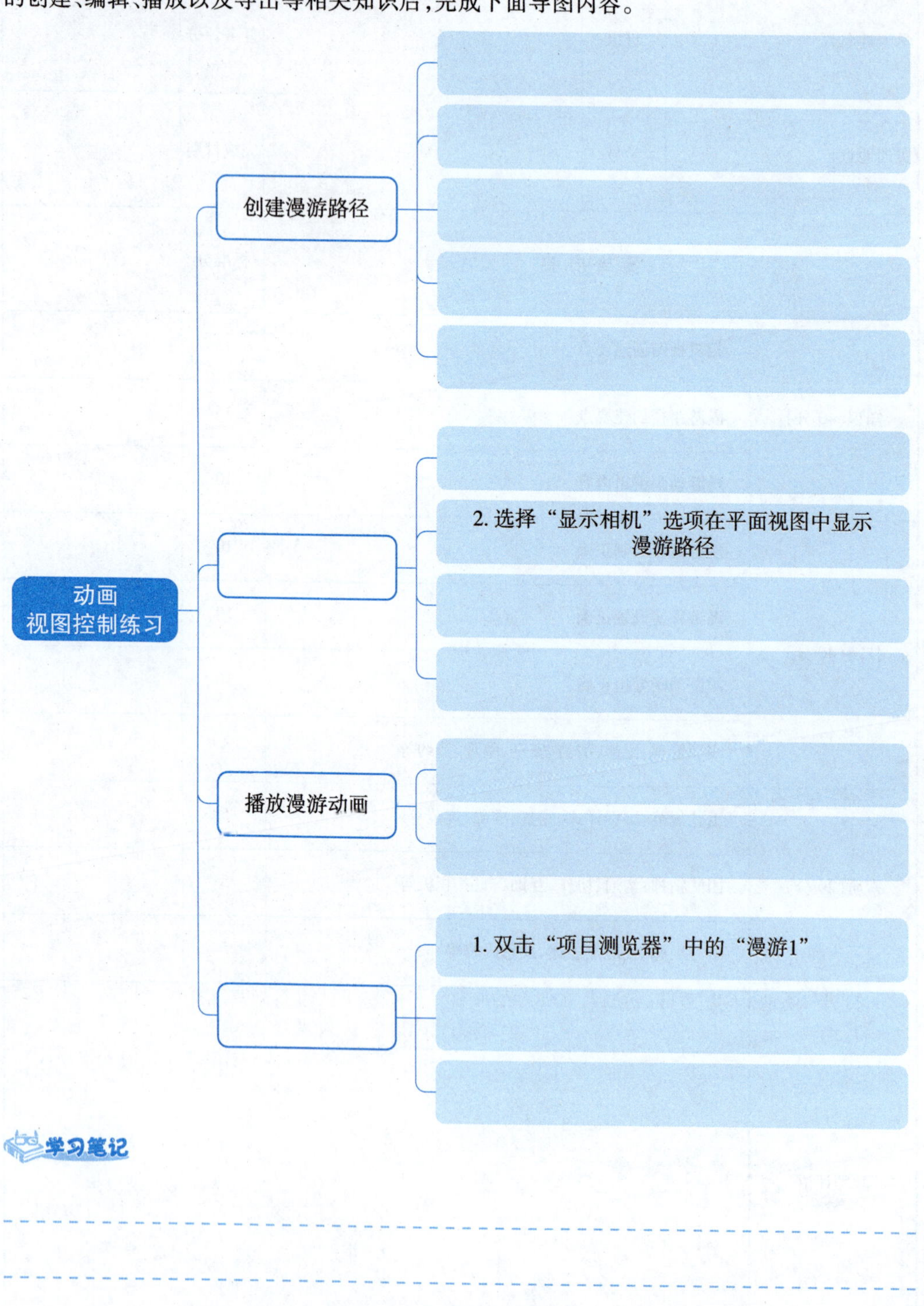

学习笔记

学习笔记

任务四　模型渲染

任务工单

根据图纸所给的要求,将模型通过渲染进行表现,如图 5-4-1 所示。

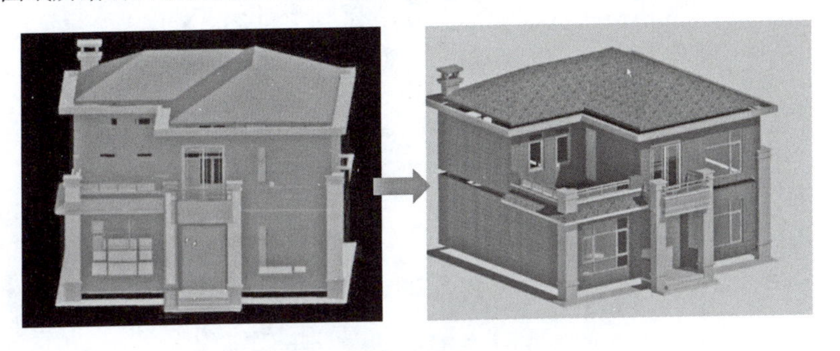

图　5-4-1

视频

任务四 模型渲染(任务速递)

知识链接

(1)定义:渲染指将软件中的三维模型、材质、光照等信息计算出来,最终生成一幅二维图像或动画的过程。

(2)分类:实时渲染、离线渲染、在线渲染。

(3)作用:可以帮助建筑师和设计师更好地展示他们的设计概念和想法,渲染可以生成增强的真实视图,让用户在使用时可视化设计,使用户快速领会重要信息,进而提升沟通和决策效率。

任务实施

视频

任务四 模型渲染(任务实施)

该任务是对别墅进行模型渲染。在渲染之前,需要先给构件设置材质。材质用于定义建筑模型中图元的外观,Revit 提供了许多可以直接使用的材质,也可以自己创建材质。

一、新建材质

打开“场地 . rvt”文件,选择“管理”选项卡→“设置”面板→“材质”命令,打开“材质浏览器”对话框。任选一材质右击选择“复制”命令,并将新建材质重命名为“外部叠层墙”。在“材质浏览器”对话框中,单击“图形”栏下“着色”中的“颜色”图标,不勾选“使用渲染外观”单选按钮,如图 5-4-2 所示,可打开“颜色”对话框,选择着色状态下的构件颜色。单击选择倒数第三个浅灰色矩形,如图 5-4-3 所示,单击“确定”按钮。

【操作技巧】

不勾选“使用渲染外观”单选按钮,表示该颜色与渲染后的颜色无关,只表现着色状态下构件的颜色。

单击“材质编辑器”中“表面填充图案”下的“填充图案”,弹出“填充样式”对话框,如图 5-4-4 所示。在下方“填充图案类型”中选择“模型”,在填充图案样式列表中选择“砌块

学习笔记

225×450”,单击“确定”按钮,回到“材质编辑器”对话框。

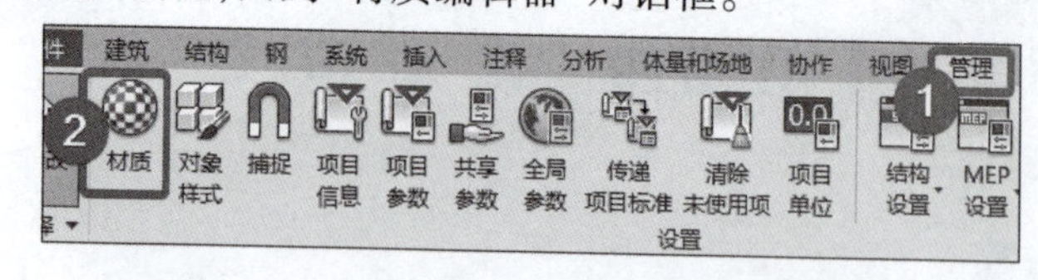

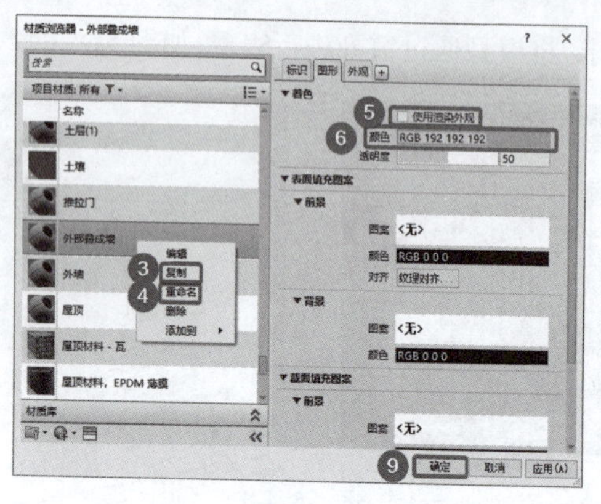

图 5-4-2

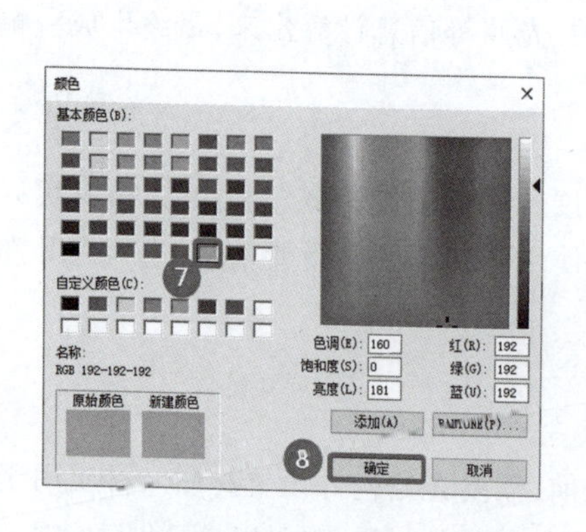

图 5-4-3

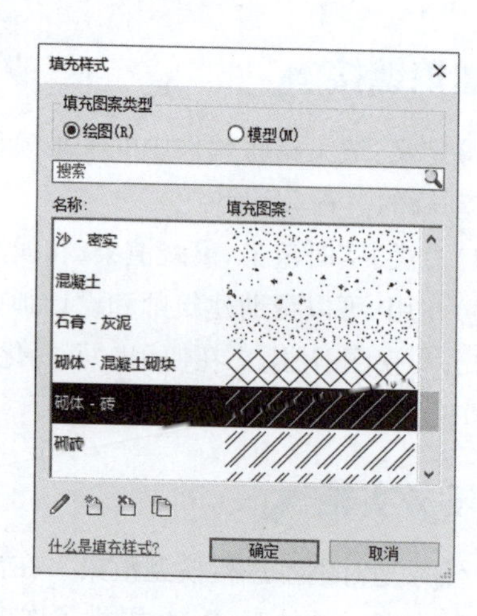

图 5-4-4

【操作技巧】“表面填充图案”指在 Revit 绘图空间中模型的表面填充样式,在三维视图和各立面都可以显示,但与渲染无关。单击“截面填充图案”下的“填充图案”,同样弹出“填充样式”对话框,单击左下角“无填充图案”,关闭“填充样式”对话框。

“截面填充图案”指构件在剖面图中被剖切到时,显示的截面填充图案。单击“材质编辑器”左下方的“打开/关闭资源浏览器”按钮,打开“资源浏览器”对话框,双击“挡土墙-顺砌”,添加了“挡土墙-顺砌”的外观,在“材质浏览器”对话框中单击“确定”按钮,完成材质“外部叠层墙”的创建,保存文件。

二、应用材料

在项目浏览器中展开“楼层平面”项,双击视图名称“1F”进入 1F 平面视图。选择 4 与 D 轴线处的一面“外墙—MU 10 实心黏土砖”外墙,如图 5-4-5 所示

学习笔记

单击“编辑类型”按钮，打开“类型属性”对话框。单击“结构”参数后的“编辑”按钮，打开“编辑部件”对话框。单击选择“面层1[4]”的材质“砖，立砌砖层”，再单击“浏览”按钮，打开“材质浏览器”对话框，如图5-4-6所示。在材质列表中下拉找到上一节中创建的材质“外墙叠层墙”。因材质列表内材质很多，无法快速找到所需材质，可在“输入搜索词”的位置单击输入关键字“外部”，即可快速找到。

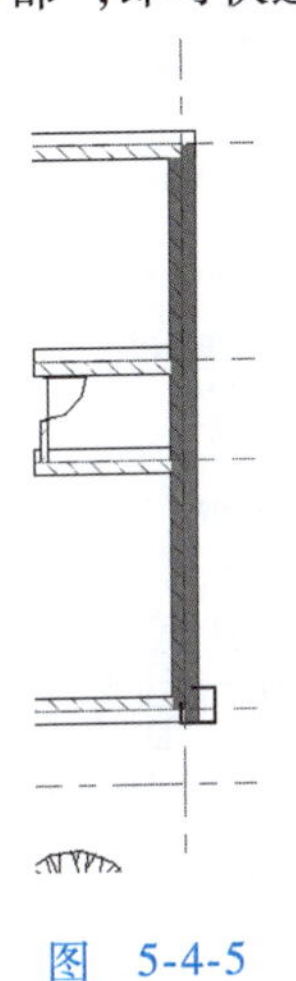

图　5-4-5

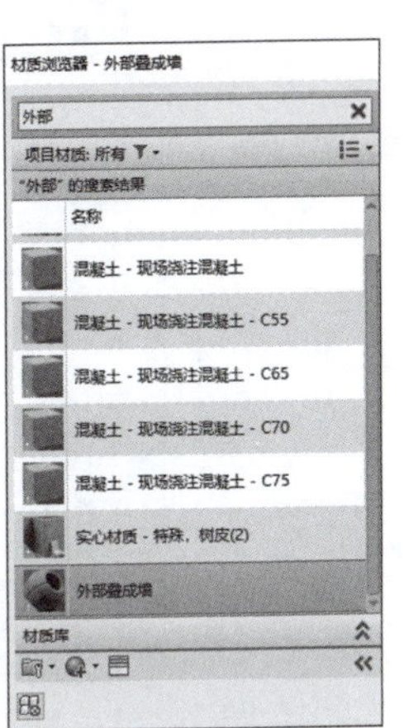

图　5-4-6

单击“确定”按钮，关闭所有对话框，完成材质的设置。此时给3F的外墙的外层，设置了“外墙叠层墙”的材质。选择“视图”面板的“三维视图”命令，打开三维视图查看效果，如图5-4-7所示。

图　5-4-7

前面已经给各构件添加了样板自带的材质，因此已有的材质无须一一替换为新材质。

三、渲染

Revit的渲染设置非常容易操作，只需设置真实的地点、日期、时间和灯光，即可渲染三维及相机透视图。单击“视图”选项卡→“渲染”命令，弹出“渲染”对话框，如图5-4-8所示。

按照“渲染”对话框设置渲染样式，单击“渲染”按钮，开始渲染并弹出“渲染进度”工具条，显示渲染进度，如图5-4-9所示。

渲染过程中，可按“取消”按钮或【Esc】键取消渲染。

完成渲染后的图形如图5-4-10所示。单击“导出”按钮将渲染存为图片格式。关闭渲染对话框后，图形恢复到未渲染状态，如图5-4-11所示。

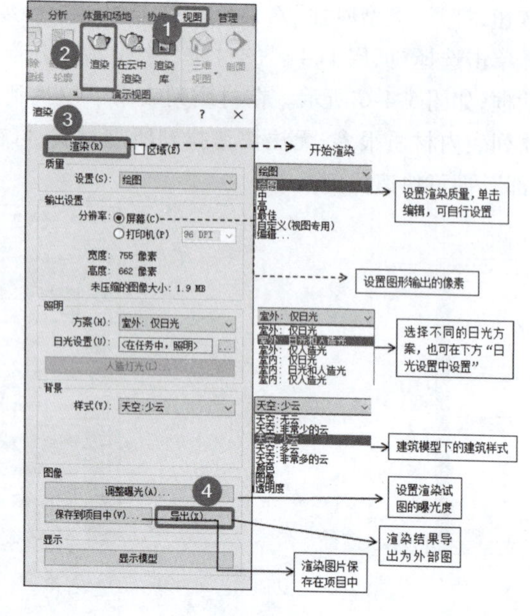

图 5-4-8

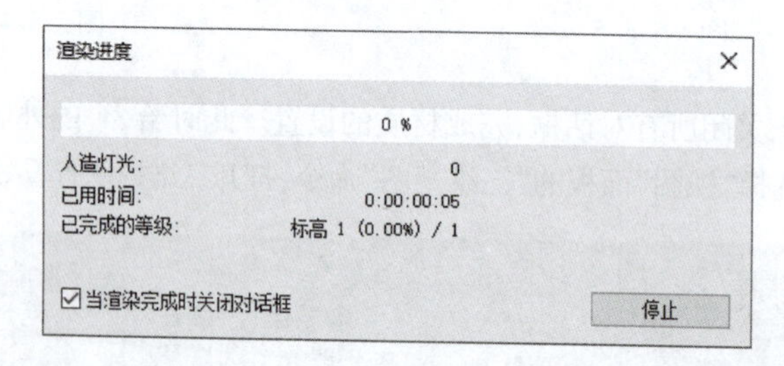

图 5-4-9

视频
任务四 模型渲染-1（巩固练习）

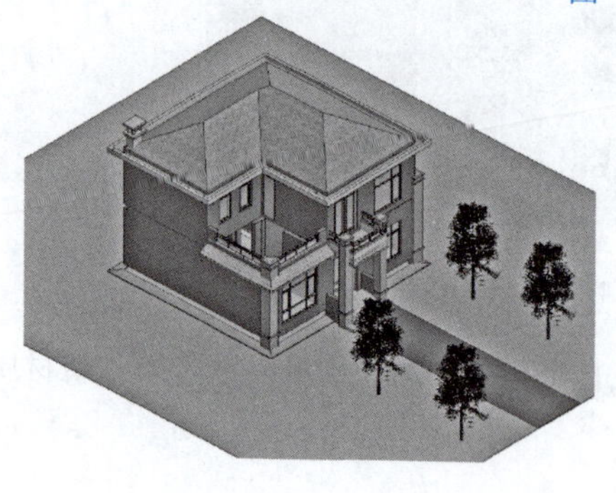

图 5-4-10

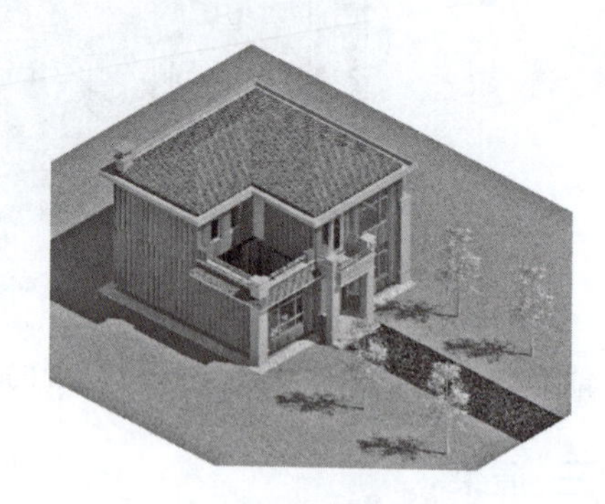

图 5-4-11

视频
任务四 模型渲染-2（巩固练习）

巩固练习

2021 年第一期“1 + X”建筑信息模型(BIM)职业技能等级考试——初级

实操试题三(节选部分，真题请扫描“附件 1”二维码下载)

根据前面所创建模型，对房屋的三维模型进行渲染，质量设置：中，设置背景为“天空：少云”，照明方案为“室外：日光和人造光”，其他未标明选项不做要求，结果以“别墅渲染.JPG”为文件名保存至本题文件夹中。

学习笔记

任务测评

"任务四 模型渲染"测评记录表

学生姓名		班级		任务评分	
实训地点		学号		完成日期	
考 核 内 容				标准分	评 分
知识(40 分)	渲染创建要点			15	
	渲染视图调整要点			15	
	渲染属性设置内容			10	
技能(40 分)	渲染视图调整正确			15	
	渲染属性值设置正确			15	
	渲染导出正确			10	
素质(20 分)	实训管理:纪律、清洁、安全、整理、节约等			5	
	工艺规范:国标样式、完整、准确、规范等			5	
	团队精神:沟通、协作、互助、自主、积极等			5	
	学习反思:技能点表述、反思内容等			5	
教师评语					

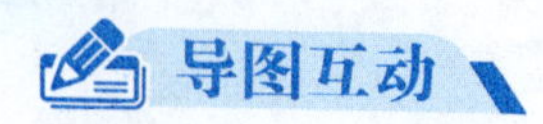

结合国家在线精品课程"BIM 建模技术"模块四项目六中任务 4 基础准备,在学习模型渲染的方式、编辑及输出等相关知识后,完成下面导图内容。

渲染设置

三维视图

2. "输出设置"中分辨率可定义为"屏幕"或"打印机"

渲染文件导出

学习笔记

学习笔记

拓展案例——铁路成果输出

一、项目简介

本项目为新建潍坊至莱西铁路客运专线站点之一，站场为二台六线，站房面积 10 000 m^2，站房形式为线侧下式，总面宽 128.5 m，总进深 40.2 m，采用钢筋混凝土框架结构。项目采用 BIM 建模指导施工，需要对高铁站进行 BIM 模型创建。高铁站正面效果如图 5-5-1 所示。

图　5-5-1

视频

项目五 拓展案例：铁路成果输出

二、成果输出总体思路

各专业模型创建完成后，针对项目的应用点，对需要成果输出的位置做明确的标记注释，计算工程量，导出平面图。对于有做展板、投影屏、宣传视频等需求的项目，需要对模型导出渲染，做效果图及漫游视频。

本站房工程实际应用情况较少，主要是机电平面图导出及整体漫游。

三、成果输出的主要步骤

（一）标记注释

在注释之前，需确定注释标记样式，和确定哪些构件需要做注释。标记样式一般根据建模要求来确定，简要地表达构件信息，通过和项目沟通，在不影响图纸深化及机电模型深化的前提下，在软件中将需要标记注释的位置做好标记，体现构件信息。

机电模型方面生成注释一般有管道的管径、类型、标高、层高等信息，结构建筑方面注释应用较少，主要还是根据现场应用方向来使用。夹层给排水平面局部如图 5-5-2 所示。

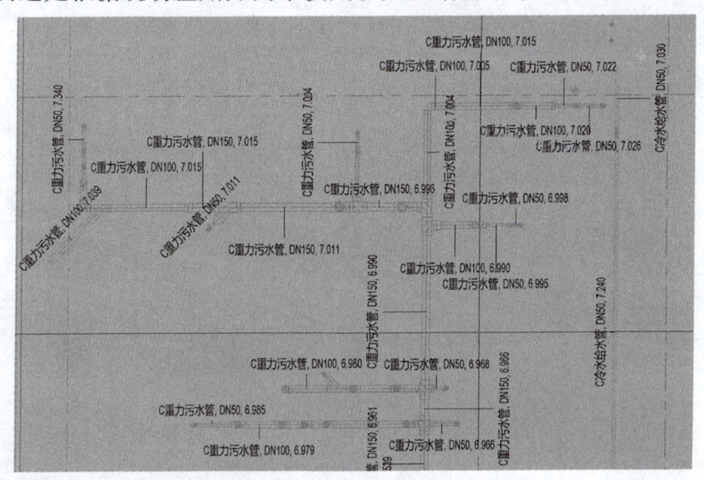

图　5-5-2

（二）明细表创建

模型建成检查完成后，可以对一些工程量进行统计，如单层柱的族类型、数量，混凝土的体积等。计算幕墙面积,也可单独统计异形构件的信息,数据可供项目人员参考。结构梁基本明细如图5-5-3所示。

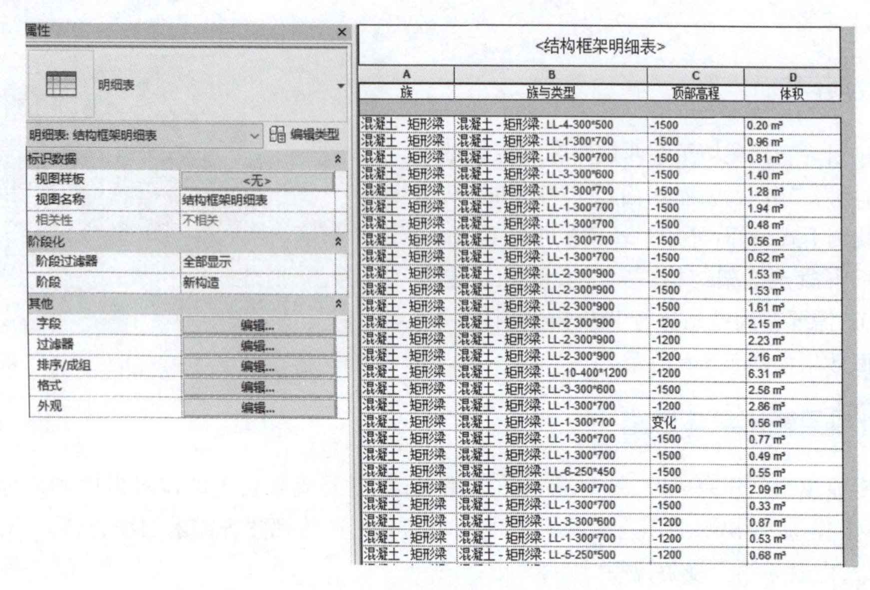

<结构框架明细表>

A	B	C	D
族	族与类型	顶部高程	体积
混凝土 - 矩形梁	混凝土 - 矩形梁: LL-4-300*500	-1500	0.20 m³
混凝土 - 矩形梁	混凝土 - 矩形梁: LL-1-300*700	-1500	0.96 m³
混凝土 - 矩形梁	混凝土 - 矩形梁: LL-1-300*700	-1500	0.81 m³
混凝土 - 矩形梁	混凝土 - 矩形梁: LL-3-300*600	-1500	1.40 m³
混凝土 - 矩形梁	混凝土 - 矩形梁: LL-1-300*700	-1500	1.28 m³
混凝土 - 矩形梁	混凝土 - 矩形梁: LL-1-300*700	-1500	1.94 m³
混凝土 - 矩形梁	混凝土 - 矩形梁: LL-1-300*700	-1500	0.48 m³
混凝土 - 矩形梁	混凝土 - 矩形梁: LL-1-300*700	-1500	0.56 m³
混凝土 - 矩形梁	混凝土 - 矩形梁: LL-1-300*700	-1500	0.62 m³
混凝土 - 矩形梁	混凝土 - 矩形梁: LL-2-300*900	-1500	1.53 m³
混凝土 - 矩形梁	混凝土 - 矩形梁: LL-2-300*900	-1500	1.53 m³
混凝土 - 矩形梁	混凝土 - 矩形梁: LL-2-300*900	-1500	1.61 m³
混凝土 - 矩形梁	混凝土 - 矩形梁: LL-2-300*900	-1200	2.15 m³
混凝土 - 矩形梁	混凝土 - 矩形梁: LL-2-300*900	-1200	2.23 m³
混凝土 - 矩形梁	混凝土 - 矩形梁: LL-2-300*900	-1200	2.16 m³
混凝土 - 矩形梁	混凝土 - 矩形梁: LL-10-400*1200	-1200	6.31 m³
混凝土 - 矩形梁	混凝土 - 矩形梁: LL-3-300*600	-1500	2.56 m³
混凝土 - 矩形梁	混凝土 - 矩形梁: LL-1-300*700	-1200	2.86 m³
混凝土 - 矩形梁	混凝土 - 矩形梁: LL-1-300*700	变化	0.56 m³
混凝土 - 矩形梁	混凝土 - 矩形梁: LL-1-300*700	-1500	0.77 m³
混凝土 - 矩形梁	混凝土 - 矩形梁: LL-1-300*700	-1500	0.49 m³
混凝土 - 矩形梁	混凝土 - 矩形梁: LL-6-250*450	-1500	0.55 m³
混凝土 - 矩形梁	混凝土 - 矩形梁: LL-1-300*700	-1500	2.09 m³
混凝土 - 矩形梁	混凝土 - 矩形梁: LL-1-300*700	-1500	0.33 m³
混凝土 - 矩形梁	混凝土 - 矩形梁: LL-3-300*600	-1200	0.87 m³
混凝土 - 矩形梁	混凝土 - 矩形梁: LL-1-300*700	-1200	0.53 m³
混凝土 - 矩形梁	混凝土 - 矩形梁: LL-5-250*500	-1200	0.68 m³

图 5-5-3

(三)出图

在注释标记完成后将模型生成平面图,设置好后将平面图导出。在高铁站的应用中,出图方面主要应用在机电深化模型后的出图,设计方与项目施工人员将变更及一些现场实际机电施工顺序告知建模人员,建模人员将管综模型调整排布,做到无碰撞,多次沟通后确定施工版模型,再将机电平面出图,做到指导现场施工的目的。热泵机房预制加工图如图5-5-4所示。

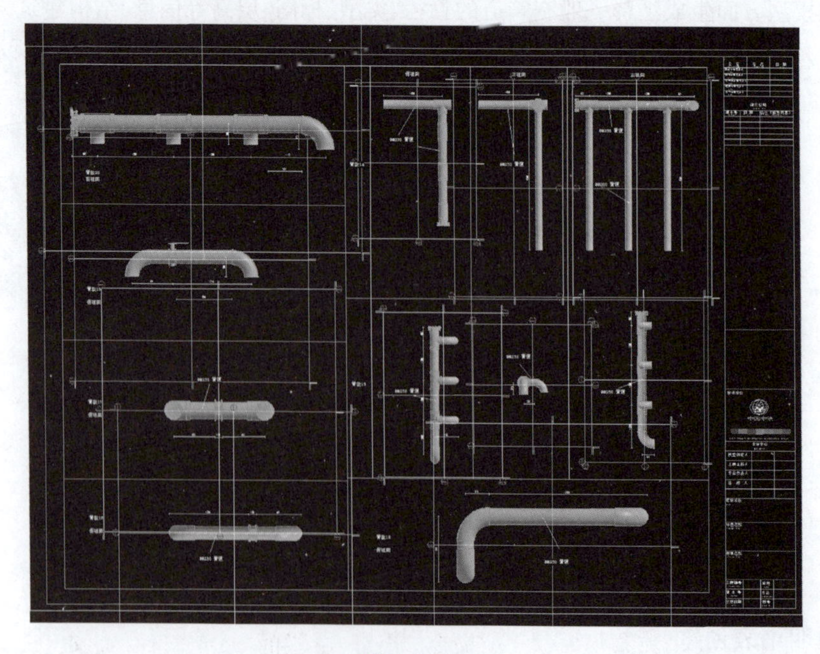

图 5-5-4

(四)渲染

在做效果图及漫游前,将模型整合,根据项目实际需求,对模型整体或局部进行渲染,通过简单的漫游了解模型整体架构及外立面材质效果。站房大厅渲染图如图 5-5-5 所示。

图　5-5-5

四、技术要点总结

在模型检查校核后进入出成果的阶段。制作明细表,出图及渲染是交付成果的几种方式。成果输出需要包含哪部分模型,哪些信息,以什么方式输出,是通过项目实际应用需求决定。根据应用需求再选择进行标记注释、出图、制作明细表、渲染的流程。更好地将 BIM 应用落实到项目施工过程中。

项目六

岗课赛证一体化实践路径

项目概述

一、项目描述

本项目介绍"岗课赛证"融通的"赛",即职业院校技能大赛的概况,模拟大赛赛程要求,完成大赛题目。

二、学习目标

知识目标:

- 掌握职业院校技能大赛内容纲领、题型结构;
- 熟悉职业院校技能大赛评分规则;
- 了解职业院校技能大赛赛程。

技能目标:

- 能够熟悉职业院校技能大赛环境;
- 能够读懂职业院校技能大赛试题与突发状况应对能力。

素质目标:

- 培养学生良好的心理素质;
- 培养学生高度的责任心和敬业精神;
- 培养学生团队协作与沟通能力;
- 培养学生的创新能力和解决问题的能力。

三、德技领航

2021年4月13日,全国职业教育大会提出了三个新概念:"中高本培养体系""职普融通""岗课赛证"。其中"岗课赛证"融通能给产业增值,为学校、教师、学生赋能。"岗"是课程学习的标准,课程设置内容要瞄准岗位需求;"课"是教学改革的核心,要通过课程改革,完善以学习者为中心的专业和课程教学评价体系;"赛"是课程教学的高端展示,要通过建立健全国家、省、校三级师生技能比赛机制,提升课程教学水平;"证"是课程学习的行业检验,包括职业技能鉴定证书、资格证书和等级证书。

通过举办职业院校技能大赛,把多年来职业教育发展过程中逐步探索出的具有中国特色的"工学结合、校企合作、顶岗实习"的经验和做法加以制度化和规范化,形成'普通教育有高考,职业教育有技能大赛'的局面。

学习笔记

任务一　建筑和桥梁 BIM 建模职业技能大赛初识

任务工单

描述职业院校技能大赛题型结构与技能策略。

知识链接

随着“数字中国”战略的深入实施及国家“十四五”规划对建筑业数字化转型的推动，建筑信息模型(BIM)技术的应用日益广泛，成为行业发展的关键技术之一。建筑信息模型建模技能大赛不仅是全国职业院校土建类专业学生展现 BIM 技术应用能力的竞技场，更是一个促进教育与产业深度融合、实现“岗课赛证”融通的重要平台。本任务将深入解析大赛如何通过模拟实际工程项目，推动教学内容与方法革新，构建与产业岗位需求紧密对接的人才培养体系。

任务实施

一、大赛宗旨与目标

响应国家“十四五”规划对加快数字中国建设的号召，提升师生数字化素养，为未来数字建造领域储备专业人才。以大赛为契机，构建“岗位需求-课程内容-技能竞赛-职业技能认证”四位一体的教育模式，确保教育成果与产业岗位无缝对接。增强学生对 BIM 建模技术的实践能力，提升专业自信，为个人职业发展奠定坚实基础。作为通往国际技能大赛的跳板，为选手提供更高层次的竞技机会，提升国际竞争力。

视频

建筑和桥梁BIM建模职业技能大赛初识：漫游

二、竞赛内容与形式

竞赛内容主要包括构件建模、土建建模和机电建模三个模块，每个模块均设置相应的比赛时长和分值，但主要有理论知识考核和实操技能考核。

(一)理论知识考核

考核建筑信息模型建模及应用全流程中涉及的法律法规、标准规范和行业专业知识等。试题类型包括单选题、多选题等，以机器阅卷评分。

(二)实操技能考核

竞赛聚焦建筑信息建模行业从业人员应具备的必要知识和技能，依据实际工程案例，模拟创设实际工作情境。着重考核选手的 BIM 建模软件实操能力，包括计算机软硬件使用能力、各专业施工图识读能力、BIM 建模软件操作的熟练程度等。

竞赛形式一般通常采用线下形式开展，采用现场实操方式比赛。组队方式一般为个人赛，选手应为相应层次的全日制在籍学生。

三、竞赛流程

(1)赛前准备：包括代表队报到、抽取抽签顺序号、熟悉场地等。

(2)竞赛当天：包括参赛队检录、竞赛场地准备、正式比赛等环节。

(3)成绩评定与结果公布：评分方法包括人工评分法，成果评判需多名裁判一起评分，

学习笔记

去掉最高分和最低分，取平均分作为某任务最终得分。各选手总分经复核无误后公布。

四、竞赛环境与技术要求

竞赛通常在标准机房进行，满足一定数量的参赛选手竞赛要求，每人一台计算机，独立操作。计算机设备需满足竞赛需要，包括具有存储功能的计算机、操作系统、处理器、显卡、内存等具体要求。竞赛通常使用特定的 BIM 建模软件平台，如 Revit 等。

五、技能准备策略

(1)软件熟练度：深入学习并熟练掌握 Revit、Navisworks 等常用 BIM 建模软件的操作。

(2)图纸理解能力：加强建筑、结构、机电等专业施工图的识读训练。

(3)BIM 标准与规范：熟悉并遵循行业内的 BIM 标准，如 IFC、COBIE 等。

(4)实操演练：通过模拟实际工程案例，进行全真模拟练习，提升综合应用能力。

(5)心理调适：培养良好的比赛心态，增强抗压能力，以应对竞赛紧张氛围。

参与建筑与桥梁 BIM 建模技能大赛不仅是对个人技能的挑战，更是学生时代的一次重要历练。通过精心准备与实战演练，参赛者不仅能够提升专业技能，还能拓宽视野，为未来职业生涯打下坚实基础。本章内容结合了实际赛项规程与教材知识，旨在帮助参赛者全方位了解比赛，制订有效的备赛策略，以期在大赛中取得优异成绩。

巩固练习

1. (多选题)职业院校 BIM 技能大赛内容包括(　　)。

A. 理论知识　　B. 综合素养　　C. 实操技能　　D. 计算机能力

2. (多选题)职业院校 BIM 技能大赛准备策略有(　　)。

A. 软件熟练度　　B. 图纸理解能力　　C. BIM 标准与规范　　D. 实操演练

E. 心理调适

任务测评

学习笔记

“任务一　建筑和桥梁 BIM 建模职业技能大赛初识”测评记录表

学生姓名		班级		任务评分	
实训地点		学号		完成日期	
考 核 内 容				标准分	评　分
知识(40 分)	大赛内容与形式			20	
	大赛准备策略			20	
技能(40 分)	熟悉大赛环境			15	
	理解大赛试题			15	
	突发状况应对能力			10	
素质(20 分)	实训管理:纪律、清洁、安全、整理、节约等			5	
	工艺规范:国标样式、完整、准确、规范等			5	
	团队精神:沟通、协作、互助、自主、积极等			5	
	学习反思:技能点表述、反思内容等			5	
教师评语					

学习笔记

导图互动

根据比赛结果调整未来计划这个思维导图为你提供了一个清晰的框架,帮助你在赛前、赛中和赛后各个阶段做好准备和总结。祝你在比赛中取得好成绩。

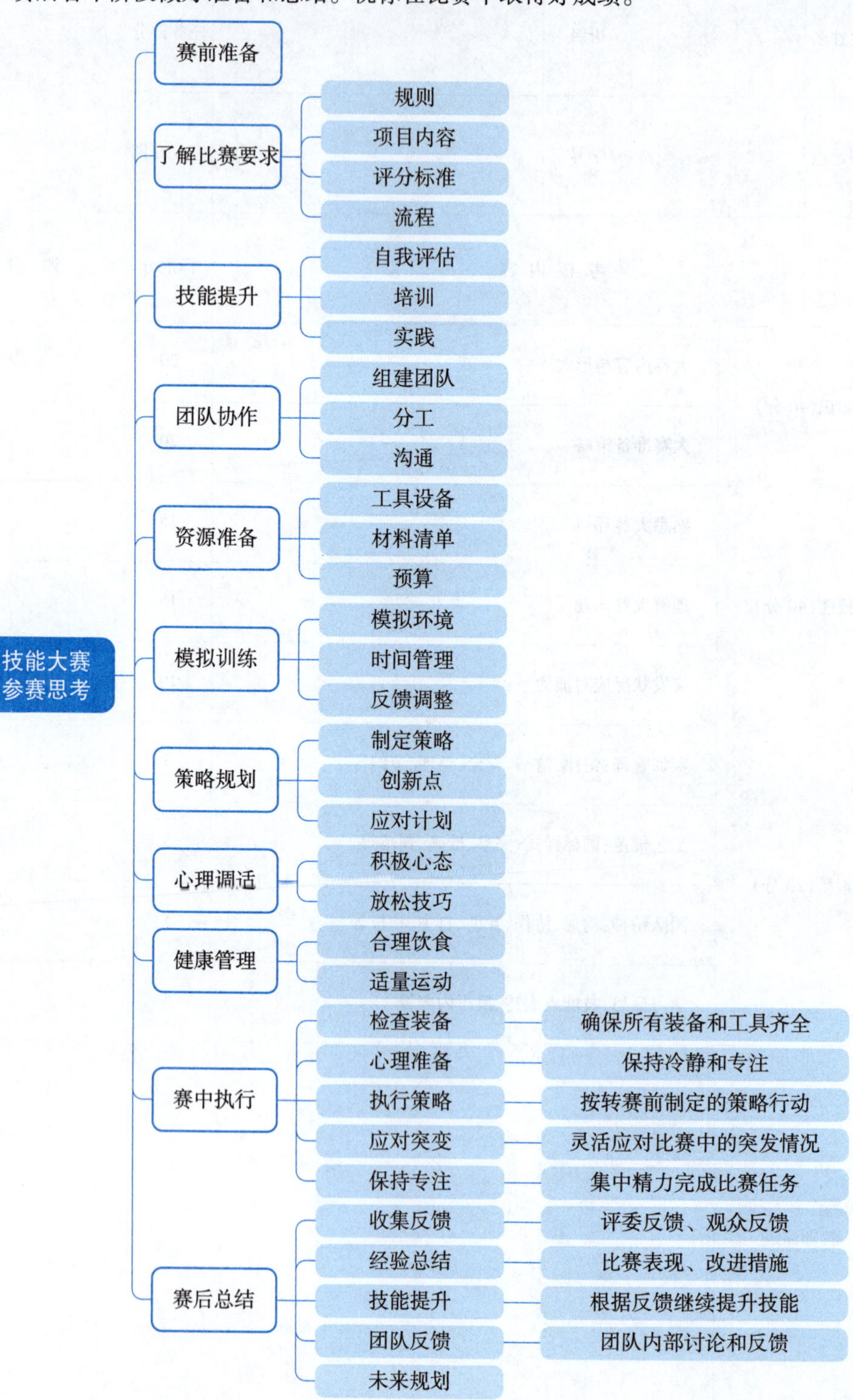

学习笔记

任务二 建筑和桥梁 BIM 建模技能大赛案例分析

任务工单

模拟职业院校技能大赛赛程,完成大赛试题。

知识链接

“高教杯”全国大学生先进成图技术与产品信息建模创新大赛是由原教育部高等学校工程图学课程教学指导委员会、中国图学学会制图技术专业委员会和中国图学学会产品信息建模专业委员会联合主办的图学类课程最高级别的国家级赛事,2018 年被中国高等教育学会列入全国普通高校学科竞赛排行榜。

大赛以培养学生的工匠精神,激发学生的创新意识,探索图学的发展方向,创新成图载体的方法与手段为宗旨。目的在于以赛促教,以赛促学,以赛促改,全面提高大学生的图学能力,为中国制造走向中国创造催生和助长大量优秀人才。

任务实施

本任务选取第十四届“高教杯”全国大学生先进成图技术产品信息建模创新大赛——道桥类·计算机三维建模试题作为案例,涉及大赛真题、图纸、评分标准等。

一、第十三届“高教杯”全国大学生先进成图技术产品信息建模创新大赛——道桥类·计算机三维建模试题

试题要求:先建立一个以考生手机号命名的 Word 新文件,将成果以图片形式保存在该文件内,文件存储中不允许出现选手其他任何信息,否则以作弊处理,取消比赛成绩。

建模要求:阅读所附某拱桥施工图内容,根据所选用建模软件,在 120 分钟内,完成该桥梁的三维模型创建。(试题图纸未涉及的结构构造尺寸自拟)

(1)完成全桥(含拱桥拱肋结构、吊杆、锚固、横撑、主梁、人行道及护栏、桥墩、桥台)三维模型,

(2)护栏尺寸自拟,并对桥梁外立面、桥面系及护栏等的色彩、材质进行设计。

(3)自行设计河道地形、河岸绿化等背景环境制作。

(4)分别输出以下图片(. BMP、. JPG、. PNG 等格式均可):

①添加材质和周围环境的全桥渲染图片一张(视角、方向合理,能将全桥形状表达清楚);

②能表示清楚拱肋(带吊杆及其锚固、横撑)构造的图片一张;

③能表示清楚 0 号桥台构造的图片一张;

④能表达清楚 1 号(2 号)桥墩构造的图片一张;

⑤能表达清楚 3 号桥墩构造的图片一张;

⑥能表达清楚 4 号桥台构造的图片一张。

将以上所作图片存储于以考生手机号命名的 Word 文档中,作为最终成果提交。

二、第十三届“高教杯”全国大学生先进成图技术产品信息建模创新大赛——道桥类·计算机三维建模图纸详见“附件 4”二维码

学习笔记

三、第十三届"高教杯"全国大学生先进成图技术产品信息建模创新大赛——道桥类·计算机三维建模评分标准(表6-2-1)

表 6-2-1

构建名称	评分项目	分值	评分标准
梁体(22分)	主梁	11分	形状6分(每侧3分)
			位置1分
			变截面4分(每侧2分)
	观景台	7分	形状6分(每侧3分)
			位置1分
	人行道	2分	形状(1分),每侧0.5分
			位置(1分),每侧0.5分
	栏杆	2分	形状1分,每侧0.5分
			位置1分,每侧0.5分
拱圈(12分)	左侧拱肋	6分	形状(5分)
			位置(1分)
	右侧拱肋	6分	形状(5分)
			位置(1分)
拉索(8分)	左侧拉索	4分	形状及方向正确2分(错一处扣0.5分)
			数量齐全2分(少一个扣0.5分)
	右侧拉索	4分	形状及方向正确2分(错一处扣0.5分)
			数量齐全2分(少一个扣0.5分)
桥墩(50分)	Z1(Y4)桥墩	9分(左右各占一半)	基础2分;承台2分;墩身4分,位置1分。
	Z2(Y3)桥墩	9分(左右各占一半)	基础2分;承台2分;墩身4分,位置1分
	Z3(Y2)桥墩	23分(左右各占一半)	基础2分;承台2分;墩身18分(下部1分,上部8分4个均分),位置1分
	Z4(Y1)桥墩	9分(左右各占一半)	基础2分;承台2分;墩身4分,位置1分
材质、渲染及后处理(8分)	材质添加	4分	拱肋为金属材料(1分);桥面为沥青材料(1分);其余为混凝土(2分)
	环境设置	2分	周围环境设置合理
	渲染图片	2分	带有周围环境设置的渲染图片

巩固练习

一、2024年全国职业院校技能大赛建筑信息模型建模赛项赛题

竞赛方式:计算机实操;

竞赛时间:240分钟;

选手需使用机位号为名在桌面创建一个文件夹,所做赛题的全部文件必须存在该文件夹中。竞赛结束后将此文件夹按大赛规定方式提交。

(一)模块一 中构件与零部件建模

任务1:根据右图所给视图,创建参数化栏杆信息模型,(要求顶部扶栏,立柱,底部扶

栏与图中标注尺寸一致)栏杆高度为 1 050 m,栏杆长度 6 000 m，立柱间距为 300 m，材质为樱桃木,如图 6-2-1 所示。其余未注明参数自定义。并以“任务 1”命名。存于竞赛文件夹中。

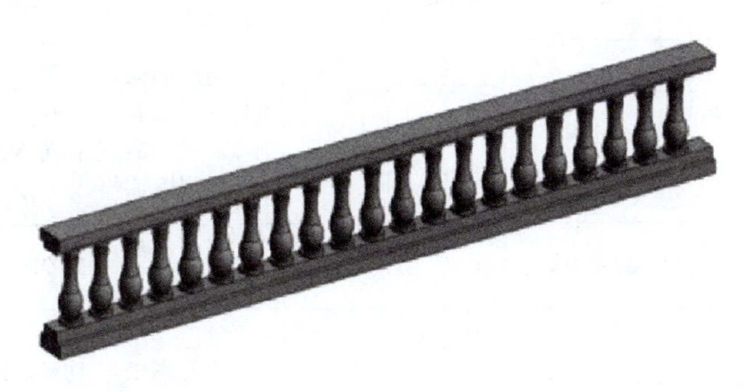

图　6-2-1

任务 2:根据建筑施工图中 C2 尺寸及材质,创建参数化窗的信息模型,要求窗样式、尺寸、材质与标注一致,将宽度、高度、亮子高度、窗框宽度、窗框厚度、窗框材质、玻璃材质均设置为族参数,可以通过参数改变实现模型修改,其余未注明参数自定义,如图 6-2-2 所示。并以“任务 2”命名,存于竞赛文件夹中。

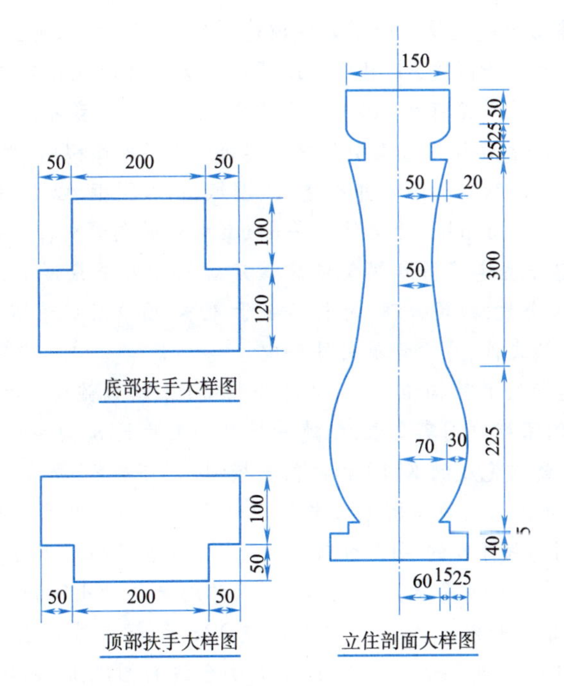

图　6-2-2

(二)模块二　土建建模(注:赛题中所有出图成果请勿使用赛题底图直接出图!)

任务 3:根据赛题所给施工图,创建该房屋的信息模型(包括建筑模型和结构模型,结构模型忽略配筋),构件命名、材质要求参考表 6-2-2 要求,并符合图纸表述;墙身节点、构件层面层装饰装修、散水等零星构件按照图纸创建;门窗样式与图纸保持一致;模型符合扣减要求;其余未明确表述的自定义;以“任务 3”命名,存于竞赛文件夹中。

表 6-2-2

结构专业				建筑专业			
类型	类型命名规则	示例	材质	类型	类型命名规则	示例	构造做法
结构柱	楼层-柱名称-尺寸	F1-KZ1-800X800	混凝土-Cxx（Cxx为混凝土强度等级，符合图纸说明	建筑墙	外墙：WQx-基层墙厚-X色面砖 内墙：NQx-基层墙厚	WQ1-240-蓝色面砖 NQ2-200	按图纸说明，仅需设置面层和基层（面层厚度可自定）
结构框架	楼层-梁名称-尺寸	F1-KL1-600X300		门窗	与设计图纸一致	M0721/C1524	—
结构楼板	结构板-厚度	结构板-120		建筑楼板	与设计图纸一致	防滑地砖防潮地面	按图纸说明，仅需设置面层（面层厚度可自定）

任务4：根据所建房屋建筑信息模型创建该建筑的二层平面图，要求进行房间标记、门、窗类型标记，其余按照国家建筑制图标准的要求加以标注。并分别创建A图纸，插入图框、以1∶10出图比例创建建筑平面施工图；并以“任务4. pdf”为文件名导出pdf格式的矢量文件。存于竞赛文件夹中。

任务5：根据所建房屋建筑信息模型创建该建筑的1～17轴立面视图，按照国家建筑制图标准的要求加以标注。并创建A1图纸，插入图框、以1∶100出图比例创建建筑立面施工图；并以“任务5. pdf”为文件名导出pdf格式的矢量文件。存于竞赛文件夹中。

任务6：根据所建房屋建筑信息模型创建该建筑的1-1剖面视图，视图深度需合理，按照国家建筑制图标准的要求加以标注。并创建A1图纸，插入图框、以1∶100出图比例创建建筑剖面施工图；并以“任务6. pdf” 为文件名导出pdf格式的矢量文件。存于竞赛文件夹中。

任务7：根据所建房屋建筑信息模型创建该建筑的室外全景漫游，要求视频绕建筑一周，能看到建筑物外观全景，视角合理，时长不小于20 s，画质及场景不做要求。并以“任务7”为文件名导出该视频文件，存于竞赛文件夹中。

任务8：根据赛题所给的结构施工图，并符合《混凝土结构施工图平面整体表示方法制图规则和构造详图》国家标准图集要求，创建三层P轴上的K18构件的结构信息模型（包括该构件的配筋信息），创建完成的KL18构件信息模型以“任务8”命名，存于竞赛文件夹中。

任务9：参照《混凝土结构施工图平面整体表示方法制图规则和构造详图》国家标准图集，以1∶25的比例创建任务8的K18的纵剖面详图（钢筋的位置和信息应准确，准确标注上下部纵向钢筋伸入支座的水平长度和弯钩长度、非通长筋伸出跨内截断位置到支座的距离、箍筋加密区的范围），并以1∶25的比例创建N18钢筋三维详图，将完成的上述详图（K18纵剖面详图和KL18钢筋三维详图）放于大小合适的图纸上（图纸型号根据需要自行确定，应以图形和图纸布置合适为宜，不应浪费图纸图幅），图纸命名为“L18钢筋大样”。导出图纸以“任务9. pf”命名，存于竞赛文件夹中。

（三）模块三 机电建模

任务10：根据赛题所给电气工程施工图、设计说明及相关设备材料表，链接土建模型，创建音乐活动室电气管线与相关设施设备的机电信息模型；其中，考虑线管的位置合理，电缆线管排布需优化；其余未明确表述的依据行业规范及惯例自定义。并以“任务10. rvt”命名。存于竞赛文件夹中。

二、2024 年全国职业院校技能大赛建筑信息模型建模赛项赛题结构图纸详见附件 6，建筑图纸详见附件 7，机电图纸详见附件 8。

三、2024 年全国职业院校技能大赛建筑信息模型建模赛项评分标准［ZZ032 全国职业院校技能大赛（中职组）］（表 6-2-3）。

表　6-2-3

序号	模块名称（评分大项）	评分小项	评分项	评分标准	分值
1	模块一　构件与零部件建模（20 分）	文件夹及格式（1 分）	文件夹及格式（1 人）	正确创建文件夹	0.5
				文件夹及相应文件正确命名	0.5
		任务 1（8 分）	构件形式审核（3 分）	构件完整性	2
				文件名称	0.5
				文件格式	0.5
			构件尺寸及标注（5 分）	栏杆高度为 1 050 mm，栏杆长度 6 000 mm，立柱间距为 300 mm，材质为樱桃木	1
				底部扶手尺寸	1
				顶部扶手尺寸	1
				立柱剖面尺寸	2
		任务 2（11 分）	构件形式审核（3 分）	构件完整性	3
				文件名称	0.5
				文件格式	0.5
			构件构成及属性（8 分）	宽度、高度、亮子高度、窗框宽度、窗框厚度、窗框材质、玻璃材质均设置为族参数	3.5
				推拉窗图例	0.5
				窗扇应体现错位	1
				高、宽、厚度等标明的尺寸	2
2	模块二　土建建模（60 分）	任务 3（结构模型 10 分）	结构基础（2 分）	构件完整性、构件整体定位	1
				构件名称及材质名称、基础尺寸（长宽高）	0.5
				结构基础顶标高 -0.8 mm、-1.6 mm	0.5
			结构柱（2 分）	构件完整性、构件整体定位	1
				构件名称及材质名称、柱截面尺寸	0.5
				一层结构柱底标高至结构基础顶	0.5
			结构框架（梁）（2.5 分）	构件完整性、构件整体定位	1
				构件名称及材质名称、梁截面尺寸	1
				梁顶标高、梁顶面标高高差	0.5
			结构楼板（3 分）	构件完整性、构件整体定位	1
				构件名称及材质名称	0.5
				板厚 100 mm、120 mm、150 mm	0.5
				卫生间和走廊处降板 -30 mm、板面标高抬升 600 mm	0.5
				楼梯处楼板开洞	0.5

学习笔记

续表

序号	模块名称（评分大项）	评分小项	评分项	评分标准	分值
2	模块二 土建建模(60分)	任务3(结构模型10分)	模型扣减(0.5分)	有进行结构模型扣减(按柱扣减梁、梁扣减板的原则)	0.5
		任务3(建筑模型30分)	建筑墙(10分)	墙体完整性墙体定位(核心层中心线与轴线对齐)	2
				构件名称及构造设置(注意对照图纸颜色,外墙共白、红、黄、蓝、绿、橙6种面砖,面层材质正确即可给分,多设置不扣分)	2
				内外墙放置正确(按图纸颜色)	1
				墙体底顶标高(底层外墙核心层至基础梁顶 -0.8 m处,底层外墙装修层至室外地坪 -0.300;一层内墙从 ±0.000算起)	2
				外墙装饰线条	3
			门(3分)	构件完整性(对照图纸中门窗表)、构件整体定位及构件准确性	1
				构件名称及材质名称(按门材质设置外观,防火门金属材质外观)	1
				门造型准确性(对照图纸门大样图,包括MC1)	1
			窗(6分)	构件完整性(对照图纸的门窗表)、构件整体定位	1
				构件名称及材质名称(按窗材质设置外观)	1
				窗底标高设置正确(对照图纸的门窗表和立面图)	1
				窗造型准确性(对照图纸窗大样图)	3
			建筑楼板(2.5分)	构件完整性及构件准确性	0.5
				构件名称、材质名称及构造设置(面层材质正确即可给分,多设置不扣分)	1
				卫生间处楼板降30 mm、走廊处楼板降15 mm	1
			栏杆、栏板(3分)	构件完整性(对照图纸,包括走廊栏板、女儿墙、楼梯间栏板、音体活动室、架空层等)、构件整体定位	1
				栏板厚度、颜色、高度,栏杆的样式、高度,造型栏板的样式等	2
			楼梯(3分)	每部楼梯1分;包括平台尺寸,踏步高度、宽度、梯段级数、梯段宽度,梯井的设置	3
			台阶、坡道、散水明沟等细部	台阶的高度、宽度,平台的尺寸、雨篷的设置、坡道长度、宽度,护栏(含女儿墙)、明沟、散水的设置等	2
			模型扣减(0.5分)	结构构件扣减建筑构件(结构柱扣减建筑板、建筑墙,结构梁扣减建筑板、建筑墙)	0.5

续表

序号	模块名称（评分大项）	评分小项	评分项	评分标准	分值
2	模块二　土建建模(60分)	任务4(2分)	二层平面图	图框依题目要求自行选择，布图合理，符合GB/T 500017—2017制图标准，包括线宽、线型、尺寸标注完整	2
		任务5(2分)	1～17轴立面图	图框依题目要求自行选择，布图合理，符合GT/T 500017—2017制图标准，包括线宽、线型、尺寸标注完整	2
		任务6(2分)	1—1剖面图	图框依题目要求自行选择，布图合理，符合GT/T 500017—2017制图标准，包括线宽、线型、尺寸标注完整	2
		任务7(4分)	漫游	环绕建筑一周，视角合适（建筑物位于视野中央），时长不小于20 s，名称符合要求	4
		任务8(4分)	创建梁钢筋模型(4分)	构件完整性及构件准确性（KL18的支座关系应正确，钢筋骨架的完整性与正确性），并正确导出文件和正确命名	1
				梁上部纵筋和下部纵筋均应伸入支座内锚固，锚固方式均为弯锚	1
				应正确布置有加密区和非加密区的箍筋信息，箍筋不能在支座内布置	1
				箍筋和纵筋形成骨架的合理性	1
		任务9(6分)	模型成果导出(6分)	绘制合适图框，布图合理，有KL18的纵剖图和钢筋三维图，并正确导出文件和正确命名	1
				上部、下部纵筋伸入支座的锚固长度正确，弯钩长度正确，并进行标注	2
				上部非通长筋在跨内的伸出长度，并进行标注	2
				箍筋的加密区和非加密区的范围正确，加密区范围并进行标注	1
3	模块三　机电建模(20分)	任务10(20分)	构件形式审核(3分)	构件完整性	3
				文件名称	0.5
				文件格式	0.5
			配电箱(1分)	名称、尺寸、外形轮廓、位置（符合图纸平面位置，距地1.8 m）、族类别	1
			创建灯具(5分)	双头应急灯：名称、尺寸、外形轮廓、位置（符合图纸平面位置，距地2.2 m）、族类别	1.2
				双管节能荧光灯：名称、尺寸、外形轮廓、位置（符合图纸平面位置，吸顶）、族类别	1.6
				暗装LED安全出口灯：名称、尺寸、外形轮廓、位置[符合图纸平面位置，门顶上方0.1 m(2.2 m)]、族类别	1
				暗装LED单面单跑疏散指示灯：名称、尺寸、外形轮廓、位置（符合图纸平面位置，距地0.5 m）、族类别	1.2

学习笔记

续表

序号	模块名称(评分大项)	评分小项	评分项	评分标准	分值
3	模块三 机电建模(20分)	任务十(20分)	吊扇(1分)	吸顶吊扇:平面位置(符合图纸平面位置)、高程(吸顶)	1
			创建开关及插座(6分)	暗控开关:名称、尺寸、外形轮廓、位置(符合图纸平面位置,吸顶)、族类型、族类别	2
				声光控自熄节能开关:名称、尺寸、外形轮廓、位置(符合图纸平面位置,距地 1.4 m)、族类别	1.4
				电扇调速开关:名称、尺寸、外形轮廓、位置(符合图纸平面位置,距地 1.4 m)、族类别	1.2
				安全型暗插座:名称、尺寸、外形轮廓、位置(符合图纸平面位置,距地 1.8 m)、族类别	1.4
			创建电路管线(3分)	电路管线:系统名称、位置、族类型、族类别	3
总分合计					100

四、2024 年全国职业院校技能大赛建筑信息模型建模赛项参考答案,详见附件 9。

任务测评

学习笔记

“任务二　建筑和桥梁 BIM 建模技能大赛案例分析”测评记录表

学生姓名		班级		任务评分	
实训地点		学号		完成日期	
考核内容				标准分	评分
知识(40 分)	大赛内容与形式			20	
	大赛准备策略			20	
技能(40 分)	理解大赛试题			15	
	建模成果			15	
	突发状况应对能力			10	
素质(20 分)	良好的心理素质			5	
	高度的责任心和敬业精神			5	
	团队协作与沟通能力			5	
	创新能力和问题解决能力			5	
教师评语					

附 录 A

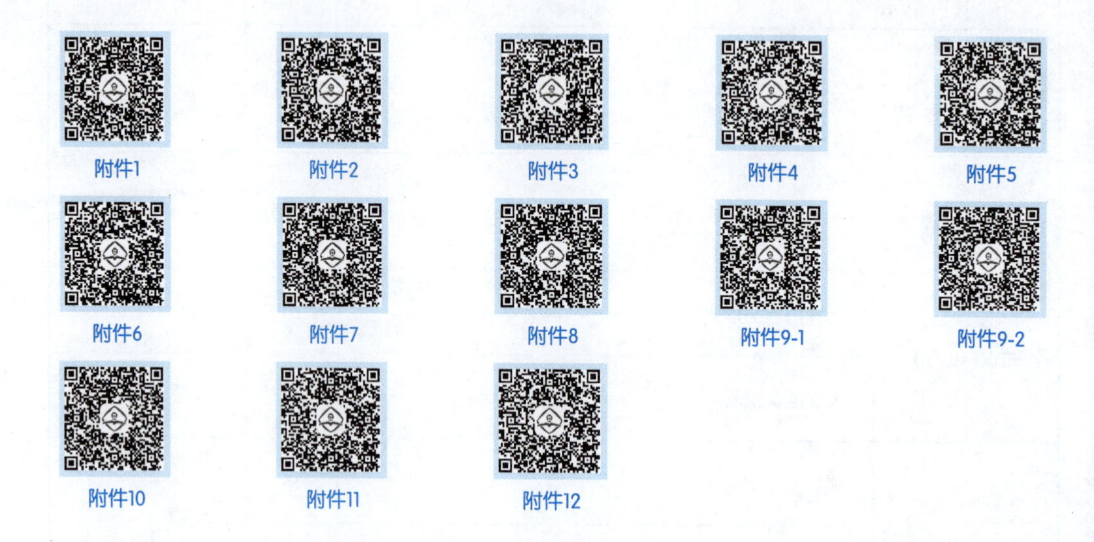

参考文献

[1] 中华人民共和国住房和城乡建设部．建筑信息模型应用统一标准:GB/T 51212—2016[S]．北京:中国建筑工业出版社,2017.

[2] 中华人民共和国住房和城乡建设部．建筑信息模型分类和编码标准:GB/T 51269—2017[S]．北京:中国建筑工业出版社,2017.

[3] 中华人民共和国住房和城乡建设部．建筑信息模型施工应用标准:GB/T 51235—2017[S]．北京:中国建筑工业出版社,2017.

[4] 中华人民共和国住房和城乡建设部．建筑信息模型设计交付标准:GB/T 51301—2018[S]．北京:中国建筑工业出版社,2018.

[5] 中华人民共和国住房和城乡建设部.建筑信息模型存储标准:GB/T 51447—2021[S]．北京:中国建筑工业出版社,2018.

[6] 中华人民共和国住房和城乡建设部.制造工业工程设计信息模型应用标准:GB/T 51362—2019[S]．北京:中国计划出版社,2019.

[7] 周佶,王静．建筑信息模型(BIM)建模技术[M]．北京:高等教育出版社,2020.

[8] 张建奇．"1+X"建筑信息模型(BIM)职业技能等级考试初级真题解析[M]．北京:高等教育出版社,2022.

[9] 中铁四局集团有限公司．铁路桥梁工程建模基础教程:基于 Autodesk 系列软件[M]．北京:中国铁道出版社有限公司,2019.